数字媒体技术应用专业创新型系列教材

Photoshop CC 图像处理案例实训

（第二版）

主　编　刘　斯　黄梅香

副主编　胡　萍　许碧玉　吴红英

科 学 出 版 社

北　京

内 容 简 介

本书是"十四五"职业教育国家规划教材《Photoshop CS6 图像处理案例实训（修订版）》的软件升级版本。书中的案例既精美又融入课程思政，任务得当、实用性强，内容通俗易懂、图文并茂，既能帮助学生轻松掌握 Photoshop 处理图形图像的方法，又能帮助学生养成正确的价值观。

全书共 12 个项目，详细介绍了 Photoshop 2021 的各项功能与工具使用的基本技巧，并通过 5 个实训任务培养学生对图形图像的处理能力。学生通过完成书中设定的职业技能活动，获得职业实践技能及职业素养的全面培养。本书配套了每个案例的微课、素材、课件等数字化资源，是一本精美实用的立体化教材。

本书可作为职业院校数字媒体技术应用、动漫与游戏制作、计算机平面设计等专业"图形图像处理、平面设计"相关课程的教材，也可作为图形图像处理、产品外观设计、商业广告设计等领域的参考用书，还可作为各类计算机培训学校的培训教材。

图书在版编目（CIP）数据

Photoshop CC 图像处理案例实训/刘斯，黄梅香主编. —2 版. —北京：科学出版社，2024.3
ISBN 978-7-03-078091-1

Ⅰ. ①P⋯　Ⅱ. ①刘⋯　②黄⋯　Ⅲ. ①图像处理软件-职业教育-教材　Ⅳ.
①TP391.413

中国国家版本馆 CIP 数据核字（2024）第 043720 号

责任编辑：陈砺川　李　莎 / 责任校对：王万红
责任印制：吕春珉 / 封面设计：东方人华平面设计部

科 学 出 版 社 出版
北京东黄城根北街 16 号
邮政编码：100717
http://www.sciencep.com

三河市中晟雅豪印务有限公司 印刷
科学出版社发行　各地新华书店经销

*

2017 年 11 月第 一 版　　开本：787×1092 1/16
2024 年 3 月第 二 版　　印张：17 3/4
2025 年 1 月第十九次印刷　字数：419 000

定价：53.00 元
（如有印装质量问题，我社负责调换）

销售部电话 010-62136230　编辑部电话 010-62135397-1028

第二版前言

Photoshop 是一款优秀的图形图像处理软件,它使与图像有关的设计行业发生了巨大的变化。全球每天有数以万计的设计师在使用此软件设计制作优秀作品。无论是广告设计、产品包装、报纸插图、杂志封面,还是网页设计,只要有图像的地方,都能找到 Photoshop 的影子。

本书是"十四五"职业教育国家规划教材《Photoshop CS6 图像处理案例实训(修订版)》的软件升级版本。本书的编写充分考虑了职业院校的实际情况和今后的就业需求,保留了上一版教材的体系结构,通过更新具有现代感的插画案例、设计风格化的 Logo、制作超现实的合成海报、设计通用手机 App 界面等实训案例,反映当下时代的文化气息和审美趋势,以提高学生的创新和审美能力。随着技术的革新,新版本教材使用中文版 Photoshop CC 2021,该软件版本在性能、兼容性、安全性等方面均比 CS6 有较大幅度的提升,同时新增了如 AI 增强功能、选择工具、画笔工具的实用新功能,这些功能可以帮助读者提高创作效率和质量。

本书以习近平新时代中国特色社会主义思想为指导,在行业、企业专家和课程开发专家的指导下,由校企"双元"联合开发。在实例的选取上,尽量贴近生活、贴近实际应用;在内容安排上,融入体现社会主义核心价值观、专业精神、职业精神和工匠精神等的思政元素,让学生在掌握图形图像处理技巧和技能的同时树立正确的价值观,提高职业素养和创新能力。通过递进式的案例,让学生可以举一反三、融会贯通,在学习和模仿的基础上,自我探索,用自己的创意和方法来设计相关的平面作品,使学生在完成一个个具体任务的过程中,充分感受设计和创作的成就感。本书遵循初学者的认知规律,由浅入深、循序渐进地介绍中文版 Photoshop CC 2021 的操作方法和设计技巧。全书共 12 个项目,主要内容包括 Photoshop 快速入门、图像的选取与移动、图像的绘制与编辑、图层的使用、颜色调节与色彩校正、图像的修饰与修复、矢量图的绘制和编辑、通道的使用、蒙版的使用、滤镜的应用、快捷高效的动作功能和项目实训。

本书具有如下特点:

1)针对性强。本书切实从职业学校学生的实际出发,以浅显易懂的语言和丰富的图示进行说明,不过分强调理论和概念,主要介绍操作技能技巧,案例融入课程思政,强化学生的创新精神,紧扣专业的培养目标,符合当前企业对人才综合素质的要求。

2)实用性强。本书摒弃了以往 Photoshop 类书籍中过多的理论文字描述,从实用、专业的角度出发,剖析各个知识点,以练代讲,使学生在练中学、学中悟,只要学生能跟随操作步骤完成每个任务实例的制作,就可以掌握 Photoshop 的技术精髓。这种教学方式不仅能大幅提高学生的学习效率,而且能很好地激发学生的学习兴趣和创作灵感。

3)结构清晰。每个项目在开始部分都明确地指出了本项目的学习目标,有助于学生抓住重点,明确学习计划。知识点讲解则贯穿于任务实例中进行,在项目结束部分再配有项目小结,做好知识点的总结,以帮助学生巩固所学的内容,达到举一反三的目的,切实做到了遵循职业院校学生的学习规律。

4）设计精心。本书在编写中力求体现当前教学改革精神，各项目以"任务驱动"的手法，灵活安排了任务目的、相关知识、任务分析和任务实施等模块，并加以适当的提示，具有很强的针对性和可操作性。任务实例的设计也是环环相扣的，采用梯度式教学模式，易于学生在短期内掌握所学内容。

5）知识全面。本书中大量的实例包含了 Photoshop 的大部分图形图像处理技巧，体现了平面设计在多个领域中的应用，如海报、包装、网页、网店美工类等。通过对本书的学习，学生能够迅速掌握各类作品的制作特点和制作技巧，快速提升软件应用技能和平面设计水平，从而达到事半功倍的效果。

为了方便学习，本书提供了二维码，扫描之后可以参考每个项目所选实例的操作过程。希望学生能够根据素材、步骤和提示进行快速、全面地学习和理解，也希望学生更多地关注本书任务实例所包含的设计思路和艺术表现技巧，充分发挥想象力，大胆尝试，提高设计的艺术水准和审美能力。

本书建议安排 96 学时，各项目参考学时分配如下表所示。

项目	课程内容	学时数			
		合计	讲授	上机	机动
1	Photoshop 快速入门	4	2	2	
2	图像的选取与移动	6	2	4	
3	图像的绘制与编辑	6	2	4	
4	图层的使用	8	3	5	
5	颜色调节与色彩校正	10	4	6	
6	图像的修饰与修复	8	2	6	
7	矢量图的绘制和编辑	8	3	5	
8	通道的使用	10	4	6	
9	蒙版的使用	10	4	6	
10	滤镜的应用	10	2	8	
11	快捷高效的动作功能	4	2	2	
12	项目实训	10		10	
机动		2			2
总计		96	30	64	2

本书由刘斯、黄梅香任主编，胡萍、许碧玉、吴红英任副主编。具体编写分工如下：项目 1、项目 10 由刘斯编写，项目 2、任务 12.4、任务 12.5 由吴红英编写，项目 3、项目 11 由许碧玉编写，项目 4～项目 6 由黄梅香编写，项目 7～项目 9 由胡萍编写，任务 12.1～任务 12.3 由杨剑钊编写，厦门大拇哥动漫股份有限公司和北京完美动力教育科技有限公司的平面设计人员参与了本书的创意设计和审阅，使本书更符合行业应用需求。

由于编者水平有限，加之编写时间仓促，书中难免存在疏忽和不足之处，恳请广大读者不吝赐教，意见和建议请发送至电子邮箱：28727270@qq.com。

编　者

第一版前言

Photoshop 是一款优秀的图形图像处理软件，在专业领域，它使与图像有关的设计行业发生了巨大的变化。全球每天有数以万计的设计师在使用此软件设计制作优秀作品。无论是广告设计、产品包装、报纸插图、杂志封面，还是网页图画，只要有图像的地方，都能找到 Photoshop 的影子。

编者在编写本书的过程中充分考虑了职业学校的实际情况和今后的就业需求，尽量选取贴近生活、贴近实际应用的实训；在内容安排上，尽量做到寓教于乐，使学生在学习和实践的过程中逐步加深对一些图像处理基本概念的理解，逐步掌握有关技巧和技能，做到举一反三、融会贯通，在学习和模仿的基础上，自我探索，用自己的创意和方法来设计相关的平面作品，使学生在完成一个个具体任务的过程中，充分感受设计和创作的成就感。本书遵循初学者的认知规律，由浅入深、循序渐进地介绍中文版 Photoshop CS6 的操作方法和设计技巧。全书共 12 个项目，主要内容包括 Photoshop CS6 快速入门、图像的选取与移动、图像的绘制与编辑、图层的使用、颜色调节与色彩校正、图像的修饰与修复、矢量图的绘制和编辑、通道的使用、蒙版的使用、滤镜的应用，以及快捷高效的动作功能和项目实训。

本书具有如下特点。

1）针对性强。本书切实从职业学校学生的实际出发，以浅显易懂的语言和丰富的图示进行说明，不强调理论和概念，主要介绍操作技能技巧，旨在培养学生的职业能力，扩大学生的视野，弘扬学生的创新精神，培养学生独立解决问题的能力与创业能力。

2）实用性强。本书摒弃了以往 Photoshop 类书籍中过多的理论文字描述，从实用、专业的角度出发，剖析各个知识点，以练代讲，使学生在练中学、学中悟，只要学生能跟随操作步骤完成每个任务实例的制作，就可以掌握 Photoshop 的技术精髓。这种全新的教学方式不仅大幅提高了学习效率，而且可以很好地激发学生的学习兴趣和创作灵感。

3）结构清晰。每个项目的开始部分明确地指出了本项目的学习目标，有助于学生抓住重点，明确学习计划。内容部分将知识点贯穿于任务实例中进行讲解，在每个项目的结束部分均配有项目小结，为学生做好知识点的总结，以帮助学生巩固所学的内容，达到举一反三的目的，切实做到了体现职业学校学生的学习规律。

4）设计精心。本书内容力求体现当前教学改革精神，各项目以"任务驱动项目"的手法，灵活安排了任务目的、相关知识、任务分析和任务实施等模块，并加入适当的提示，具有很强的针对性和可操作性。任务实例的设计也是环环相扣，采用梯度式教学，易于学生在短期内掌握。

5）知识全面。本书大量的实例应用蕴含了 Photoshop 的大部分图像处理技巧，包含了平面设计在各个领域中的使用，如海报、包装、网页、网店美工类等。通过对本书的学习，学生能够迅速掌握各种作品的制作特点和制作技术，快速提升软件应用技能和设计水平，从而达到事半功倍的效果。

为了方便学习，本书设计了二维码，以提供每个项目所选实例的操作过程。希望学生能够根据素材、步骤和提示进行快速、全面的学习和理解，也希望学生更多地关注本书任务实例所包含的设计思路和艺术表现技巧，充分发挥想象，大胆尝试，提高设计的艺术水准和审美能力。

本书建议安排 96 学时，各项目参考学时分配如下表所示。

序号	课程内容	学时数			
		合计	讲授	上机	机动
1	Photoshop CS6 快速入门	4	2	2	
2	图像的选取与移动	6	2	4	
3	图像的绘制与编辑	6	2	4	
4	图层的使用	10	4	6	
5	颜色调节与色彩校正	8	3	5	
6	图像的修饰与修复	8	2	6	
7	矢量图的绘制和编辑	8	3	5	
8	通道的使用	10	4	6	
9	蒙版的使用	10	4	6	
10	滤镜的应用	10	2	8	
11	快捷高效的动作功能	4	2	2	
12	项目实训	10		10	
13	机动	2			2
	总计	96	30	64	2

本书由刘斯担任主编，胡萍、许碧玉担任副主编。具体编写分工如下：项目 1 由刘斯编写，项目 2 由沈英里编写，项目 3 由刘美珍编写，项目 4 由许碧玉编写，项目 5 由黄梅香编写，项目 6 由胡敏编写，项目 7 由黄薇编写，项目 8、项目 11 由胡萍编写，项目 9 由陈曾婷编写，项目 10 由朱虹编写，项目 12 由杨华盛、吴红英编写，各项目所举实例多为编者独立创意，自行设计。

由于编者水平有限，加之编写时间仓促，书中难免存在疏忽和不足之处，恳请广大读者不吝赐教，意见和建议请发送至电子邮箱：liusi_xm@163.com。

编　者

目　　录

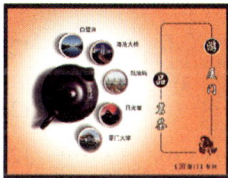

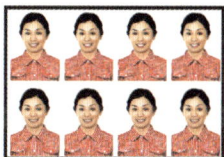

Photoshop 快速入门

项目导读

　　Photoshop 是设计领域中较为常用的软件之一，随着 Photoshop 2021 版本的推出，其功能变得更加强大，应用范围也更加广泛。在本项目的学习中，我们首先来了解 Photoshop 在设计领域中的应用，熟悉 Photoshop 2021 的工作环境及图像的基础知识，然后通过实例进一步了解文件的基本操作方法及图像文件的入门编辑应用。

知识目标

1）了解 Photoshop 在设计领域的应用及图像的基本概念。

2）熟悉 Photoshop 2021 的工作环境及基本操作。

3）掌握图像文件的管理方法。

4）掌握图像标尺及参考线的应用。

能力目标

1）能够进行文件的基本操作。

2）能够完成图像的移动和裁切处理。

3）能够进行简单的图像排版与合成。

素养目标

1）了解图形图像从业者需要具备的素质。

2）培养学生对图形图像处理精益求精的职业素养。

任务 1.1　走进 Photoshop 2021——制作生日贺卡

作为设计领域常用的图形图像处理软件，Photoshop 已从 1.0 版本发展到 2021 版本，其功能越来越强大，使用也越来越便捷，Photoshop 2021 已经成为设计领域图像处理的行业标准。那么，Photoshop 2021 在设计领域中有哪些广泛的应用？Photoshop 2021 的操作是否复杂？下面我们一起来揭开 Photoshop 2021 的神秘面纱。

■ 任务目的

1）通过展示 Photoshop 在设计领域的应用，使学生了解 Photoshop 的应用范围，学习在实际设计中如何设置图像。

2）通过制作如图 1.1.1 所示的生日贺卡，使学生了解软件的工作环境。

图 1.1.1　生日贺卡

扫码学习

制作生日贺卡

■ 相关知识

1. 图形图像从业者需要具备的素质

图形图像处理技术被运用于当今社会的多种行业的众多岗位，这些岗位不仅看重从业者的技能，更看重其综合素质。因此，图形图像从业者不但需要具有过硬的技能素质，而且需要具有较高的职业素质。

（1）思想品德素质

图形图像处理的大部分岗位属于文化创意行业，从业者必须具备良好的思想品德，自觉践行社会主义核心价值观，具有精益求精的工匠精神。

（2）文化艺术素质

图形图像处理行业从业者在文化及艺术方面的修养会直接或间接地影响作品质量，所以一名优秀的图形图像从业者需要不断提升自身的文化及艺术修养。

（3）专业技能素质

1）软件运用能力。软件是从业者能够流畅表达想法的基本工具，能熟练操作图形图像处理软件进行图像编辑和图形绘制是图形图像从业者的基本能力。

2）美术设计能力。图形图像处理的艺术含量较高，这要求从业者具备较高的审美能力及了解相应的设计理论知识，如三大构成（平面构成、色彩构成、立体构成）中所涵盖的版式构图、色彩搭配、空间运用等知识。

3）创作能力。图形图像行业中大部分工作具有创作性质，这要求从业者具有一定的创意表达和创作能力。要提升创作能力就需要多做、多练、多看，从业者可以多看优秀作品，并对优秀作品进行分析、临摹、总结，在这个过程中将知识内化为自身的经验。

（4）职业素质

1）沟通交流能力。图形图像从业者在工作中需要与客户进行沟通，所以必须具备良好的沟通交流能力。

2）团队协作能力。一些大的项目的制作往往由团队合作完成，所以图形图像从业者必须具备良好的团队协作能力。

3）心理抗压能力。担任创作型工作的图形图像从业者在工作过程中可能会面临来自外界、个人创作瓶颈及加班时长等方面的压力，所以要求图形图像从业者必须具备良好的心理抗压能力。

4）不断学习的能力。图形图像处理行业无论是所用的软件还是设计理念都是在不断发展的，所以图形图像从业者必须具备不断更新自身技能及知识架构的学习能力。

2. Photoshop 的应用领域

（1）广告设计

随着科学技术的发展，计算机设计在广告设计中的应用已经占据主导地位。Photoshop广泛地应用于平面广告及招贴的设计中，人们平时经常看到的平面广告展板、海报、传单等大部分是由 Photoshop 制作的。由 Photoshop 制作的平面广告表现直观、表达透彻，形象也非常鲜明、生动，便于传达信息和促进销售，如图 1.1.2～图 1.1.4 所示。

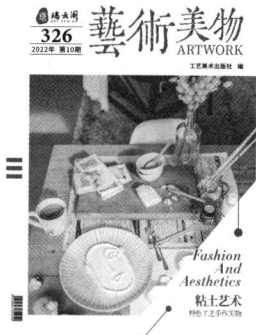

图 1.1.2　服饰广告　　　　图 1.1.3　艺术广告　　　　图 1.1.4　垃圾分类公益广告

（2）海报设计

随着社会的进步，海报不仅可以作为宣传广告，而且可以作为艺术品进行收藏。当今的海报大多画面精美，即使是同一类型的海报，不同国家的版本也可能采用不同的表现手法，突出不同的主题。海报常需要通过 Photoshop 制作出精彩的画面效果，以达到吸引观众的目的，如图 1.1.5 和图 1.1.6 所示。

图 1.1.5　地产海报　　　　　　　　　图 1.1.6　劳动节海报

（3）包装设计

随着商品经济的发展，越来越多的产品除了注重本身的品质外，还特别注重包装设计，如食品、服装、办公用品等，都力求包装精美，以达到吸引消费者的目的。精美包装的封面图案用 Photoshop 就能设计实现，如图 1.1.7 和图 1.1.8 所示。

图 1.1.7　封面图案（一）　　　　　　　图 1.1.8　封面图案（二）

（4）VI 设计

在商品繁多的时代，独特的品质及视觉形象更能吸引消费者，更能充分地表达企业的文化精神。VI（visual identity，视觉识别系统）设计以企业的标志设计为核心，力求简约、大方、醒目，如图 1.1.9 和图 1.1.10 所示。VI 设计大多通过 Illustrator、CorelDRAW、Photoshop 这三个软件来完成。

（5）视觉艺术

视觉艺术的特点有：迷幻的线条、大胆的用色与配比、夸张的表达方式，以及不失实用主义的图形应用，具备强烈的视觉冲击力，渗透独特的气质。这种视觉艺术常用于个人的创意设计，可以天马行空，追求独特，常通过 Photoshop 与 Illustrator 结合制作，如图 1.1.11 和图 1.1.12 所示。

（6）网页设计

在追求个性的信息化时代，许多企业、学校、个人通过网页来宣传自己。在众多的网页中，制作精美、充满个性的页面往往令人印象深刻，同时也有利于网站信息的传播。网页的绘制也可利用 Photoshop 实现，如图 1.1.13 和图 1.1.14 所示。

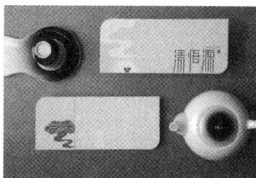

图 1.1.9　茶馆形象　　　图 1.1.10　标志设计　　　图 1.1.11　创意设计（一）　　　图 1.1.12　创意设计（二）

图 1.1.13　网页设计（一）　　　　　　　　图 1.1.14　网页设计（二）

除了以上六大应用领域，Photoshop 还应用于影楼后期图像处理（如婚纱照、艺术照、证件照修饰等）、建筑后期上色（如室内装潢）、书籍封面设计、插画绘制等方面。

3. 图像的基本概念

计算机图形图像可以分为位图图像和矢量图像两种，两者之间有着本质的区别，Photoshop 是以处理位图图像为主的软件，同时又能导入矢量图像，因此若想学好 Photoshop，理解并掌握这两种图像的区别非常重要。

（1）位图图像

位图图像又称栅格图像，由像素组成。像素就是一个个带有颜色的小方块，每个小方块拥有独立的颜色和位置。将这一类图像放大到一定程度，图像会显示出明显的点块化像素，当位图图像被放大甚至超出原尺寸比例 100%时就会显示明显的锯齿，如图 1.1.15 和图 1.1.16 所示。位图图像的优点就是颜色逼真，它的文件格式包括 BMP 格式、JPEG 格式、PSD 格式等，下面主要介绍几种经常使用的文件格式。

图 1.1.15　放大前　　　　　　　　图 1.1.16　放大后

1）BMP 格式：支持 RGB、索引颜色、灰度和位图样式模式，但不支持 Alpha 通道。BMP 格式不会压缩文件，因此 BMP 格式的图像所占用的空间很大，但图像中的资料会被保存得很完整，不会丢失。

2）JPEG 格式：存储照片的标准格式，采用有损压缩的方式存储文件，具有较好的压缩效果，存储空间较小，常用于网络上传和图片预览。

3）PSD 格式：Photoshop 文件的默认格式，能保持 Photoshop 对图像进行特殊处理的信息。在没有最终确定文件存储的格式前，建议先以此种格式存储，方便以后编辑修改。PSD 格式最大的缺点就是占用的存储空间较大。

4）TIFF 格式：常用的打印格式，大量用于传统的图像印刷，可进行有损压缩或无损压缩。

5）PDF 格式：便携式文件格式，可包括多页信息，其中可以包含图像和文本。

6）GIF 格式：支持透明背景和动画，被广泛用在网格文档中。GIF 文件比较小，形成一种压缩的 8 位图像文件。

7）PNG 格式：用于无损压缩和在 Web 上显示图像。PNG 格式不仅兼有 JPEG 格式和 GIF 格式所能使用的所有颜色模式，而且能将图像压缩到最小以便于网络上的传输。

（2）矢量图像

矢量图像是由 CorelDraw、Illustrator 等软件绘制，用数学方式描述的曲线及曲线围成的色块制作的图形，其基本单位是锚点和路径。因此，矢量图像无论放大或缩小多少，都有一样平滑的边缘，一样的视觉细节和清晰度，如图 1.1.17 所示。矢量图像处理软件多用于标志、图案、文字设计。矢量图像的文件格式包括 AI 格式、SWF 格式、EPS 格式、SVG 格式、WMF 格式、DXF 格式等。

1）AI 格式：是一种矢量图形文件格式，AI 文件是一种分层文件，用户可以对图形内所存在的层进行操作。

2）SWF 格式：是二维动画软件 Flash 中的矢量动画格式，这种格式的动画图像能够用比较小的体积来表现丰富的多媒体形式。

3）EPS 格式：是压缩 PostScript 格式，既可存储矢量图像，也可存储位图图像，最高表示 32 位颜色深度。

4）SVG 格式：可以任意放大图像，但不会使图像的质量受损。

5）WMF 格式：是一种常见的文件格式，其图形往往会显得较粗糙。

6）DXF 格式：以 ASCII 码格式存储文件，能十分精确地表现图像的大小。

（3）分辨率

分辨率是指图像中每单位长度上显示的像素数量，分辨率越高，图像越清晰。不同类型的设计工作，对分辨率有着不同的要求。例如，在进行网页设计和软件界面设计时，由于计算机屏幕的分辨率多为 72 像素/英寸（即 dpi，1 英寸=2.54 厘米），所以将分辨率设置为 72dpi 就可以了，如图 1.1.18 所示。

当设计作品需要喷墨印刷时，要求分辨率达到 300dpi 以上，如海报、书籍、请柬、招贴画等，如图 1.1.19 所示；如果用于室外大型喷绘，其分辨率应设置为 30～45dpi；如果用于写真喷绘则设置为 72～100dpi。

图 1.1.17　矢量图像　　　　　图 1.1.18　网页　　　　　图 1.1.19　书籍

小　贴　士

在新建图像前，一定要根据图像的用途来设置图像的分辨率。一般用于计算机屏幕观看的图像，其分辨率默认设为 72dpi 即可。

4. Photoshop 2021 的工作界面

双击 Photoshop 2021 的快捷方式图标 **Ps**，进入 Photoshop 2021 的欢迎界面。如果之前没有打开任何文件，欢迎界面呈现如图 1.1.20 所示；如果曾打开过文件，界面则展示之前打开过的文件，通过单击即可快速打开编辑过的文件。通过"打开"或"新建"文件即可进入 Photoshop 2021 的工作界面，如图 1.1.21 所示。Photoshop 2021 的工作界面主要由菜单栏、工具属性栏、工具箱、工作区、状态栏和浮动控制面板等部分组成。

现对工作界面的各部分介绍如下。

1）菜单栏：由文件、编辑、图像、图层、文字、选择、滤镜、视图、窗口和帮助菜单项组成，每个菜单项内置了多个菜单命令。

2）工具箱：使用工具箱可以进行绘制图像、修饰图像、创建选区和调整图像显示比例等操作。要选择工具箱中的工具，只需单击该工具对应的图标按钮即可。有的工具按钮右下角有一个黑色的小三角，表示该工具位于一个工具组中，其下还有一些隐藏的工具。在该工具按钮上按住鼠标左键不放或右击，可显示该工具组中隐藏的工具。

图 1.1.20　Photoshop2021 的欢迎界面

图 1.1.21　Photoshop 2021 的工作界面

3）工具属性栏：Photoshop 2021 中大部分工具的属性可以在工具属性栏中进行设置，它位于菜单栏的下方。在工具箱中选择不同的工具后，工具属性栏也会随着当前工具的不同而发生变化，用户可以很方便地利用它来设定该工具的各种属性。

4）浮动控制面板：在 Photoshop 2021 中，通过浮动控制面板可以进行选择颜色、编辑图层、新建通道、编辑路径和撤销编辑等操作。单击"窗口"菜单，在弹出的子菜单中可以选择需要打开的面板。系统默认情况下，打开的面板都是以面板组的形式出现的，通常依附在工作界面右侧，使用时只需直接单击所需的面板按钮，即会弹出该面板。

5）工作区：工作区是对图像进行浏览和编辑操作的主要场所，具有显示图像文件、编辑或处理图像的功能。在图像的上方是标题栏，标题栏中会显示当前文件的名称、格式、显示比例、色彩模式、所属通道和图层状态。如果该文件没有存储，则标题栏会以"未命名"并加上连续的数字作为文件的名称。

8

6）状态栏：位于图像窗口的底部，最左端的百分比为当前图像窗口的显示比例，在其中输入数值后按"Enter"键可以改变图像的显示比例；中间显示当前图像文件的大小；右端显示滑动条。

任务分析

首先，新建图像，制作背景；其次，将素材导入图像，利用自由变换工具对其进行方向、大小、位置的调整；再次，添加文字，并对文字进行修饰，完成生日贺卡的制作。

任务实施

01 新建文件。选择【文件】→【新建】命令，弹出【新建文档】对话框，将文件命名为"生日贺卡"，宽度与高度均设置为 800 像素，分辨率设置为 72 像素/英寸，颜色模式为 RGB 颜色，参数设置如图 1.1.22 所示。

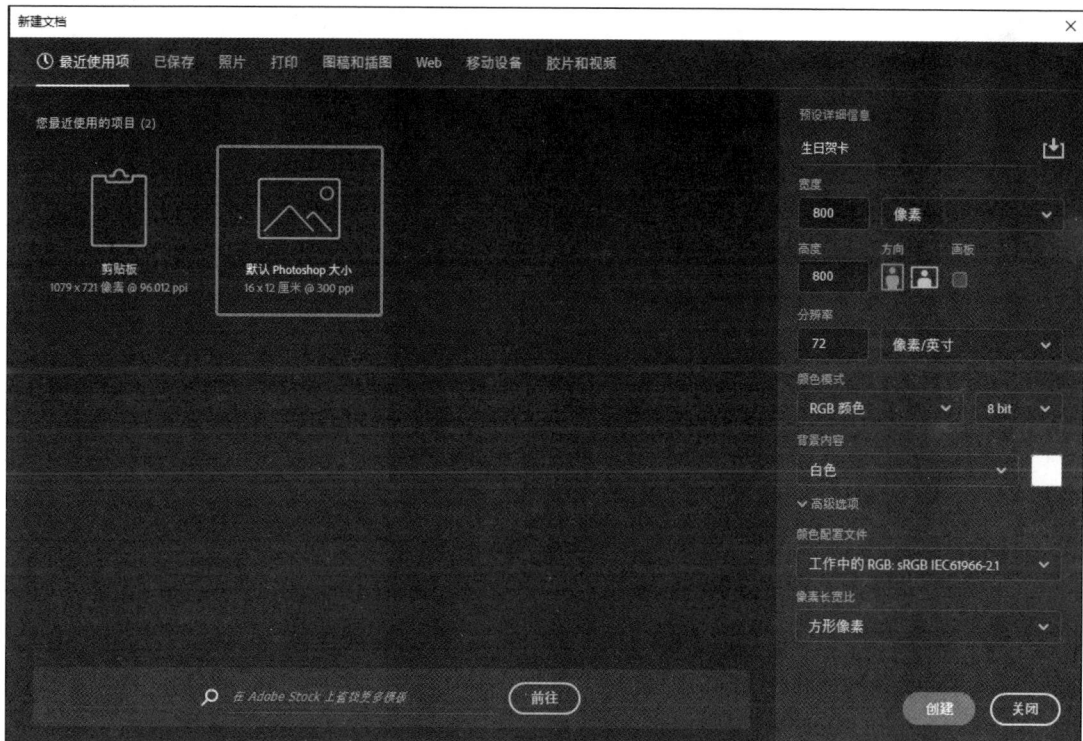

图 1.1.22　【新建文档】对话框

02 选择【文件】→【打开】命令，打开"背景.jpg"图像文件。使用工具箱中的【移动工具】 ，将素材图像移动到"生日贺卡.psd"文件中，按"Ctrl+T"组合键，拖动控制点调整其位置和大小，效果如图 1.1.23 所示，在属性栏单击 进行确认操作。

03 选择【文件】→【打开】命令，打开"男孩.jpg"图像文件。选择工具箱中的【磁性套索工具】 ，在其属性栏中，将【羽化】设置为 10 像素，创建如图 1.1.24 所示的选区。

9

图 1.1.23 添加素材文件

图 1.1.24 创建选区

04 使用工具箱中的【移动工具】⊕，将选区的素材图像移动到"生日贺卡.psd"文件中，按"Ctrl+T"组合键调整好位置和大小，效果如图 1.1.25 所示。

05 选择工具箱中的【横排文字工具】Ｔ，在其属性栏中将文字的颜色设置为红色，并在图像上输入"Happy birthday to you"和"生日快乐"字样，再选中"生日快乐"文字，在属性栏上单击Ｔ可将文字切换为纵向排列，适当调整文字位置和大小，为烘托贺卡效果，将"Happy birthday to you"中个别字母的颜色修改为黄色，效果如图 1.1.26 所示。

图 1.1.25 调整素材位置和大小

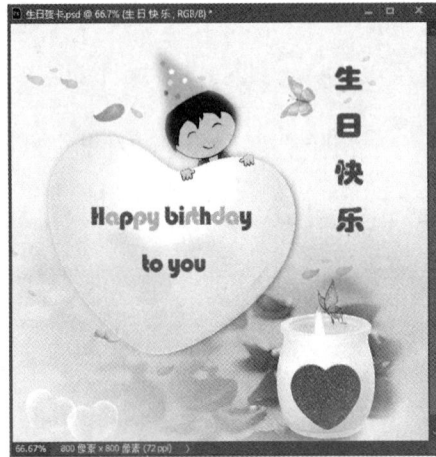

图 1.1.26 输入并调整贺卡文字

06 设置文字图层的图层样式。选择【窗口】→【图层】命令，弹出【图层】面板，单击【图层】面板下方的【添加图层样式】按钮 *fx*，勾选【投影】和【内发光】复选框，【投影】图层样式和【内发光】图层样式的设置如图 1.1.27 和图 1.1.28 所示。设置完成，得到最终的效果如图 1.1.1 所示。

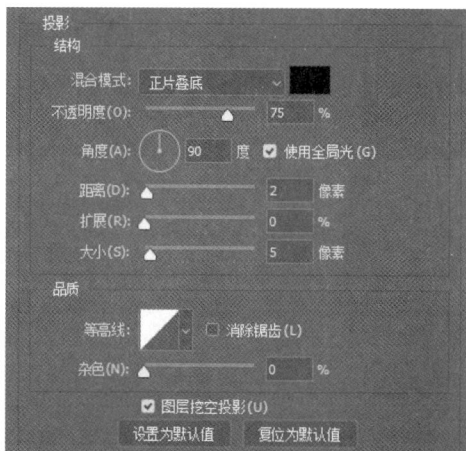

图 1.1.27 设置【投影】图层样式

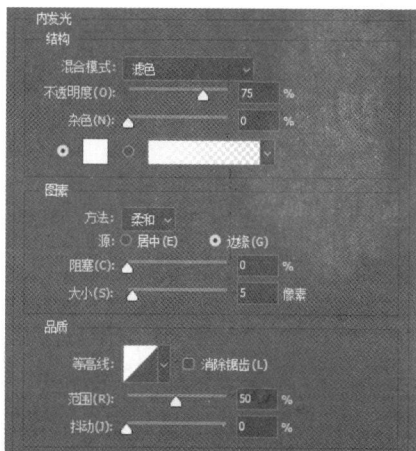

图 1.1.28 设置【内发光】图层样式

07 选择【文件】→【存储】命令，将素材保存为"生日贺卡.psd"。

小 贴 士

为了使图片在网络中传输的速度更快，一般将图像处理的最终效果保存为 JPG 格式，而不是 PSD 格式。

任务 1.2 图像文件基础操作——制作公益广告

在一些杂志中经常可以看到颇有创意的公益广告图片，想必大家都跃跃欲试了，也想制作一张属于自己的公益广告。如何制作呢？其实，只要通过 Photoshop 进行简单的处理操作就能够实现。在设计前，首先要进行文件的基本操作，如文件的新建、打开、关闭等。这些基本操作看起来很简单，但是跟建房屋打地基一样，都是十分重要的。

任务目的

本任务通过制作如图 1.2.1 所示的公益广告实例，使学生掌握文件的新建、打开、关闭等命令操作方法，掌握调整图像大小、画布大小和画布方向的方法，以及图像基本编辑技能。

图 1.2.1 公益广告制作效果

扫码学习

制作公益广告

■ 相关知识

1. 文件的基本操作

（1）文件的新建

进行设计前，要新建一个图像文档。选择【文件】→【新建】命令，在弹出的【新建文档】对话框中可以设定图像的尺寸、分辨率、颜色模式和背景内容等，如图 1.2.2 所示。

图 1.2.2　【新建文档】对话框

1）名称：是图像的"名字"，可根据设计的需求对图像的名称进行修改。系统默认的名称是"未标题-1"，如果不修改名称，再次新建图像时，系统将依次命名为"未标题-2""未标题-3"……

2）预设：在新建文档时，系统给出了照片、打印、图稿和插图、Web、移动设备、胶片和视频等预设选项，可以根据需要用它们来为文档设置尺寸，如图 1.2.3 所示。

3）高度和宽度：设置图像尺寸大小。单位除了像素外，还有英寸、厘米、毫米、点和派卡，如图 1.2.4 所示。

4）分辨率：根据设计作品类型，确定不同的分辨率。根据需要设定即可。

5）颜色模式：主要有 RGB 模式、位图模式、灰度模式、CMYK 模式和 Lab 模式。其中，RGB 模式是屏幕常用的颜色模式，CMYK 模式主要用于印刷。

6）背景内容：常用的颜色为白色，在其下拉列表框中还包括背景色和透明两个选项。

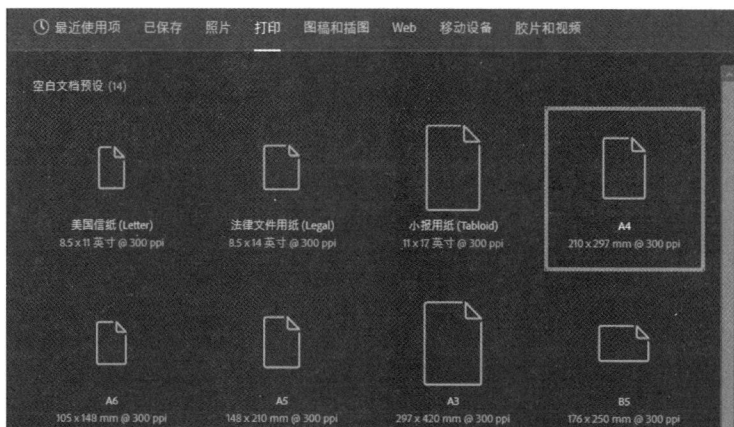

图 1.2.3　预设尺寸选项

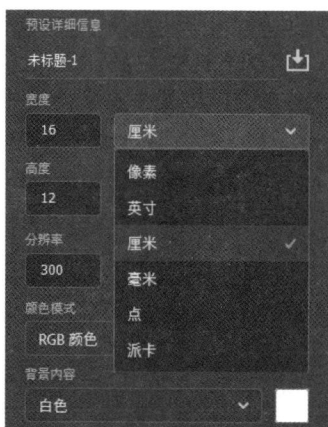

图 1.2.4　设置单位选项

（2）文件的打开

新建文件后，需要置入素材图片。选择【文件】→【打开】命令，如图 1.2.5 所示，在弹出的【打开】对话框中选择所需要的素材文件，然后在 Photoshop 中打开。

此外，还可以在 Photoshop 界面的工作区双击，在弹出的如图 1.2.6 所示的【打开】对话框中打开素材图片，也可以将素材图片直接拖入工作界面打开。

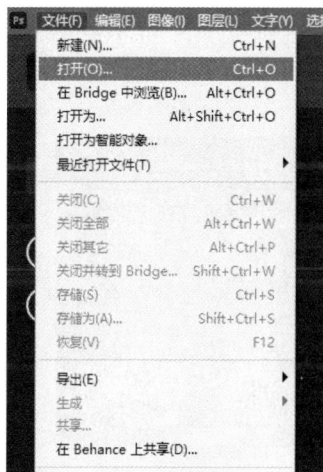

图 1.2.5　选择【文件】→【打开】命令

图 1.2.6　【打开】对话框

（3）文件的格式选择与保存

设计好作品后，需要保存图像。选择【文件】→【存储】命令，如图 1.2.7 所示。在弹出的【另存为】对话框中，选择文件存放的位置和文件的格式。当确定文件格式后，即可保存，保存的文件格式如图 1.2.8 所示。

13

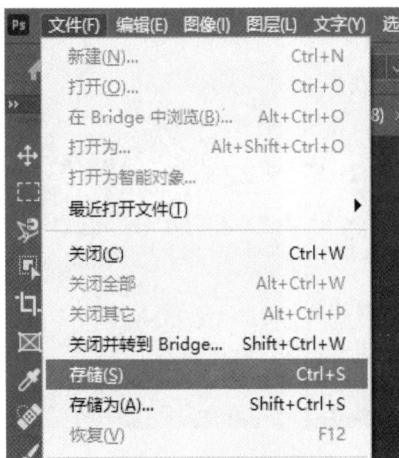

图 1.2.7　选择【文件】→【存储】命令　　　　图 1.2.8　保存的文件格式

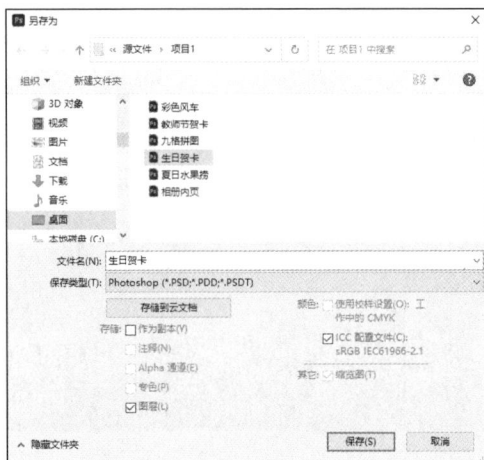

2. 画布大小的调整

在编辑图片时，如果已经设置好的图像大小不符合要求，可按以下方法对画布的大小进行合理调整。

如图 1.2.9 所示，选择【图像】→【画布大小】命令，在弹出的【画布大小】对话框中对画布的大小进行设置。若按输入的宽度与高度来设置画布扩展部分的尺寸，则必须勾选【相对】复选框。此外，画布扩展部分的颜色可以自行设定，如图 1.2.10 所示。

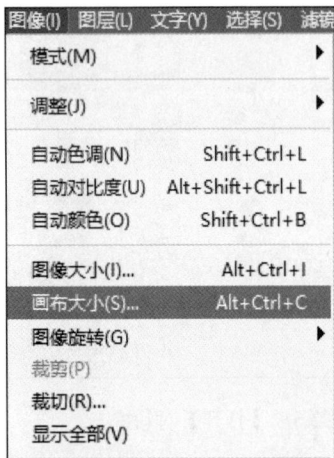

图 1.2.9　选择【画布大小】命令　　　　图 1.2.10　设置画布扩展部分的颜色

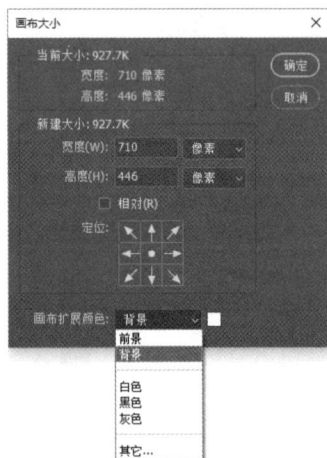

3. 移动工具

使用【移动工具】 ✛ 可以在同一图像文件中移动素材图像，或是在不同的图像文件中相互移动，其属性栏如图 1.2.11 所示。

图 1.2.11　【移动工具】　的属性栏

自动选择：若勾选【自动选择】复选框，则在图像上单击，可自动选择鼠标指针所接触的非透明图像的图层。若在图像上右击，则会出现鼠标指针所在处非透明的各个图层，可从中单击选择所需的图层。

任务分析

首先打开"生命蛋.jpg"和"幼苗.jpg"两个素材文件。在"幼苗"文件中，运用【魔棒工具】选取出土壤与幼苗区域，使用【移动工具】　将选择的图像移动到"生命蛋"文件中，再运用【套索工具】　与【清除】命令，去掉蛋壳外的泥土图像，最后，打开素材文件"公益文字.psd"，使用【移动工具】　将文字移动到广告图像中，制作流程如图 1.2.12 所示。

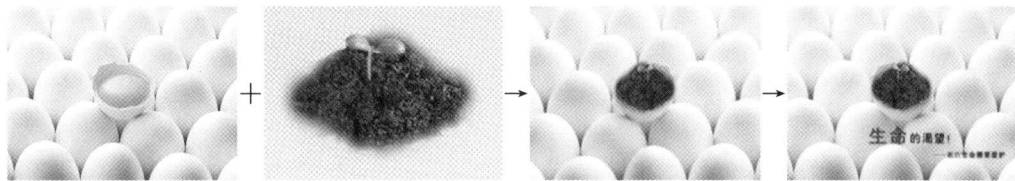

图 1.2.12　公益广告制作流程

任务实施

01　打开素材文件。选择【文件】→【打开】命令，打开素材"生命蛋.jpg"图像和"幼苗.jpg"图像。

02　激活"幼苗.jpg"图像，选择【魔棒工具】　，在其属性栏中设置容差为 32，如图 1.2.13 所示。

图 1.2.13　【魔棒工具】　属性栏

03　将鼠标指针放置在白色区域处单击，此时只有白色区域被选择，效果如图 1.2.14 所示。

04　选区反选操作。选择菜单栏中的【选择】→【反选】命令，将选区反向选择，达到选择土壤与幼苗的目的，效果如图 1.2.15 所示。

05　设置羽化值。为了使两幅图像达到较好的融合效果，需要将选区进行羽化。选择菜单栏中的【选择】→【修改】→【羽化】命令，在弹出的【羽化选区】对话框中设置参数，如图 1.2.16 所示。单击"确定"按钮，确认羽化操作。

图 1.2.14　选择的背景图像　　图 1.2.15　选择的土壤与幼苗图像　　图 1.2.16　【羽化选区】对话框

06 复制选区内的图像。使用【移动工具】 ✛ 将选区内的图像移动到 "生命蛋.jpg" 图像中，并且生成新的 "图层 1"，效果如图 1.2.17 所示。

07 等比例放大图像。选择菜单栏中的【编辑】→【自由变换】命令或按 "Ctrl+T" 组合键，图像周围出现变形框。在按住 "Alt" 键的同时，将鼠标指针放置在变形框右上角的控制点上，向外拖动鼠标等比例放大图像，效果如图 1.2.18 所示。

图 1.2.17　粘贴后的图像效果　　　　　　　图 1.2.18　等比例放大的效果

08 选择部分图像。选择工具箱中的【套索工具】 ◯ ，在其属性栏中设置【羽化】值为 10 像素，其他选项均为系统默认设置。将鼠标指针放置在图像中，按住鼠标左键并拖动，对蛋壳外的泥土图像进行选择，如图 1.2.19 所示。

09 删除选区内的图像。选择菜单栏中的【编辑】→【清除】命令或按 "Delete" 键，删除选区内的图像。然后按 "Ctrl+D" 组合键，取消选区，效果如图 1.2.20 所示。

10 打开 "公益文字.psd" 素材文件，使用【移动工具】 ✛ 将该素材中的文字移动到制作的公益广告图像中，适当调整位置，如图 1.2.21 所示。

11 保存文件。选择菜单栏中的【文件】→【存储为】命令，将做好的图像文件重新命名为 "爱护新生命.psd"。

图 1.2.19　选择的效果　　　　图 1.2.20　删除后的效果　　　　图 1.2.21　添加的公益文字

任务 1.3　颜色的设置与填充——制作彩色风车

在童年的美好记忆中，总有一段是关于风车的，带给我们快乐的风车应该是彩色的。在 Photoshop 中，如何为白色的风车上色呢？本任务将通过颜色的设置及填充来完成。

任务目的

本任务通过制作如图 1.3.1 所示的彩色风车实例，使学生掌握有关前景色和背景色的设置及填充颜色的方法。

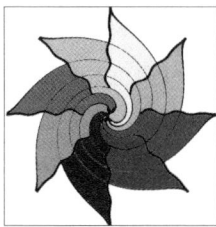

图 1.3.1　彩色风车效果图

扫码学习

制作彩色风车

相关知识

1. 前景色和背景色设置的相关知识

（1）工具箱上的前景色和背景色设置

Photoshop 中的颜色大致分为前景色和背景色，前景色主要用于描边、画笔颜色、文本颜色等颜色的设置，背景色主要用于部分选区删除后的颜色、橡皮擦的颜色、背景色的填充等。

工具箱上的前景色和背景色在默认的情况下是黑色和白色，使其恢复默认的颜色时，只需单击工具箱上的【默认前景色和背景色】按钮█即可，单击双向箭头时，可将前景色和背景色进行互换。

更改颜色时，单击【设置前景色】按钮，弹出如图 1.3.2 所示的【拾色器（前景色）】对话框，可以在颜色框内选取同色系的不同颜色，也可以通过右侧的彩条选框，更改颜色框的颜色系。确定颜色后，单击【确定】按钮即可更改前景色。背景色的更改操作与前景色的更改大致相同。

【拾色器（前景色）】对话框中包括 4 种颜色模式，还有一个十六进制的颜色值，都可以用来精准地设置颜色值。HSB 模式是将色彩分为色相、饱和度、亮度 3 个部分，其色相色域为 0～360，饱和度和亮度色域为 0～100。RGB 模式分为红、绿、蓝 3 个组成色，分为 0～255 个色阶。CMYK 模式主要通过控制青色、洋红色、黄色、黑色 4 色的值进行调色。Lab 模式通过调整 a、b 两个色调参数和光强度来进行调色。

在该对话框中，【新的/当前】区域中有一个"感叹号"标志，其下方有两个不同颜色的正方形，这表示当前所选的颜色无法用于印刷，而印刷出的颜色为"感叹号"标志下的颜色。

17

如果颜色要用于印刷，则可以单击"感叹号"标志，颜色马上变为印刷色。

单击【颜色库】按钮即可弹出【颜色库】对话框，在该对话框中，可以挑选不同类型已经搭配好的颜色系，如图 1.3.3 所示。

图 1.3.2　【拾色器（前景色）】对话框　　　　　图 1.3.3　【颜色库】对话框

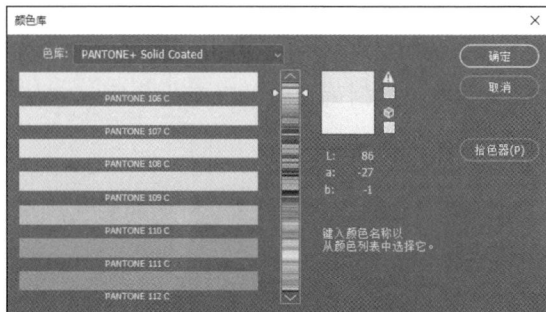

（2）【颜色】面板和【色板】面板

除了通过单击工具箱上的【设置前/背景色】按钮，弹出对应的拾色器对话框更改颜色外；还可以通过【颜色】面板和【色板】面板来更改前景色和背景色。

在【颜色】面板中包含不同模式的滑块系列，如图 1.3.4 所示。当滑动滑块时，前景色随之发生变化。在【色板】面板中，可以直接单击色块选取颜色改变前景色，如图 1.3.5 所示，若要改变背景色，则需要按住"Ctrl"键再选取颜色。

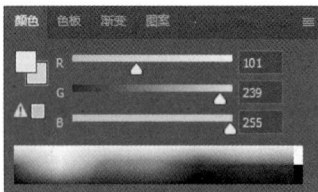

图 1.3.4　【颜色】面板　　　　　图 1.3.5　【色板】面板

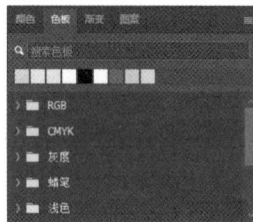

2. 填充颜色

（1）快捷键方式

按"Alt+Delete"组合键即可填充前景色，按"Ctrl+Delete"组合键即可填充背景色。

（2）菜单命令方式

图 1.3.6　【填充】对话框

选择【编辑】→【填充】命令，弹出【填充】对话框，如图 1.3.6 所示，选择填充用的内容及模式，即可将所选的颜色进行填充。

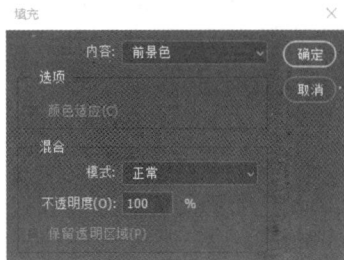

3. 魔棒工具

使用【魔棒工具】可以选择颜色一致的区域，其属性栏设置如图 1.3.7 所示。【魔棒工具】的容差范围为 0～255，当容差值设为 0 时，选区只能是和取样颜色完全相同的颜色区域，随着容差值的递增，选择的色彩范围越来越大。如果勾选属性栏中的【连续】复选框，那么【魔棒工具】在选择时只选择连续区域。

图 1.3.7　【魔棒工具】 属性栏

任务分析

首先打开"风车.psd"素材，运用【魔棒工具】 选取区域，新建图层；然后打开【色板】面板选取颜色，并应用快捷键填充颜色。

任务实施

01　选择【文件】→【打开】命令，打开"风车.jpg"素材。

02　选择工具箱上的【魔棒工具】 ，单击【添加到选区】按钮，设置容差为 10，勾选【连续】复选框，选择相邻区域的颜色。

03　使用【魔棒工具】 选中 1 个叶片共 4 个选区，如图 1.3.8 所示。

04　新建图层，在【色板】面板上选取黄色，这时前景色变成黄色，按"Alt+Delete"组合键，即可在选区内填充黄色，如图 1.3.9 所示。然后按"Ctrl+D"组合键，取消选区。

05　选择"背景"图层，切换回"背景"图层，如图 1.3.10 所示。使用【魔棒工具】选中第 2 个叶片区域，然后在【色板】面板上选取橙色，切换回刚新建的图层并按"Ctrl+Delete"组合键填充，如图 1.3.11 所示。

图 1.3.8　选中 1 个叶片　　图 1.3.9　选区内填充前景色　　图 1.3.10　切换回"背景"图层　　图 1.3.11　填充第 2 个叶片区域

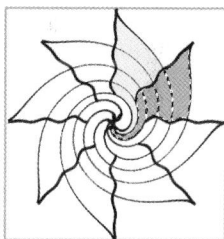

06　在"背景"图层上建立选区，然后切换回新建的图层，在【色板】面板上依次选取桃红、紫色、蓝色、湖蓝、绿色、浅绿，分别对剩余的 6 个选区进行填色，最终效果如图 1.3.1 所示。

07　选择【文件】→【存储】命令，将做好的图像文件重新命名为"彩色风车.psd"。

任务 1.4　图像标尺与参考线的使用——制作飘动的九格拼图

为了使设计的图像更加精准，在设计的过程中经常会用到参考线，如进行 Logo 设计、网页绘制、对称图像的制作等。如何操作呢？标尺和参考线是什么呢？本任务将介绍相关知识。

■ 任务目的

本任务通过制作如图 1.4.1 所示的飘动的九格拼图实例，使学生掌握参考线的应用知识与技巧，提高图片设计的精准度。

扫码学习

图 1.4.1　飘动的九格拼图效果图　　　　　　制作飘动的九格拼图

■ 相关知识

1. 标尺的应用

标尺可帮助我们精准地确定图像或元素的位置。选择【视图】→【标尺】命令或按"Ctrl+R"组合键即可打开标尺。标尺的单位可以改变，可以为厘米、毫米、像素、英寸等，如图 1.4.2所示。通过标尺，可以了解图形的大小，结合参考线，可使图像的位置更加精准。此外，双击标尺可弹出【首选项】对话框，在该对话框中可以直接更改图片文件的单位及文字大小，设置文件容纳文字的大小、装订线的大小、打印的大小及屏幕的大小等，如图 1.4.3 所示。

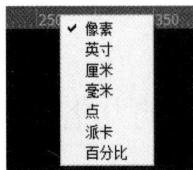

图 1.4.2　标尺的单位设置　　　　　　　图 1.4.3　【首选项】对话框

2. 参考线的应用

在设定参考线前，必须先打开标尺工具，可选择【移动工具】 ✛ 并用鼠标从标尺位置拖出参考线，也可以选择【视图】→【新建参考线】命令，在弹出的【新建参考线】对话框中完成参考线设置，如图 1.4.4 所示。完成设置后，选中参考线，并拖动鼠标将参考线拖回标尺，或选择【视图】→【清除参考线】命令即可删除参考线。拖动鼠标添加与删除参考线的操作方法如图 1.4.5 所示。

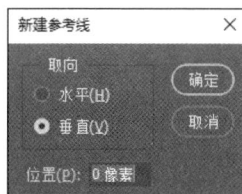

图 1.4.4　【新建参考线】对话框　　　　图 1.4.5　添加、删除参考线的操作方法

> **小　贴　士**
>
> 可以通过选择【视图】→【显示额外内容】命令或按 "Ctrl+H" 组合键将参考线与标尺隐藏。

任务分析

打开图像设置标尺后，通过新建参考线，将图像平分为 9 个区域，使视图对齐到参考线上；然后使用选框工具，选取大小一致的小图片进行复制；最后对小图片进行缩小操作，添加投影效果，最后完成九格拼图实例。

任务实施

01　打开图片素材 "向日葵.jpg"，按 "Ctrl+R" 组合键，打开标尺。该图片的大小为 1080 像素×1080 像素，要将图片变成 9 等份。选择【视图】→【新建参考线】命令，在弹出的【新建参考线】对话框中输入参考线的位置，如图 1.4.6 所示，分别在水平方向和垂直方向的 360 像素、720 像素位置建立两条参考线，效果如图 1.4.7 所示。

02　选择【视图】→【对齐到】→【参考线】命令，如图 1.4.8 所示，以使接下来的绘图能够对齐参考线。欲将图像分为 9 个小格子，必须建立格子的选取范围。切换到选框工具，在【矩形选框工具】 ▦ 属性栏中设置矩形大小为 360 像素×360 像素，如图 1.4.9 所示。这样绘制的每个矩形选框大小都一致，避免图像不够精准的问题。

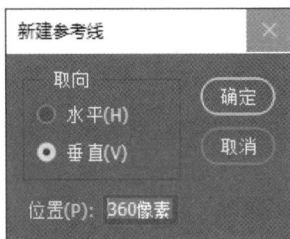

图 1.4.6　【新建参考线】对话框　　图 1.4.7　参考线效果　　图 1.4.8　选择【参考线】命令

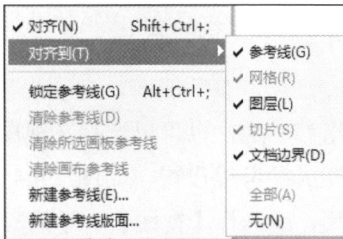

图 1.4.9　【矩形选框工具】的属性栏设置

03 使用【矩形选框工具】在参考线画好的格子里框选一个 360 像素×360 像素大小的正方形选区，如图 1.4.10 所示。

04 按"Ctrl+J"组合键复制"背景"图层选中的区域，如图 1.4.11 所示，然后返回背景图层，并移动选区到其他参考线方格位置。按"Ctrl+J"组合键复制图层，重复该步骤直到把"背景"图层分为 9 块，如图 1.4.12 所示。

图 1.4.10　绘制正方形选区　　图 1.4.11　复制"背景"图层　图 1.4.12　复制"背景"图层
　　　　　　　　　　　　　　　　　选中区域　　　　　　　其他区域

05 选择"背景"图层，将前景色设置为白色，按"Alt+Delete"组合键将"背景"图层变成白色。选择图层 9，按"Ctrl+T"组合键对其进行自由变换，为了使每个图层缩小的比例一致，不建议使用手动修改，而是使用变换的属性修改，具体数值修改如图 1.4.13 所示。

图 1.4.13　缩小图层设置

06 对每个图层进行同样的设置，将高和宽的比值设置为 80%，图像的效果如图 1.4.14 所示。

图 1.4.14　缩小图层的图像效果

07　为了使图片更加立体，为其添加图层样式的投影效果。单击【图层】面板上的【混合选项】按钮 fx，选择【投影】图层样式，主要通过叠在其下的"影子"图层的颜色、大小、距离、扩展来凸显图像的立体感。具体的参数设置如图 1.4.15 所示。

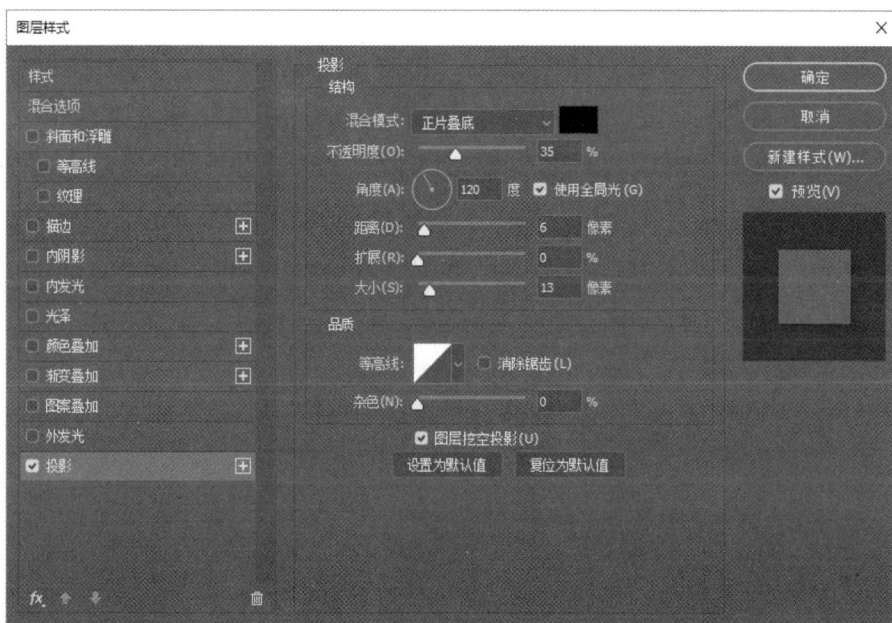

图 1.4.15　【投影】图层样式参数设置

08　在【图层】面板上右击投影效果的图层，选择【拷贝图层样式】命令，再选择除背景之外的其他 8 个图层，右击，选择【粘贴图层样式】命令，即可为这些图层添加了同样的投影效果，效果如图 1.4.16 所示。

09　为了使图像看起来更富动感，更加生动，可按 "Ctrl+T" 组合键，将鼠标指针移动到矩形块的顶点，当其变为双向箭头时移动方向。不同的图层移动的方向不用相同，这样图片看起来更有动感，最终效果如图 1.4.17 所示。

图 1.4.16　九格拼图添加投影效果　　　　　　图 1.4.17　适当调整九格拼图方向

10　选择【视图】→【清除参考线】命令，删除参考线，选择【文件】→【存储为】命令，将做好的图像文件重命名为"飘动的九格拼图.psd"。

项 目 小 结

本项目通过 4 个任务的实际操作，简单介绍了 Photoshop 在设计领域的应用、图像的基本概念及 Photoshop 2021 的工作环境；详细介绍了有关图像文件的管理、图像颜色的设置与填充、标尺与参考线的使用，以及文件的基本操作。

实 践 探 索

一、选择题

1．用于网络上传和图片预览的文件存储格式为（　　　）。

　　A．JPEG　　　　　　B．PSD　　　　　　C．TIFF　　　　　　D．BMP

2．下列说法中正确的是（　　　）。

　　A．在进行网页设计和软件界面设计时，将分辨率设为 72dpi

　　B．当设计作品需要喷墨印刷时，设置的分辨率需达到 72dpi

　　C．分辨率是指显示器所能显示的像素的多少，分辨率越高，图像越模糊

　　D．针对不同类型的设计，分辨率有着相同的标准要求

3．按（　　　）组合键可以快速向图像中填充工具箱中的前景色。

　　A．Alt+Delete　　　B．Ctrl+Delete　　　C．Ctrl+Shift　　　D．Ctrl+Alt

二、操作题

1. 运用贺卡素材绘制一个如图 1.s.1 所示的教师节贺卡（提示：选择工具箱中的【套索工具】，设置适当的羽化值，选取玫瑰花，运用【移动工具】将选取的玫瑰花移到背景中，使用【自由变换】命令将其等比例缩放至合适大小，再使用【魔棒工具】将 Q 版人物素材抠取出来，使用【移动工具】将 Q 版人物移入背景，最后利用工具箱中的文本工具，输入贺卡文字）。

2. 设计一个如图 1.s.2 所示的食品宣传四格图片（提示：使用【标尺】和【辅助线工具】将图片划分为等大的 4 格；使用固定大小的【矩形选框工具】选取 4 幅水果图片。将图片移入背景，选择【自由变换】命令将其等比例缩放至合适大小，并为其添加投影效果；最后拓展画布，添加文字）。

图 1.s.1　教师节贺卡　　　　　　　　　　图 1.s.2　四格图片

项目 2

图像的选取与移动

项目导读

在 Photoshop 中，处理图像前首先要指定编辑图像的区域，这个区域就是选区。因为选区表现为黑白相间闪烁的线条，有时也称选区为"蚂蚁线"。图像的选取和移动是深入学习 Photoshop 图像合成与设计的基础，本项目将系统地讲解创建选区常用的工具和方法。

知识目标

1）了解图像选择工具的种类及其作用。

2）熟悉选区、套索、魔棒、快速选择工具的使用方法。

3）理解【色彩范围】对话框中各个属性的含义。

4）掌握移动和裁切图像的方法。

能力目标

1）能够调整、移动、裁切、填充选区。

2）能够灵活运用选择工具及色彩范围来选取规则物体与不规则物体。

3）能够综合利用选择工具选择相似颜色的物体。

4）能够综合利用【快速选择工具】及【选择与遮住】命令抠取带有发丝的人物图像。

素养目标

1）通过体验创意的无限可能，培养学生创新意识，激发探索精神。

2）培养学生注重细节、追求精益求精的工作品质。

任务 2.1　选区的调整与填充——绘制 RGB 色谱

在平面设计中常常要接触不同的色彩模式，如 RGB 色彩模式、CMYK 色彩模式、Lab 色彩模式等。RGB 色彩模式是工业界的一种颜色标准，是代表红、绿、蓝 3 个通道的颜色，这个标准几乎包括了人类视力所能感知的所有颜色。那如何绘制 RGB 色谱呢？我们将在本任务中进行相关知识及技能的学习。

■ 任务目的

本任务通过学习绘制 RGB 色谱的实例（图 2.1.1），使学生掌握选区存储和载入的方法。

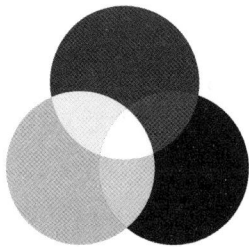

图 2.1.1　RGB 色谱效果图

扫码学习

绘制 RGB 色谱

■ 相关知识

1. 规则选区工具的应用

选框类工具的轮廓比较固定，可以利用它们来制作一些形状较规则的选区，如矩形选区、椭圆选区等。选框类工具共有 4 种，包括【矩形选框工具】▦、【椭圆选框工具】◯、【单行选框工具】▭和【单列选框工具】▯。它们的功能十分相似，但也有各自不同的特点。

（1）矩形选框工具

使用【矩形选框工具】▦可以方便地在图像中制作出长宽随意的矩形选区。【矩形选框工具】▦的属性栏如图 2.1.2 所示，包括选择方式、羽化、消除锯齿、样式和调整边缘等部分。这些部分用于设置【矩形选框工具】▦的功能。

图 2.1.2　【矩形选框工具】▦属性栏

1）在实际操作中，常常会遇到多个选区相加或者相减的问题，可以通过不同的选择方式来解决。

① 【新选区】▢：清除原有的选区，直接新建选区。

② 【添加到选区】▣：在原有选区的基础上，添加新的选区，形成最终的选择范围，如图 2.1.3 所示。

③ 【从选区减去】▣：在原有选区中，减去与新的选区相交的部分，形成最终的选择范围，如图 2.1.4 所示。

④ 【与选区交叉】▣：使原有选区和新建选区相交的部分成为最终的选择范围，如图 2.1.5 所示。

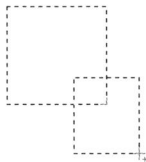

图 2.1.3　添加到选区　　　　　图 2.1.4　从选区减去　　　　　图 2.1.5　与选区交叉

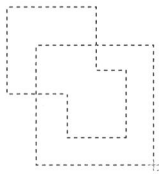

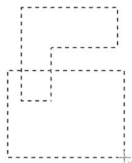

2）羽化：设置羽化参数可以有效地消除选区的硬边界并将它们柔化，使选区的边界产生朦胧渐隐的过渡效果。该参数的取值范围是 0～250 像素，取值越大，选区的边界会变得越朦胧。羽化前后的图片如图 2.1.6 和图 2.1.7 所示。

图 2.1.6　对选区羽化前的图片　　　　　图 2.1.7　对选区羽化后的图片

3）消除锯齿：消除锯齿的原理就是在锯齿之间插入中间色调，这样就使那些边缘不规则的图像在视觉上消除了锯齿现象。Photoshop 中的图像由一个个正方形的色块构成，如果没有勾选【消除锯齿】复选框，在制作圆形选区或者其他形状不规则的选区时就会产生难看的锯齿边缘。

4）样式：提供了 3 种样式。

① 正常：这是默认的选择样式，可以用鼠标创建长宽任意的矩形选区。

② 固定比例：可以为矩形选区设定任意的长宽比。只要在对应的宽度和高度参数框中填入宽度和高度比值即可。默认状态下，宽度和高度的比值为 1：1。

③ 固定大小：可以直接输入宽度值和高度值来精确定义矩形选区的大小。

（2）椭圆选框工具

使用【椭圆选框工具】◯可以在图像中制作半径随意的椭圆选区。它的使用方法和工具属性栏的设置与【矩形选框工具】▣大致相同。若要创建正圆选区，只需按住 "Shift" 键再拖动【椭圆选框工具】◯做选区即可。若要创建以鼠标单击点为中心的椭圆选区，按住 "Alt" 键再拖动【椭圆选框工具】◯做选区即可。

（3）单行选框工具和单列选框工具

使用【单行选框工具】 可以在图像中制作 1 像素高的单行选区。该工具的属性栏中只有选择方式可以设置，用法和原理都和【矩形选框工具】 相同。【单列选框工具】 的使用方法与【单行选框工具】 相同，可以在图像中制作 1 像素宽的单列选区。

2.　选区的填充

当在图像中建立区域范围时，可以为其填充颜色、图案，使画面生动活泼。

（1）颜色的填充

方法一：使用快捷方式填充，若要填充前景色，按"Alt+Delete"组合键，若要填充背景色，则按"Ctrl+Delete"组合键。

方法二：使用【油漆桶工具】 ，直接在选区范围内单击即可填充，填充的颜色为所设置的前景色。

方法三：选择【编辑】→【填充】命令，弹出【填充】对话框，选择【使用】下拉列表中的【颜色...】选项，弹出【选取一种颜色：】对话框，在该对话框中选取所需要的颜色，即可填充选区。

（2）图案的填充

建立选区后，若要填充系统自带的图案，则选择【编辑】→【填充】命令，弹出【填充】对话框，选择【使用】下拉列表中的【图案】选项，在弹出的【自定图案】对话框中选取所需要的图案即可，并且可以通过向右的小箭头，追加所需要的纹理图案。

3.　选区的存储与载入

在进行图像处理时，有些选区尤其是一些创建时比较费时的选区，虽然目前无多大用处，但在以后的操作中可能会用到，这时可以把这类选区存储起来。如果以后用到该选区，可以通过【载入选区】命令将其载入原图像中。适当存储选区，可以减少许多不必要的工作。

（1）选区的存储

当图像文件中有选区时，可选择【选择】→【存储选区】命令，弹出【存储选区】对话框，如图 2.1.8 所示。在【名称】文本框中输入选区命名，即可保存选区。

（2）选区的载入

选择【选择】→【载入选区】命令，弹出【载入选区】对话框，如图 2.1.9 所示，在【通道】下拉列表中选择相应的通道，可载入保存的选区。

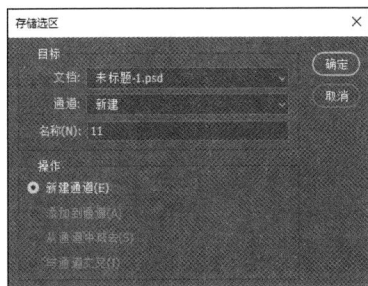

图 2.1.8　【存储选区】对话框　　　　图 2.1.9　【载入选区】对话框

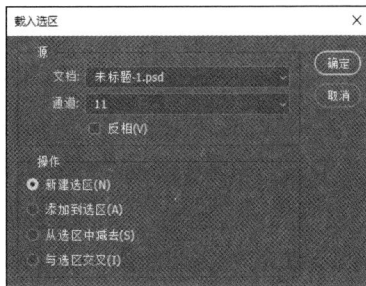

小　贴　士

　　按 "Ctrl" 键的同时，单击图层面板中的图层缩略图可提取该图层内容选区；按 "Ctrl+Shift" 组合键，同时单击图层缩略图可添加该图层内容选区；按 "Ctrl+Alt" 组合键，同时单击图层缩略图可减去该图层内容选区；按 "Ctrl+Shift+Alt" 组合键，同时单击图层缩略图得到其交叉选区。

任务分析

　　新建图像，使用【椭圆选框工具】 ⬭ 设置大小，在新图层中创建正圆选区，并针对不同正圆的图层填充颜色。三圆相交的区域通过选择【选择】→【载入选区】命令将其载入，并填充颜色，完成效果。

任务实施

01 新建文件。选择【文件】→【新建】命令，弹出【新建】对话框，设置文件的【宽度】为 600 像素，【高度】为 600 像素，【分辨率】为 72 像素/英寸，【背景内容】为白色。

02 新建图层，将其命名为 "红"。设置前景色为红色（R：255，G：0，B：0）。选择【椭圆选框工具】 ⬭，按 "Shift" 键绘制一个正圆，按 "Alt+Delete" 组合键为其填充前景色，效果如图 2.1.10 所示。在菜单选择【选择】→【存储选区】命令，弹出【存储选区】对话框，在【名称】文本框中输入选区的名称 "红"，如图 2.1.11 所示。

图 2.1.10　绘制红色正圆图形　　　　　　　图 2.1.11　【存储选区】对话框

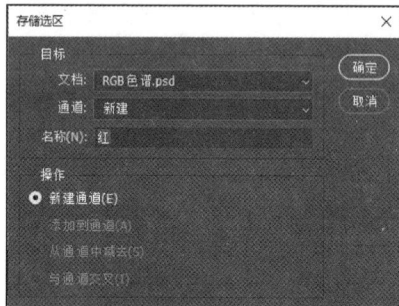

03 新建图层，将其命名为 "绿"。设置前景色为绿色（R：0，G：255，B：0）。按 "Ctrl" 键的同时，单击【图层】面板上的 "红" 图层缩略图，提取 "红" 图层选区，移动选区到适当的位置，为其填充前景色，效果如图 2.1.12 所示。选择【选择】→【存储选区】命令，在【存储选区】对话框的【名称】文本框中输入选区的名称 "绿"。

04 新建图层，将其命名为 "蓝"。设置前景色为蓝色（R：0，G：0，B：255）。按 "Ctrl" 键的同时，单击【图层】面板上的 "绿" 图层缩略图，提取 "绿" 图层选区，移动选区到适当的位置，为其填充前景色，效果如图 2.1.13 所示。选择【选择】→【存储选区】命令，在【存储选区】对话框的【名称】文本框中输入选区的名称 "蓝"。

05 将"蓝"图层与"绿"图层的不透明度适当降低，用移动工具调整图形位置，注意观察圆形之间相交的部分，效果如图 2.1.14 所示。调整好位置后，再将"蓝"图层与"绿"图层的不透明度调整到 100%。

图 2.1.12　填充绿色　　　　　图 2.1.13　填充蓝色　　　　　图 2.1.14　调整图形位置

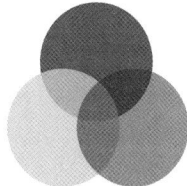

06 新建图层，将其命名为"青"。设置前景色为青色（R：0，G：255，B：255）。按"Ctrl"键的同时，单击【图层】面板上的"蓝"图层缩略图，提取"蓝"图层选区。选择【选择】→【载入选区】命令，弹出【载入选区】对话框，在对话框中选择"绿"通道，在【操作】选项组中选择【与选区交叉】单选按钮，如图 2.1.15 所示。在得到的选区中填充前景色，效果如图 2.1.16 所示。

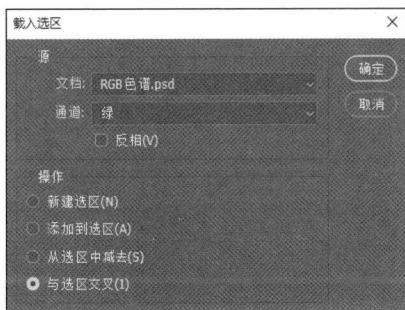

图 2.1.15　【载入选区】对话框设置（一）　　　　图 2.1.16　填充青色

07 新建图层，将其命名为"黄"。设置前景色为黄色（R：255，G：255，B：0）。按"Ctrl"键的同时，单击【图层】面板上的"绿"图层缩略图，提取"绿"图层选区。选择【选择】→【载入选区】命令，在弹出的【载入选区】对话框中选择"红"通道，操作选项设置如图 2.1.17 所示。在得到的选区中填充前景色，效果如图 2.1.18 所示。

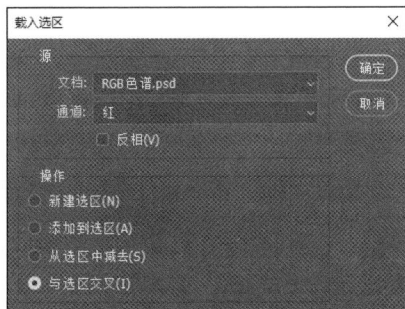

图 2.1.17　【载入选区】对话框设置（二）　　　　图 2.1.18　填充黄色

31

08 新建图层，将其命名为"洋红"。设置前景色为紫色（R：255，G：0，B：255）。按"Ctrl"键的同时，单击【图层】面板上的"红"图层缩略图，提取"红"图层选区。选择【选择】→【载入选区】命令，在弹出的【载入选区】对话框中选择"蓝"通道，操作选项设置如图 2.1.19 所示。在得到的选区中填充前景色，效果如图 2.1.20 所示。

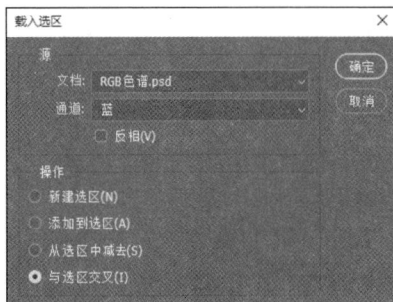

图 2.1.19　【载入选区】对话框设置（三）　　　　图 2.1.20　填充洋红色

09 设置前景色为白色。新建图层，将其命名为"白"。按"Ctrl"键的同时，单击【图层】面板中的"洋红"图层缩略图，提取"洋红"图层选区。按"Ctrl+Shift+Alt"组合键，同时单击"黄"图层缩略图得到这 2 个图层内容的交叉选区，如图 2.1.21 所示。在得到的选区中填充白色（图 2.1.22），取消选区。最后保存文件，绘制完成 RGB 色谱效果。

图 2.1.21　洋红与黄色交叉选区　　　　　　　图 2.1.22　填充白色

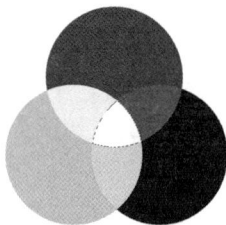

任务 2.2　选区工具、【魔棒工具】的使用——游厦门品茗茶

在公交车站、商场外常常可以看到一些制作精美的旅游海报，漂亮的背景加上一些地方标志性建筑、文字和人物，很吸引人。那么，类似的旅游海报是怎么制作的呢？如何把其他图片中喜欢的元素移动到新的图像上？如何去拼贴呢？

任务目的

本任务通过制作游厦门品茗茶宣传图片（图 2.2.1），使学生进一步学习并掌握固定选区工具、不规则物体选择的相关知识及技能，以及【椭圆选框工具】 、【魔棒工具】 、【磁性套索工具】 等的使用方法。

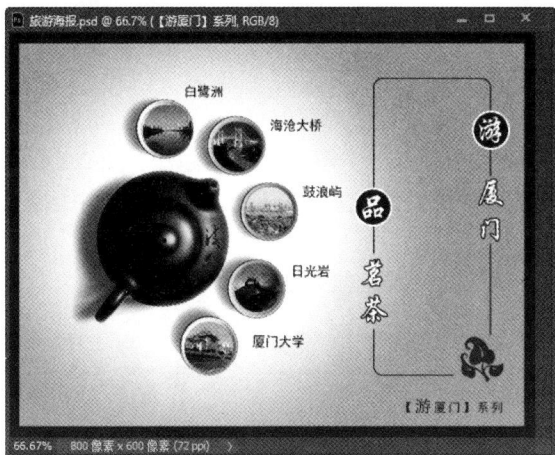

图 2.2.1 宣传图片效果图

扫码学习

游厦门品茗茶

相关知识

通过【套索工具】 、【魔棒工具】 可以选取不规则物体或形状。

1. 套索工具

套索工具组里的【套索工具】 用于选取任意不规则选区；【多边形套索工具】 用于选取有一定规则的选区；【磁性套索工具】 用于选取边缘比较清晰，且与背景颜色相差比较大的图片的选区。【磁性套索工具】 的属性栏如图 2.2.2 所示。

图 2.2.2 【磁性套索工具】 属性栏

1）选区加减的设置：做选区的时候，单击【新选区】按钮，有较多选择方式。

2）羽化：取值范围为 0～250 像素，可羽化选区的边缘，数值越大，羽化的边缘越大。

3）消除锯齿：使用消除锯齿的功能使选区更平滑。

4）宽度：取值范围为 1～256 像素，一般使用默认值 10 像素。

5）对比度：取值范围为 1%～100%，它可以设置【磁性套索工具】 选取图像时边缘的反差。如果选取的图像与周围图像间的颜色对比度较强，那么应设置一个较高的百分数值。反之，则输入一个较低的百分数值。

6）频率：取值范围为 0～100，它用来设置选取时关键点的创建速率。数值越大，速率越快，关键点就越多。当图的边缘较复杂时，需要较多的关键点来确定边缘的准确性，可采用较大的频率值，一般使用默认值 57。

2. 魔棒工具

使用【魔棒工具】 ![icon] 可轻易得到基于颜色的选区，能把图像中连续或不连续的颜色相近的区域作为选区的范围，以选择颜色相同或相近的色块，其属性栏如图 2.2.3 所示。

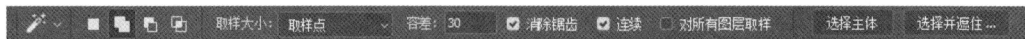

图 2.2.3 【魔棒工具】 ![icon] 属性栏

容差：用来控制【魔棒工具】 ![icon] 在识别各像素色值差异时的容差范围。可以输入 0～255 范围内的数值，取值越大，容差的范围越大；取值越小，容差的范围越小。图 2.2.4 和图 2.2.5 为容差值不同时的选择效果。容差选项是最常用到的选项，它能够有效地控制魔棒工具的选择灵敏度。

图 2.2.4 "容差较大"效果

图 2.2.5 "容差较小"效果

─ **任务分析** ─

首先，新建图像文件，填充渐变；其次，将抠取的茶具素材移入图像中，使用选取工具复制部分茶具素材；再次，将风景素材选中并移入固定的选区中，添加文字，并为图像建立边框。

─ **任务实施** ─

01 设置前景色为白色，背景色为橙色（#f69d49），按"Ctrl+Delete"组合键在"背景"图层中填充背景色。使用【椭圆选框工具】 ![icon] 创建一个正圆选区，效果如图 2.2.6 所示。选择【选择】→【修改】→【羽化】命令，在弹出的【羽化选区】对话框中，将【羽化半径】设置为 50 像素。按"Alt+Delete"组合键在选区中填充前景色，并取消选区，效果如图 2.2.7 所示。

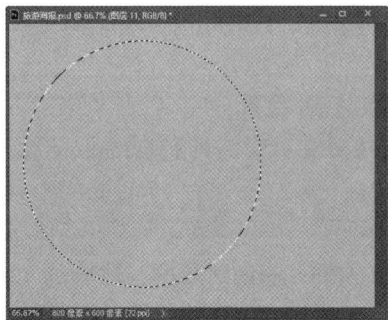

图 2.2.6 创建选区

图 2.2.7 填充前景色

02 打开素材文件"茶具.jpg"。选择工具箱中的【魔棒工具】
![魔棒]，其属性栏如图 2.2.3 所示，勾选【连续】复选框，以使图像上
所有颜色类似的区域都被选上。在素材"茶具.jpg"的白色区域单击，
将白色区域选中，选择【选择】→【反向】命令，即可选中茶具，
如图 2.2.8 所示。

03 抠取选取的茶具素材，使用【移动工具】![移动]将其移入背
景中。然后按"Ctrl+T"组合键，调整茶具的大小。

04 打开"白鹭洲.jpg"素材文件。使用【椭圆选框工具】![椭圆]
创建一个正圆选区，使用【移动工具】![移动]将其移入背景中，按
"Ctrl+T"组合键，调整风景图的大小，效果如图 2.2.9 所示。

05 打开其他 4 个厦门风光的素材文件，添加素材方法同步骤 **04**。

06 使用【横排文字工具】![T]输入风景胜地的名称，效果如图 2.2.10 所示。

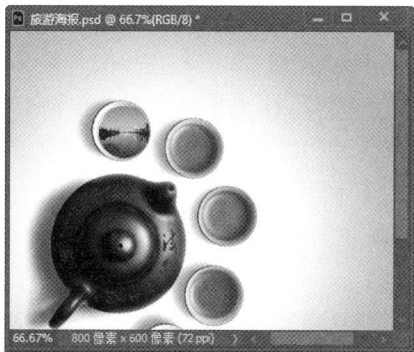

图 2.2.8　创建茶具选区

图 2.2.9　添加风景图素材　　　　　图 2.2.10　添加文字

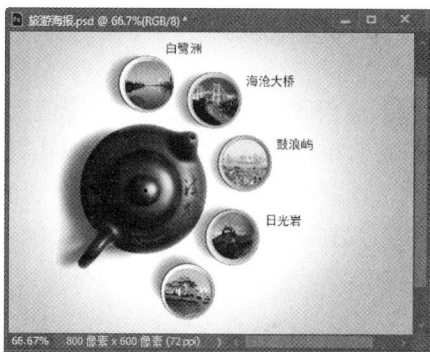

07 新建一个图层，使用【矩形选框工具】![矩形]创建如图 2.2.11 所示的选区。选择【选
择】→【修改】→【平滑】命令，弹出【平滑选区】对话框，设置【取样半径】为 10 像素。
选择【编辑】→【描边】命令，在弹出的【描边】对话框中，设置描边宽度为 2 像素，颜色
为棕黄色，其余设置如图 2.2.12 所示。

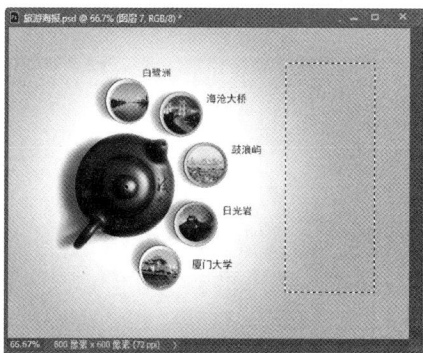

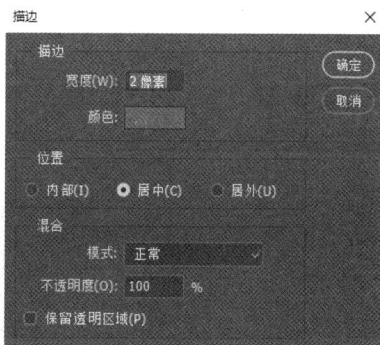

图 2.2.11　创建选区　　　　　图 2.2.12　设置【描边】对话框参数

08 新建一个图层，使用【椭圆选框工具】🔘创建一个正圆选区。设置前景色为白色，按 "Alt+Delete" 组合键在选区中填充前景色，取消选区，效果如图 2.2.13 所示。

09 设置前景色为棕色（#4d200a）。使用【椭圆选框工具】🔘创建一个比白色圆更小的正圆选区，按 "Alt+Delete" 组合键在选区中填充前景色，取消选区，效果如图 2.2.14 所示。

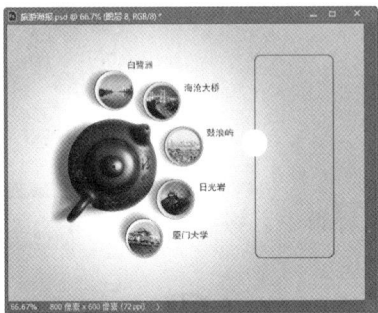

图 2.2.13　绘制白色圆

图 2.2.14　绘制棕色圆

10 复制该图层，使用【移动工具】✛调整两个图层上图像的位置，效果如图 2.2.15 所示。

11 使用【横排文字工具】T输入 "品" 和 "游" 字样。使用【直排文字工具】↓T输入 "茗茶" 和 "厦门" 字样。在【图层】面板，单击面板下方的 *fx* 按钮，添加【描边】图层样式，设置如图 2.2.16 所示，设置后的效果如图 2.2.17 所示。

12 选择线框所在图层，使用【橡皮擦工具】✐擦除多余图像，效果如图 2.2.18 所示。

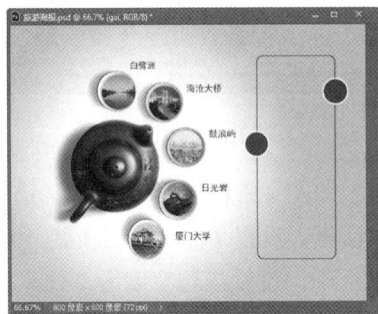

图 2.2.15　复制图层

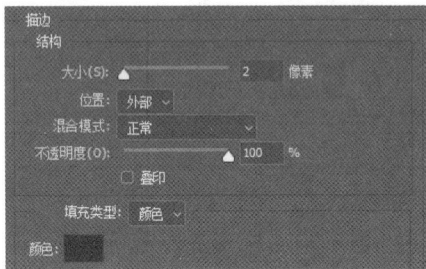

图 2.2.16　设置【描边】图层样式参数

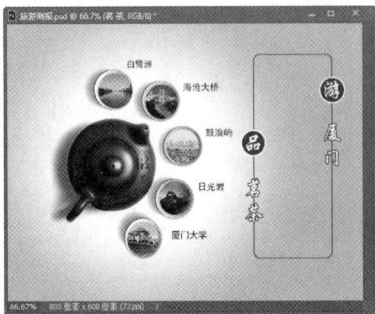

图 2.2.17　添加图层样式后的效果

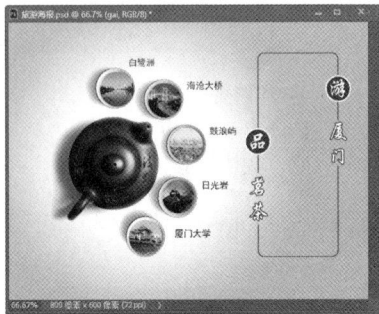

图 2.2.18　擦除多余图像（一）

13 新建一个图层，选择【自定形状工具】 ，其属性栏设置如图 2.2.19 所示。前景色设置为棕色（#6f2e00），绘制一朵小花，效果如图 2.2.20 所示。选择线框所在图层，使用【橡皮擦工具】 擦除多余图像，效果如图 2.2.21 所示。

14 新建一个图层，并将该新建图层移动至最上方。设置前景色为棕色（#4d200a），按"Alt+Delete"组合键填充前景色。使用【矩形选框工具】 创建如图 2.2.22 所示的矩形选区。删除选区中的图像，取消选区。使用【横排文字工具】 输入"【游厦门】系列"，并将"游"字突出，用暗红色，加大字号，旅游宣传图片最终效果如图 2.2.23 所示。

图 2.2.19　设置【自定形状工具】属性栏

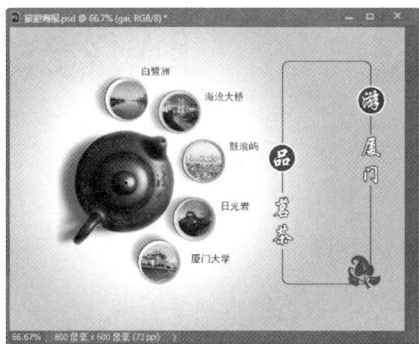

图 2.2.20　绘制花朵

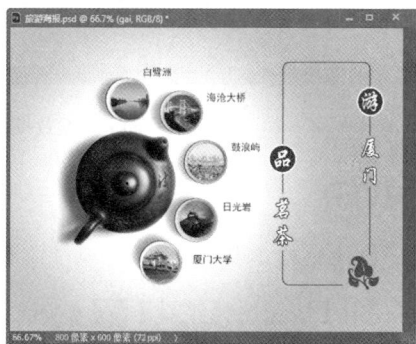

图 2.2.21　擦除多余图像（二）

图 2.2.22　创建选区

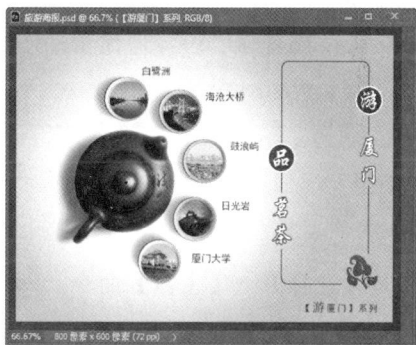

图 2.2.23　宣传图片最终效果

任务 2.3　【快速选择工具】与【选择主体】命令——猫咪出框

在 Photoshop 的使用过程中，我们经常会使用到融合图片的操作。那么针对只需要其中的某一部分的一些图片，就需要用到抠图操作。其实利用 Photoshop 抠图的方法有很多，下面就通过案例介绍两种快速抠图方法。

▋任务目的

本任务通过制作猫咪出框效果图（图 2.3.1），使学生掌握快速选择工具与选择主体命令的应用技能，以及不规则选择工具的使用方法。

图 2.3.1 猫咪出框效果图

扫码学习

猫咪出框

▋相关知识

1. 快速选择工具

在使用【快速选择工具】 ▨（快捷键为"W"）时，可适当调整画笔大小，在要选择的区域中单击并拖动画笔，通过查找和追踪图像中的边缘来创建选区。如果【快速选择工具】未能一次性选中图像中的某个区域，可以在此基础上做修改，使用属性选项栏的【添加到选区】按钮 ▨（快捷键为"Shift"）或【从选区中减去】按钮 ▨（快捷键为"Alt"），扩大或缩小对选区的选择，以获得所需的选区。【快速选择工具】 ▨的属性栏如图 2.3.2 所示。

图 2.3.2 【快速选择工具】 ▨属性栏

2. 选择主体

选择【选择】→【主体】命令，Photoshop 将自动将图像中最突出的对象作为选区。

┌ 任务分析 ┐

先打开"手机"与"猫咪"两个图像文件，在"手机"图像文件中，使用【快速选择工具】 ▨选取手与手机，移动到"猫咪"图像中；然后选择【选择】→【主体】命令选取猫咪，并将其移动到最上层，使用【多边形套索工具】 ▨圈选出猫咪前腿在手机屏幕外的区域，将其删除；最后得到猫咪出框的效果。

┌ 任务实施 ┐

01 打开"手机"与"猫咪"两个图像文件，先选择"手机"图像文件，使用【快速选择工具】 ▨选取手与手机，效果如图 2.3.3 所示。

02 在属性栏中单击【从选区中减去】按钮，减去手机屏幕与手之间空隙的选区，效果如图 2.3.4 所示。

图 2.3.3　选取手与手机

图 2.3.4　减去手机屏幕与手之间缝隙的选区

03 使用【移动工具】，将刚得到的手与手机选区移动至"猫咪"图像文件中，图层命名为"手机"，如图 2.3.5 所示。

04 关闭"手机"图层显示，选择"背景"图层，选择【选择】→【主体】命令，得到猫咪选区，如图 2.3.6 所示。

图 2.3.5　将选区移动至"猫咪"图像文件中

图 2.3.6　通过【主体】命令选取猫咪

05 按"Ctrl+J"组合键把猫咪单独复制出来，将其置于图层最上方，图层命名为"猫咪"，打开"手机"图层显示，如图 2.3.7 所示。

06 选择【多边形套索工具】，在猫咪最前面的腿部，圈选出手机屏幕外的部分区域，如图 2.3.8 所示。

图 2.3.7　将"猫咪"移动至顶层

图 2.3.8　圈选出手机屏幕外的部分区域

07 按"Delete"键删除选中区域内容，按"Ctrl+D"组合键取消选区，得到猫咪出框效果，如图 2.3.9 所示。

图 2.3.9 删除选区后的效果

任务 2.4 选择并遮住——抠毛发换背景

Photoshop 自带的【选择并遮住】命令是一个强大的抠图工具，特别适合抠选毛发类的图像。

任务目的

本任务通过选择【选择并遮住】命令抠选人物，特别是人物发丝的抠选，之后更换背景，如图 2.4.1 所示，使学生能够掌握【选择并遮住】命令的使用方法和技巧。

图 2.4.1 抠图更换人物背景

扫码学习

抠毛发换背景

相关知识

【选择并遮住】命令能自动识别所选颜色，把相关的颜色保留下来，不相关的颜色自动减去。具体方法是选择【选择】→【选择并遮住】命令（快捷键为"Alt+Ctrl+R"），如图 2.4.2 所示，或在任意选区工具下，在其属性栏上单击 选择并遮住... 按钮，会出现【选择并遮住】窗口，如图 2.4.3 所示。

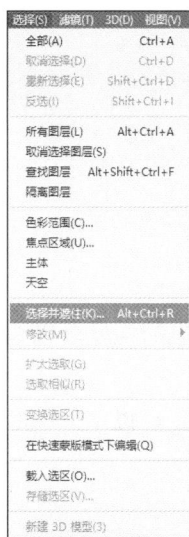

图 2.4.2　【选择并
遮住】命令

图 2.4.3　【选择并遮住】窗口

【选择并遮住】窗口及参数讲解如下。

1）【快速选择工具】：与 Photoshop 工具箱中的快速选择工具用法相同，可以快速选择大面积相似的区域。如果要减选某些区域，可以按"Alt"键或在顶部选"减选"。

2）【调整边缘工具】：适合在毛发边缘涂抹，以保留发丝范围。注意，使用该工具之前，图像上必须要有一个基本的选区范围，否则，该工具无法使用。

3）【画笔工具】：与快速选择工具的作用相同，但是该工具不会自动选择相似的范围，而是绘制到哪里，哪里就保留或被清除。

4）【对象选择工具】：与 Photoshop 工具箱中的对象选择工具用法相同，可以在框选的范围内自动选择选区内的主体对象。

5）【套索工具和多边形工具】【抓手工具】【缩放工具】：与 Photoshop 工具箱中的【套索工具和多边形工具】【抓手工具】【缩放工具】使用方法相同。

6）视图模式：在选择图像时，使用不同的视图模式可以方便观察选择效果，但是选择不同的视图模式不会影响最终的抠图效果。

7）预设：可以保存下面的参数设置，然后载入使用，以提高效率。默认状态下，软件只提供了一个默认设置。勾选【记住设置】复选框后，下一次选择【选择并遮住】命令时，还是保留当前的参数，否则，将还原参数设置。

8）调整模式：分为颜色识别和对象识别，颜色识别适合简单背景或者前景和背景对比鲜明的图像，对象识别则更适合复杂背景下的对象选择，如毛发选择。

9）边缘检测：可以在原始选区的边缘起到类似调整边缘工具涂抹的作用，检测的边缘范围宽度一样，但是如果勾选【智能半径】复选框，则会根据选区边缘（如头发丝范围）智能化选择边缘，这样可以更加灵活、准确地选择边缘范围。

10）全局调整。

① 平滑：将选区边缘平滑化，消除尖锐的边缘选区。

② 羽化：将选区边缘羽化，使选择的图像边缘过渡自然。

③ 移动边缘：扩大选区或缩小选区。

④ 清除选区：取消选区范围，相当于"Ctrl+D"快捷键的作用。

⑤ 反相：将选区反选。

11）输出设置：设置抠图完毕后其结果的输出方式。

① 净化颜色：可以清除抠图后，图像边缘存在的背景色痕迹，净化颜色的程度可以通过数量参数控制。

② 输出到：抠图完毕后返回 Photoshop 窗口时，决定选区存在的方式，可以是选区的方式，也可以是图层的方式，还可以是单独图像的方式等。

任务分析

抠取人物更换背景的难点是抠取人物的发丝，可先利用不规则选取工具圈选出人物轮廓，再选择【选择并遮住】命令，涂抹边缘，注意适当调整画笔的大小，比较精确地抠取出人物选区边缘与发丝，最后无痕更换相应的背景。

任务实施

01 按快捷键"Ctrl+O"打开"背影.jpg"文件，使用【套索工具】 ◯ 在图片中将人物圈选出来，如图 2.4.4 所示，在属性栏单击 选择并遮住… 按钮打开【选择并遮住】窗口。

02 在属性面板中，在【视图模式】选项组选择【叠加】选项，如图 2.4.5 所示。

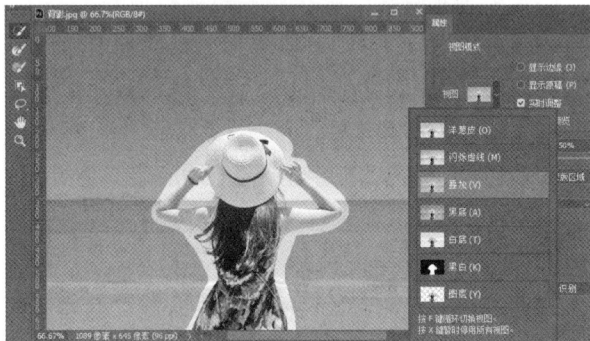

图 2.4.4　圈选人物　　　　　　　　图 2.4.5　选择【叠加】选项

03 选择【调整边缘画笔工具】 🖌，在人物选区边缘涂抹，将背景涂抹掉，如图 2.4.6 所示。

04 在【输出设置】中的【输出到】中选择【新建带有图层蒙版的图层】选项，如图 2.4.7 所示。

图 2.4.6　涂抹背景　　　　　　　　　　　　图 2.4.7　输出设置

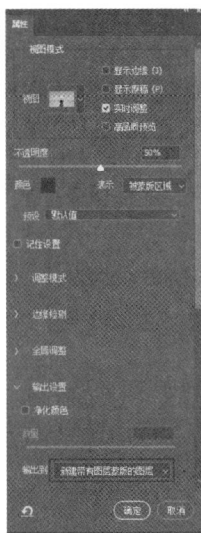

05 单击【确定】按钮后，得到图 2.4.8 所示的效果，仔细查看人物身体与帽子边缘处是否有缺失的部分，缺失的区域是透明的，可选中图层蒙版，用【画笔工具】 ，前景色为白色，适当设置画笔的大小，沿缺失的区域进行涂抹，最终抠图效果如图 2.4.9 所示。

图 2.4.8　输出效果　　　　　　　　　　　　图 2.4.9　最终抠图效果

06 打开"草原.jpg"文件，使用【移动工具】 将草原图层拖到背影文件中，移动该图层至人物图层下方，按"Ctrl+T"组合键调整图像的大小和位置，更换背景效果如图 2.4.10 所示。

图 2.4.10　更换背景效果

任务 2.5　选区综合应用——星光不负赶路人

▌ 任务目的

本任务完成白天到夜晚场景转换的制作，效果如图 2.5.1 所示，使学生掌握应用色彩范围选取图像的相关知识及技能，并进一步掌握套索工具、【天空】、【主体】等选区命令的综合应用。

图 2.5.1　白天到夜晚场景转换对比图

扫码学习

星光不负赶路人

▌ 相关知识

选择【选择】→【色彩范围】命令，可以在整个图像或选定区域内选择一种特定颜色或颜色范围。

1. 认识【色彩范围】对话框

打开如图 2.5.2 所示的图像素材"玫瑰.JPG"，选择【选择】→【色彩范围】命令，打开【色彩范围】对话框，如图 2.5.3 所示。移动鼠标指针在红色的玫瑰花上单击，即可选中玫瑰花朵，单击【确定】按钮，在图像上创建相关色彩范围的选区，效果如图 2.5.4 所示。

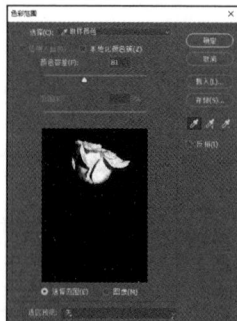

图 2.5.2　素材原图　　　　图 2.5.3　【色彩范围】对话框　　　　图 2.5.4　创建选区

2.【色彩范围】对话框的选项说明

1）色彩范围的选择方式。如图 2.5.5 所示，在【选择】下拉列表中可以选择颜色或色调范围。勾选【取样颜色】复选框时，可以使用对话框中的吸管工具在窗口图像中单击，拾取图像中的颜色。选择下拉列表中的【红色】【黄色】【绿色】【青色】【蓝色】和【洋红】选项时,可以选择图像中的以上特色颜色;选择【高光】【中间调】【阴影】选项时,可以选择图像中不同的色调范围;选择【溢色】选项时,可以选择图像中的溢色。溢色是无法使用印刷色打印的 RGB 或 Lab 颜色,因此,此选项仅适用于 RGB 和 Lab 图像。

2)选择范围调整。在【色彩范围】对话框中,可以通过【颜色容差】【范围】选项对选择范围进行调整。范围数值越大,所选区域越大;颜色容差值越大,所包容的颜色越多,如图 2.5.6 所示。

图 2.5.5　色彩范围选择菜单　　　　　　图 2.5.6　选择范围调整展示

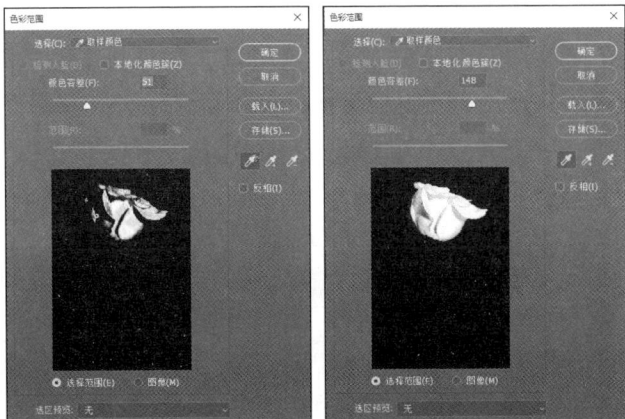

3)取样吸管工具组。具体如图 2.5.7 所示。

① 吸管工具:选择吸取所需取样的颜色区域。

② 添加到取样:添加取样颜色区域。

③ 从取样中减去:减去取样颜色区域。

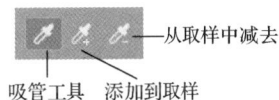

图 2.5.7　取样吸管工具组

任务分析

首先选择【选择】→【天空】命令将"旅行者"素材中的天空更换成星空效果,再把天空之外的场景也转变成夜景模式,选择【色彩范围】命令,提取出公路中灰白色区域,再结合【套索工具】去掉多选的局部区域,并增添光影效果,最后再对画面适当进行明暗细节的调整。

任务实施

01 打开素材"旅行者.jpg"与"星空.jpg"图像文件。

02 在"旅行者.jpg"文件中,使用"Ctrl+J"组合键复制背景层,将该图层命名为"地面",选择【选择】→【天空】命令,即得到天空选区,再利用快速选择工具,按住 Shift 键或单击属性栏的【添加到选区】按钮 ,把人物手腕处漏选的天空添加到选区,如图 2.5.8 所示。按"Delete"键去除天空区域,按"Ctrl+D"组合键取消选区。

03 使用【移动工具】移入"星空"素材,并将其移动至"地面"图层之下,该图层命名为"星空",按"Ctrl+T"组合键调整图像的大小和位置,效果如图 2.5.9 所示。

图 2.5.8　选择天空选区

图 2.5.9　移入"星空"素材

04　为了使两个素材场景色调统一，选择"地面"图层，单击【图层】面板下方的【创建新的填充或调整图层】按钮 ◢，选择【颜色查找】选项，打开属性面板，在【3DLUT 文件】下拉列表中载入【Moonlight.3DL】预设，如图 2.5.10 所示，

05　右击"颜色查找"图层空白处，在弹出的快捷菜单中选择【创建剪贴蒙版】命令，"地面"图层即产生夜晚的氛围，如图 2.5.11 所示。

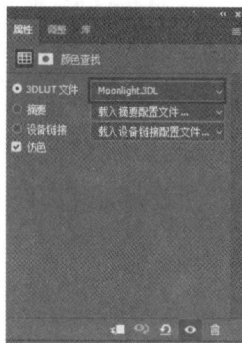

图 2.5.10　载入【Moonlight.3DL】颜色预设

图 2.5.11　"地面"图层产生夜晚的氛围

06　选择【选择】→【色彩范围】命令，弹出【色彩范围】对话框，使用取样吸管对地面公路上泛白处进行吸取，得到场景亮部区域，如图 2.5.12 所示。

07　使用【套索工具】 ◯选择【从选区减去】选项，将公路范围外的选区进行删减，如图 2.5.13 所示。

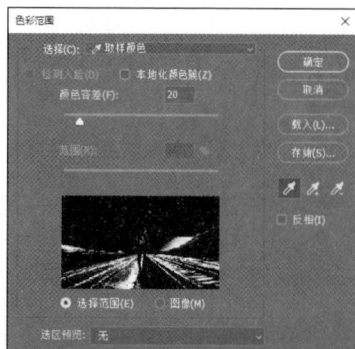

图 2.5.12　选择【色彩范围】命令进行局部选取

图 2.5.13　选出公路亮部区域

08　单击【图层】面板下方的【创建新的填充或调整图层】按钮，选择【曲线】选项，在打开的属性面板中，在曲线高光部加点向上提升，如图 2.5.14 所示，提亮公路泛白区域，效果如图 2.5.15 所示。

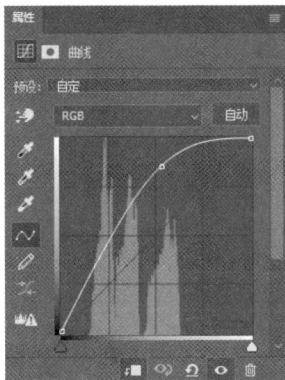

图 2.5.14　使用【曲线】选项调整亮部　　　　图 2.5.15　提亮公路泛白区域效果

09　选择背景层，选择【选择】→【主体】命令，得到人物选区，按"Ctrl+J"组合键，将人物复制出来，将该图层命名为"人物"，并移动至顶层，再适当降低该图层的透明度，如图 2.5.16 所示，得到最终效果。

图 2.5.16　使用【主体】命令选取人物

项 目 小 结

本项目通过 5 个任务的实际操作，详细地介绍了不同选区工具具体应用和编辑的方法，特别是不规则物体选区的创建、选择、填充及不同选区工具的编辑方法。另外，还介绍了色彩范围、修改、调整范围、载入和存储选区等处理技术，大大方便了选择操作。

实 践 探 索

一、选择题

1. 以下代表添加到选区的图标是（　　）。

A. ▣ B. ◳ C. ◳ D. ◳

2. 在 Photoshop 中，下面选项对【魔棒工具】的描述正确的是（　　）。

A.【魔棒工具】只能作用于当前图层

B. 在【魔棒工具】选项面板中，颜色容差数值越大，选择颜色的范围也越大

C. 在【魔棒工具】选项面板中，可通过改变颜色容差数值来控制选择范围

D. 在【魔棒工具】选项面板中，颜色容差数值越大，选择颜色的范围越小

3. 在【色彩范围】对话框中，为了调整颜色的范围，应当调整（　　）。

A. 反相 B. 消除锯齿 C. 颜色容差 D. 羽化

二、操作题

1. 设计一幅如图 2.s.1 所示的主题网页界面（提示：首先建立 800 像素×600 像素的文件，利用选区工具，设计背景框架；然后利用【磁性套索工具】🏴绘制不规则图像，并为其建立柔和的选区边缘；最后添加文字标题，并利用图层的混合模式修饰文字效果）。

2. 使用【色彩范围】命令将素材"林中小屋"图片调整为雪景效果，如图 2.s.2 所示（提示：首先选择【色彩范围】命令，分别将树木、草地和木屋亮部区域选取出来，增添白色效果，将整体雪景效果调整出来后再做一些细节的调整，为烘托气氛，最后添加素材"飘雪"并将其移到最上层，设置图层模式为滤色，去除黑色背景）。

图 2.s.1　闽南古厝网页界面效果图

图 2.s.2　"林中小屋"雪景效果图

图像的绘制与编辑

项目导读

Photoshop 提供了多种强大的绘图工具，灵活地使用这些工具可以充分发挥自己的创造力，绘制出更多、更精美的平面作品。

知识目标

1）掌握【画笔工具】和【画笔】面板的功能。

2）掌握【油漆桶工具】和【渐变工具】的功能。

3）了解图像的变形、填充和描边的含义。

能力目标

1）熟练运用【画笔工具】和【画笔】面板。

2）熟练运用【油漆桶工具】和【渐变工具】。

3）掌握图像变形的操作方法。

4）掌握图像填充和描边的操作方法。

素养目标

1）增强学生热爱自然、保护环境的意识。

2）培养学生创作源于生活而又高于生活的意识，树立正确的艺术观。

任务 3.1 【渐变工具】的使用——绘制立体几何造型

任务目的

本任务通过制作如图 3.1.1 所示的立体几何造型实例，使学生掌握图像变形的方法。

图 3.1.1 立体几何造型效果图

扫码学习

绘制立体几何造型

相关知识

选择【编辑】→【自由变换】或【变换】命令，可以对整个图层、图层中选中的部分区域、多个图层、图层蒙版，甚至路径、矢量图形、选择范围和 Alpha 通道进行缩放、旋转、斜切、扭曲和透视等多种变形。使用【渐变工具】 可将选区或整个图像填充渐变色。

1. 【编辑】→【自由变换】命令

选择要进行变形的图层或区域，选择【编辑】→【自由变换】命令，或按"Ctrl+T"组合键，出现如图 3.1.2 所示的变换控件时，即可对对象进行简单的缩放、旋转变形。其中，中间标记黑色圆圈部分为变换中心，是进行变形操作的旋转缩放中心。要调整变换中心，按"Alt"键拖动变换中心即可。

2. 【编辑】→【变换】命令

【编辑】→【变换】命令菜单中包括缩放、旋转、斜切、扭曲、透视和变形等命令，如图 3.1.3 所示。

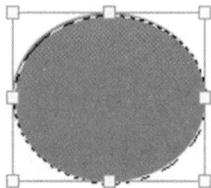

图 3.1.2 变换控件

图 3.1.3 【编辑】→【变换】命令菜单

1）【斜切】命令：主要进行斜切变形，变形效果如图 3.1.4 所示。

2）【扭曲】命令：主要进行扭曲变形，变形效果如图 3.1.5 所示。

3）【透视】命令：主要进行透视变形，变形效果如图 3.1.6 所示。

4）【变形】命令：调整各变形控件，可进行任意变形，变形效果如图 3.1.7 所示。

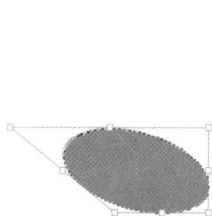

图 3.1.4　【斜切】变形效果　　图 3.1.5　【扭曲】变形效果　　图 3.1.6　【透视】变形效果　　图 3.1.7　【变形】效果

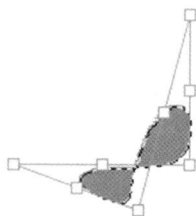

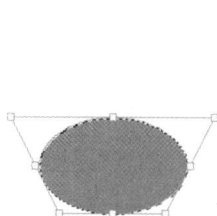

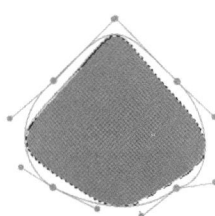

3. 渐变工具

使用工具箱中的【渐变工具】█可填充渐变色，如果不创建选区，将作用于整个图像。【渐变工具】█的属性栏如图 3.1.8 所示。

图 3.1.8　【渐变工具】█属性栏

1）██████：渐变颜色条。单击渐变颜色条，弹出【渐变编辑器】对话框，如图 3.1.9 所示，可从中设置渐变颜色。

① 单击该三角按钮可弹出下拉菜单，用来载入其他内置的渐变色或将修改后的渐变色恢复到初始状态。

② 渐变颜色显示窗口。

③ 渐变色名称栏。

④ 不透明度标记点，设置渐变色的透明程度。

⑤ 颜色标记点，设置渐变颜色。添加渐变颜色时，在渐变颜色条下方单击，可增加一种颜色；双击颜色标记点，可设置颜色。删除渐变颜色时，只需将颜色标记点直接向下拖动，至颜色消失即可。

⑥ 透明度或颜色标记点的数据删除按钮。

2）█████：设置渐变类型，包括线性渐变█、径向渐变█、角度渐变█、对称渐变█和菱形渐变█。

图 3.1.9　【渐变编辑器】对话框

3）模式：设置颜色的混合模式。

4）不透明度：设置颜色的不透明度。

5）反向：勾选该复选框，可将现有的渐变色逆转方向。

6）仿色：控制色彩的显示，勾选该复选框可使色彩过渡更平滑。

7）透明区域：勾选该复选框，可打开透明蒙版，使绘制图像时保持透明填色效果。

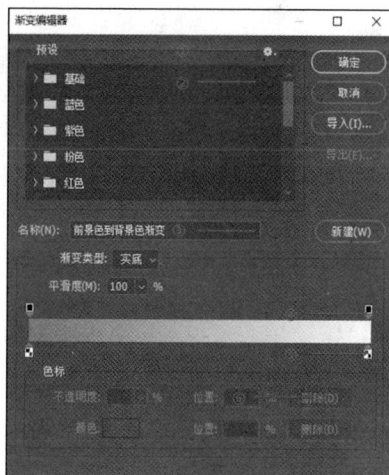

·任务分析·

首先，新建一个图像文件，打开【图层】面板，在"背景"图层上使用【渐变工具】■
填充渐变色，作为背景。其次，新建一个图层，创建正圆选区，填充渐变色，绘制圆球；新
建一个图层，创建矩形选区，填充渐变色，绘制圆筒；新建一个图层，创建矩形选区，填充
渐变色，进行透视变形，绘制圆锥；新建一个图层，创建矩形选区，填充颜色，进行斜切变形，
绘制立方体。

·任务实施·

01 新建文件。选择【文件】→【新建】命令，弹出【新建文档】对话框，设置宽度为
1800 像素，高度为 1000 像素，分辨率为 72 像素/英寸，如图 3.1.10 所示。

图 3.1.10 【新建文档】对话框

02 选择【渐变工具】■，在其属性栏中设置渐变类型为线性渐变■，单击渐变颜色
条，弹出【渐变编辑器】对话框，设置渐变颜色为深蓝色（#2896ea）—蓝色（#bbdcf5），设
置参数如图 3.1.11 所示。

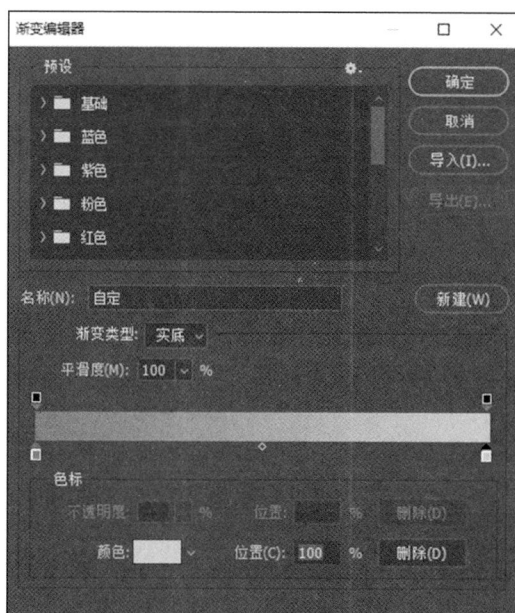

图 3.1.11　【渐变编辑器】参数设置（一）

03 按住 "Shift" 键，在图像文件上，从上至下做一渐变，效果如图 3.1.12 所示。

04 绘制圆球。选择【窗口】→【图层】命令，弹出【图层】面板，单击【图层】面板下方的■按钮，新建一个图层 "球体"。使用工具箱中的【椭圆选框工具】○，按住 "Shift"键，创建一个正圆选区。

05 选择【渐变工具】■，在其属性栏中设置渐变类型为径向渐变■，渐变颜色为深灰色—浅灰色，从选区的左上角向右下角做一渐变，效果如图 3.1.13 所示。

图 3.1.12　填充渐变色（一）

图 3.1.13　绘制圆球

06 制作反光。单击渐变颜色条，弹出【渐变编辑器】对话框，将深灰色滑块向右拖拽，出现一个新滑块，设置该滑块的颜色为较浅的灰色，如图 3.1.14 所示。从选区的左上角向右下角做一渐变。

07 制作倒影。按住 "Alt" 键向下拖拽出一个新的球体 "球体 拷贝"。按 "Ctrl+T"组合键，右击图像，选择【垂直翻转】命令，调整不透明度为 32%，效果如图 3.1.15 所示。

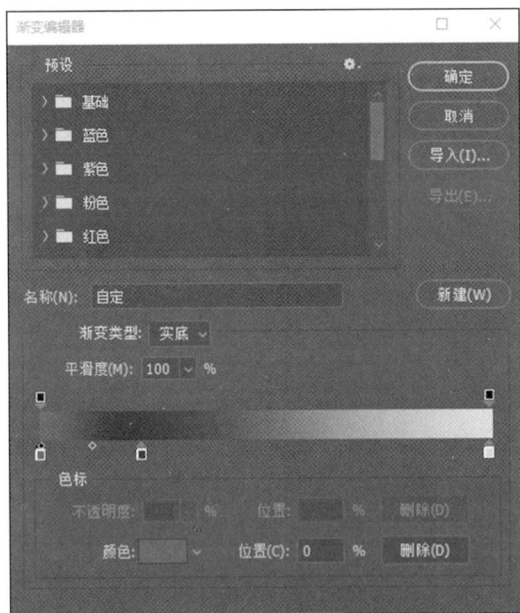

图 3.1.14　【渐变编辑器】参数设置（二）

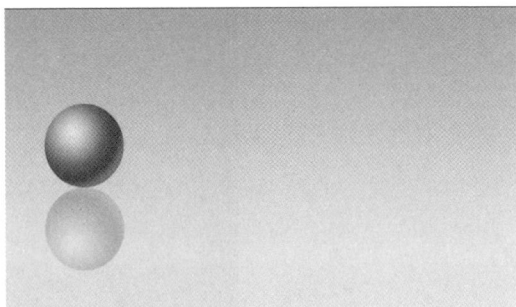

图 3.1.15　绘制球体反光

08 将"球体"和"球体 拷贝"合组，命名为"球体"。

09 使用【矩形选框工具】 创建一个矩形选区。选择【渐变工具】 ，在其属性栏中设置渐变类型为线性渐变 ，单击渐变颜色条，在弹出的【渐变编辑器】对话框中，使用刚刚绘制球体时使用的参数，从左至右绘制渐变，效果如图 3.1.16 所示。

10 使用工具箱中的【椭圆选框工具】 创建一个椭圆选区，效果如图 3.1.17 所示（为更精确，可使用标尺辅助）。

图 3.1.16　填充渐变色（二）

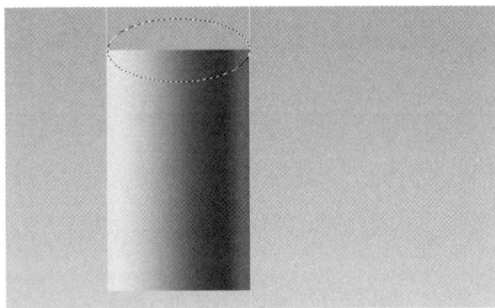

图 3.1.17　创建椭圆选区（一）

11 新建图层，使用【渐变工具】 在选区中从右向左填充渐变色，效果如图 3.1.18 所示。然后将选区向下移动，效果如图 3.1.19 所示。

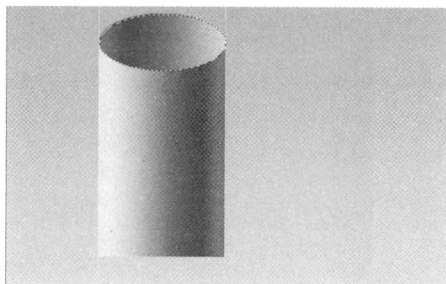

图 3.1.18　填充渐变色（三）

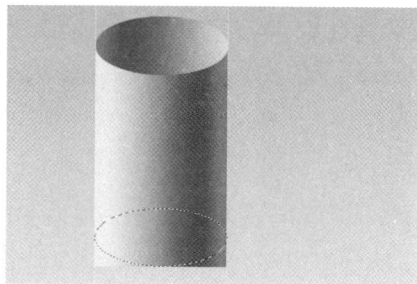

图 3.1.19　移动椭圆选区

12 选择【矩形选框工具】█，在其属性栏中单击【添加到选区】按钮█，在原选区的基础上再创建一个矩形选区，效果如图 3.1.20 所示。选择【选择】→【反向】命令，将选区反选，删除选区中的图像，取消选区，效果如图 3.1.21 所示。

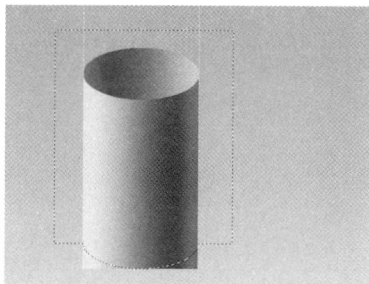

图 3.1.20　创建矩形选区（一）

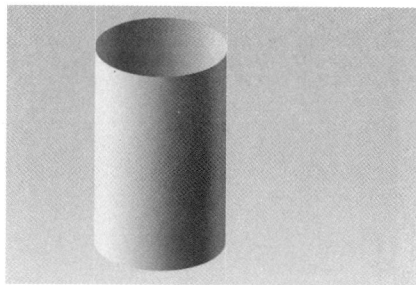

图 3.1.21　删除图像（一）

13 将"图层 1"和"图层 2"合组，命名为"圆柱"。

14 制作倒影。复制"圆柱"，使用【移动工具】█将其向下移动。设置该图层的不透明度为 32%，将倒影图层移动到圆筒图层下方，效果如图 3.1.22 所示。

15 绘制圆锥。单击【图层】面板下方的█按钮，新建一个图层"图层 3"。使用【渐变工具】█在选区中从左向右填充渐变色，效果如图 3.1.23 所示。再按"Ctrl+D"组合键取消选区。

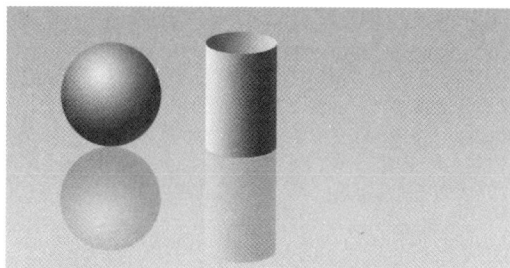

图 3.1.22　复制、移动图层

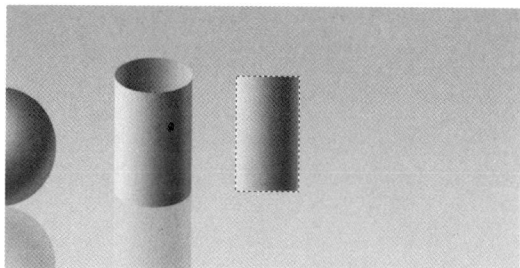

图 3.1.23　填充渐变色（四）

16 选择【编辑】→【变换】→【透视】命令，进行如图 3.1.24 所示的透视变形。使用工具箱中的【椭圆选框工具】█创建一个椭圆选区，效果如图 3.1.25 所示。

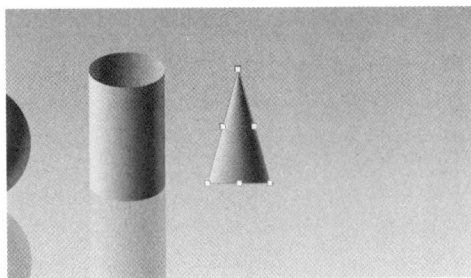

图 3.1.24　透视变形

图 3.1.25　创建椭圆选区（二）

17 选择【矩形选框工具】，在属性栏中单击【添加到选区】按钮，在原选区的基础上再创建一个矩形选区，效果如图 3.1.26 所示。选择【选择】→【反向】命令，将选区反选，删除选区中的图像，取消选区，效果如图 3.1.27 所示。

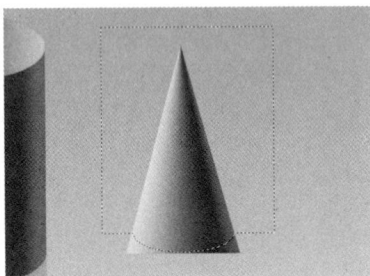

图 3.1.26　创建矩形选区（二）

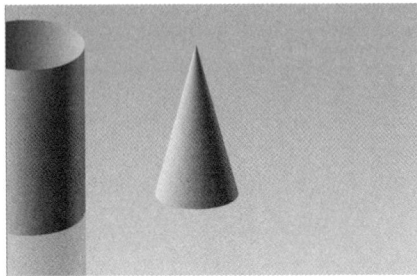

图 3.1.27　删除图像（二）

18 绘制倒影。复制圆锥图层（图层 3），选择【编辑】→【变换】→【垂直翻转】命令，使用【移动工具】将其向下移动。设置该图层的不透明度为 32%，并将倒影图层移动到圆锥图层下方，效果如图 3.1.28 所示。

19 将"图层 3"和"图层 3 拷贝"合组，命名为"圆锥"。

20 绘制立方体。设置前景色为灰色（#c8c8c8）。单击【图层】面板下方的按钮，新建一个图层"图层 4"。使用【矩形选框工具】创建一个正方形选区，填充前景色，效果如图 3.1.29 所示。之后取消选区。

图 3.1.28　复制、翻转图层

图 3.1.29　填充前景色（一）

21 选择【编辑】→【变换】→【斜切】命令，进行斜切变形，效果如图 3.1.30 所示。

22 设置前景色为灰色（#a3a3a3）。单击【图层】面板下方的 ⊡ 按钮，新建一个图层"图层 5"。使用【矩形选框工具】⬚ 创建一个矩形选区，填充前景色，效果如图 3.1.31 所示。之后取消选区。

图 3.1.30　斜切变形（一）

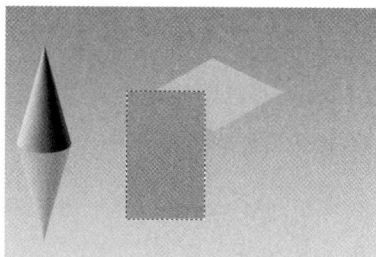

图 3.1.31　填充前景色（二）

23 使用【移动工具】✛ 将矩形选区向上移动。选择【编辑】→【变换】→【斜切】命令，进行斜切变形，效果如图 3.1.32 所示。

24 设置前景色为灰色（#686868）。单击【图层】面板下方的 ⊡ 按钮，新建一个图层"图层 6"。使用【矩形选框工具】⬚ 创建一个矩形选区，填充前景色，效果如图 3.1.33 所示。取消选区。

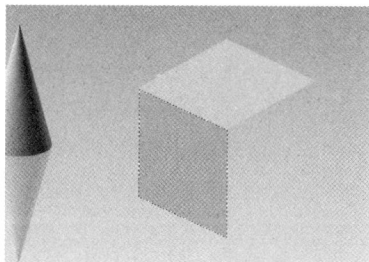

图 3.1.32　斜切变形（二）

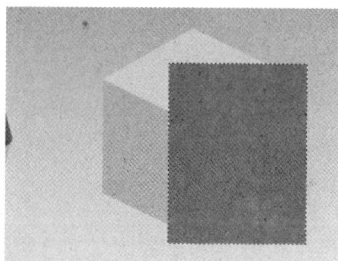

图 3.1.33　填充前景色（三）

25 选择【编辑】→【变换】→【斜切】命令，进行斜切变形，效果如图 3.1.34 所示。

26 制作倒影。将所有立方体的图层选中，选择【图层】→【合并图层】命令，将合并后的图层复制，使用【移动工具】✛ 将其向下移动。然后设置该图层的不透明度为 32%，将倒影图层移动到立方体图层下方，效果如图 3.1.35 所示。调整大小，至此，立体几何造型效果图制作完毕，最终效果如图 3.1.1 所示。

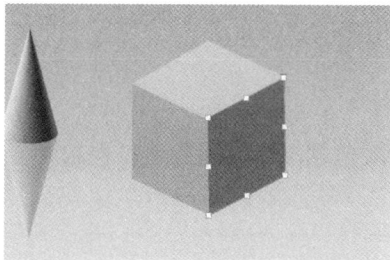

图 3.1.34　斜切变形（三）

图 3.1.35　调整图层宽度

任务 3.2　画笔的使用——绘制风景画

Photoshop 2021 的画笔功能很强大，使用【画笔工具】■和【橡皮擦工具】■，配合【画笔】面板，可以创作出各式各样的纹理、图案或图像。

■ 任务目的

本任务通过制作如图 3.2.1 所示的风景画实例，让学生掌握各种绘图工具和【画笔】面板的使用方法和技巧。

图 3.2.1　风景画效果图

扫码学习

绘制风景画

■ 相关知识

1. 绘图工具

（1）画笔工具

使用工具箱中的【画笔工具】■可绘制出边缘柔软的画笔效果，画笔的颜色为工具箱中的前景色。【画笔工具】■的属性栏如图 3.2.2 所示。

图 3.2.2　【画笔工具】■属性栏

1）■：设置画笔的样式和画笔的粗细。单击【画笔设置】按钮■，弹出【画笔设置】面板，可从中设置画笔的样式。

2）模式：设置画笔的混合模式。

3）不透明度：设置画笔在绘制图像时颜色的透明度。

4）流量：设置画笔在绘制时笔墨扩散的量。

5）■：启用喷枪样式的建立效果。选中该选项时，在绘制过程中如有停顿，则画笔中的颜料会不停地喷射出来，停顿的时间越长，色点的颜色越深，所占的面积也越大。

> **小贴士**
>
> 若要绘制直线，可按住 "Shift" 键，使用【画笔工具】■在图像窗口中拖动即可。

（2）铅笔工具

使用工具箱中的【铅笔工具】可绘制硬边的线条，如果画的是斜线，会有明显的锯齿，绘制的线条颜色是工具箱中的前景色。【铅笔工具】的属性栏如图 3.2.3 所示。

图 3.2.3 【铅笔工具】属性栏

自动抹除：勾选该复选框，如果铅笔线条的起点处是工具箱中的前景色，则铅笔工具会将前景色擦除，填充背景色；否则铅笔工具会填充前景色。

（3）橡皮擦工具

使用工具箱中的【橡皮擦工具】可将图像擦除至工具箱中的背景色，并可将图像还原到【历史记录】面板中图像的任何一个状态。【橡皮擦工具】的属性栏如图 3.2.4 所示。

图 3.2.4 【橡皮擦工具】属性栏

1）模式：有 3 种不同的模式，分别是画笔、铅笔和块。选择【画笔】和【铅笔】选项时，与画笔工具、铅笔工具的用法相似，只是绘画和擦除的区别；选择【块】选项时，就是一个方形的橡皮擦。

2）抹到历史记录：勾选该复选框，配合历史记录面板的使用，可将图像还原到【历史记录】面板中图像的任何一个状态。

（4）背景橡皮擦工具

使用工具箱中的【背景橡皮擦工具】可将图层上的颜色擦除成透明，其属性栏如图 3.2.5 所示。

图 3.2.5 【背景橡皮擦工具】属性栏

1）连续取样：软件会随鼠标的移动而不断地取样颜色。

2）一次取样：以第 1 次单击的颜色为取样颜色，在擦除时只能做一次连续的擦除。

3）取样背景色板：以工具箱中的背景色为取样颜色，擦除与背景色相同或相邻的颜色像素。

4）限制：设置橡皮擦除的方式，有不连续、连续和查找边缘 3 种方式。选择【不连续】选项，将擦除在容差范围内所有与取样点相同的颜色像素；选择【连续】选项，将擦除在容差范围内所有与取样点相同并相邻的颜色像素；选择【查找边缘】选项，将在擦除时保持图像较强的边缘效果。

5）容差：控制橡皮擦擦除的图像范围，数值越大擦除颜色的范围越大。

6）保护前景色：勾选该复选框，图像中与工具箱前景色相同的颜色像素将被保护，不被擦除。

（5）魔术橡皮擦工具

使用工具箱中的【魔术橡皮擦工具】 可根据颜色近似程度来确定将图像擦除的透明程度，其属性栏如图 3.2.6 所示。

图 3.2.6 【魔术橡皮擦工具】 属性栏

1）消除锯齿：勾选该复选框，可使擦除后图像的边缘保持平滑。

2）连续：勾选该复选框，只会去除图像中和鼠标单击点相似并连续的部分。若不勾选该复选框，则将擦除图像中所有与鼠标单击点相似的像素，无论其是否与鼠标单击点连续。

3）对所有图层取样：勾选该复选框，无论当前在哪个图层上操作，都对所有的图层起作用，而不是只针对当前操作的层。

2. 【画笔设置】面板

从 Photoshop 5.0 到 Photoshop 2021 都有一个专门的【画笔设置】面板来控制画笔的选项设置。选择工具箱中的【画笔工具】 ，单击其属性栏中的 按钮，弹出【画笔设置】面板，如图 3.2.7 所示。

（1）设置【画笔笔尖形状】选项卡

在【画笔设置】面板中，选择【画笔笔尖形状】选项卡，其参数设置如图 3.2.7 所示。

1）大小：控制画笔大小，最大取值为 5000 像素。

2）翻转 X 和翻转 Y：勾选相应的复选框，可更改所选画笔的显示方向。

3）角度：控制画笔的角度，所设置的角度在【圆度】参数发生变化时有效。

4）圆度：控制画笔长短轴的比例，取值范围为 0%～100%。

5）硬度：控制画笔边缘的虚实程度，数值越大，画笔边缘越清晰，取值范围为 0%～100%。

6）间距：控制画笔笔触之间的距离，数值越大，笔触之间的距离越大，取值范围为 0%～1000%。

（2）设置【形状动态】选项卡

在【画笔设置】面板中，选择【形状动态】选项卡，其参数设置如图 3.2.8 所示。

1）大小抖动：控制画笔在绘制线条过程中标记点大小的动态变化。

2）控制：【关】表示关掉该属性；【渐隐】表示渐隐的绘图方式；【钢笔压力】表示在绘图过程中控制画笔的压力；【钢笔斜度】使画笔和画布保持一定的夹角，如同在斜握画笔状态下绘图；【光轮笔】是循环改变选项，当选择画笔大小功能时，可逐渐放大或缩小画笔。

3）最小直径：控制画笔标记点可缩小的最小尺寸，以画笔直径的百分比为基础，取值范围为 0%～100%。

4）倾斜缩放比例：当【控制】下拉列表框选择【钢笔斜度】时，用于定义画笔倾斜的比例。

5）角度抖动：控制画笔在绘制线条过程中标记点角度的动态变化情况。

6）圆度抖动：控制画笔在绘制线条过程中标记点圆度的动态变化情况。

7）最小圆度：控制画笔标记点的最小圆度。

（3）设置【散布】选项卡

在【画笔设置】面板中，选择【散布】选项卡，其参数设置如图 3.2.9 所示。

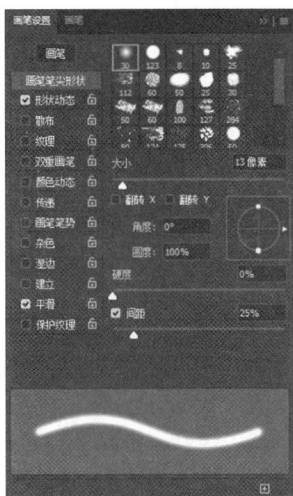

图 3.2.7　【画笔笔尖形状】
参数设置

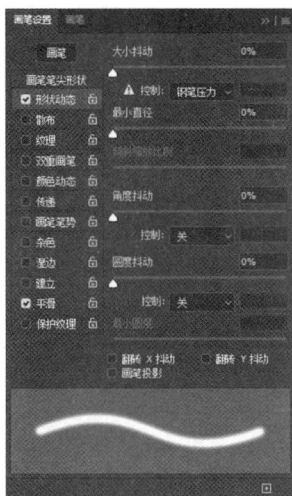

图 3.2.8　【形状动态】参数
设置

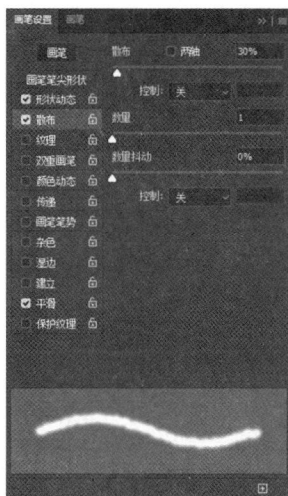

图 3.2.9　【散布】参数
设置

1）散布：控制散布程度，数值越高，散布的位置和范围就越随机。若勾选【两轴】复选框，则画笔标记点呈放射状分布；若不勾选该复选框，则画笔标记点的分布和画笔绘制的线条方向垂直。

2）数量：指定每个空间间隔中画笔标记点的数量。

3）数量抖动：定义每个空间间隔中画笔标记点的数量变化。

（4）设置【纹理】选项卡

在【画笔设置】控制面板中，选择【纹理】选项卡，其参数设置如图 3.2.10 所示。

1）缩放：控制图案的缩放比例。

2）为每个笔尖设置纹理：勾选该复选框，【深度抖动】将被激活。

3）模式：设置画笔和图案之间的混合模式。

4）深度：控制画笔渗透到图案的深度，取值为 0%～100%。值为 0% 时，只有画笔的颜色，图案不显示；值为 100% 时，只显示图案。

5）最小深度：控制画笔渗透图案的最小深度。

6）深度抖动：控制画笔渗透图案的深度变化。

（5）设置【双重画笔】选项卡

该选项卡使用两种笔尖效果创建画笔。使用方法是，先选择一种原始画笔，然后在【双重画笔】选项卡中选择一种笔尖作为第二种画笔，并在【模式】下拉列表框中设置两种画笔的混合模式。【双重画笔】参数设置如图 3.2.11 所示，其中，各选项的设置都是针对第二种画笔的。

（6）设置【颜色动态】选项卡

选择该选项卡，在绘制过程中，将出现前景色和背景色相互混合的绘制效果，其参数设置如图 3.2.12 所示。

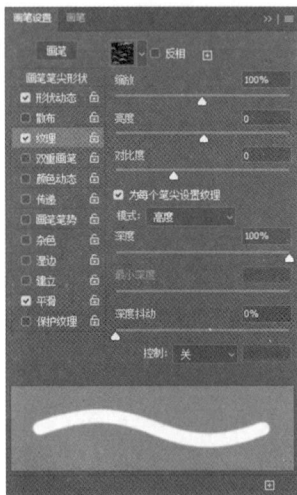  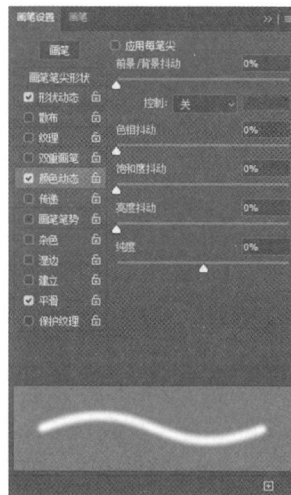

图 3.2.10　【纹理】参数设置　　图 3.2.11　【双重画笔】参数设置　　图 3.2.12　【颜色动态】参数设置

1）前景/背景抖动：控制前景色和背景色的混合程度，数值越大，得到的颜色变化就越多。

2）色相抖动：控制绘制线条的色相动态变化范围。

3）饱和度抖动：控制饱和度的混合程度。

4）亮度抖动：控制亮度的混合程度。

图 3.2.13　【传递】参数设置

5）纯度：控制混合后的整体颜色，数值越小，混合后的颜色就越接近无色；数值越大，混合后的颜色就越纯。

（7）设置【传递】选项卡

该选项卡用于设置画笔在绘制过程中的透明度和压力的变化效果，其参数设置如图 3.2.13 所示。

1）不透明度抖动：控制绘制线条的不透明度动态变化范围。

2）流量抖动：控制绘制线条的流量动态变化范围。

（8）其他复选框

1）杂色：勾选该复选框，可增加画笔自由随机效果，对于虚化边的画笔效果较为明显。

2）湿边：勾选该复选框，可使画笔具有水彩画笔的效果。

3）建立：勾选该复选框，可启用喷枪样式的效果。

4）平滑：勾选该复选框，可绘制出流畅的线条。

5）保护纹理：勾选该复选框，可对所有的画笔执行相同的纹理图案和缩放。

（9）【画笔设置】面板菜单

单击【画笔设置】面板右上角的 ■ 按钮，弹出【画笔设置】面板菜单，其中包括新建画笔预设、清除画笔控制、复位所有锁定设置、将纹理拷贝到其他工具等命令。

■ 任务分析 ■

先新建一个图像文件，然后打开【图层】面板，新建若干个图层，在每一个图层上使用不同样式的画笔绘制图案，最终完成作品。

┌─ 小　贴　士 ─────────────────────────────┐
│ 　　除了系统提供的各种画笔，还可以自定义画笔。定义的方法为：使用创建选区工具 │
│ 在图像文件上创建选区，然后选择【编辑】→【定义画笔预设】命令。 │
└──────────────────────────────────────┘

■ 任务实施 ■

01 新建文件。选择【文件】→【新建】命令，弹出【新建文档】对话框，命名为"风景画"，设置宽度为 20 厘米，高度为 10 厘米，分辨率为 96 像素/英寸。

02 设置工具箱中前景色为蓝色（R：100，G：130，B：200），背景色为白色。选择工具箱中的【渐变工具】 ■，在其属性栏中选择【前景到背景】渐变色。在图像窗口中从上到下拖动填充渐变色。

03 选择【窗口】→【图层】命令，弹出【图层】面板，单击【图层】面板下方的 ⊡ 按钮，新建一个图层，命名为"山"。

04 设置前景色为蓝色（R：108，G：148，B：157），选择工具箱中的【画笔工具】 ✎，在其属性栏中单击 ▣ 按钮，弹出【画笔设置】面板，在【画笔笔尖形状】选项卡中设置画笔大小为 250 像素，硬度为 50%，在"山"图层上绘制出山的形状，如图 3.2.14 所示。

05 选择【窗口】→【图层】命令，弹出【图层】面板，单击【图层】面板下方的 ⊡ 按钮，新建一个图层，命名为"树干"。

06 设置前景色为灰色（R：65，G：40，B：17），背景色为深灰色（R：54，G：38，B：15）。选择工具箱中的【画笔工具】 ✎，在其属性栏中单击 ▣ 按钮，弹出【画笔设置】面板，在【画笔笔尖形状】选项卡中选择【笔型样本】 ■ 画笔，调整其画笔大小为 30 像素左右，在"树干"图层上绘制出树干的形状，如图 3.2.15 所示。

图 3.2.14　绘制山

图 3.2.15　绘制树干

07 选择【窗口】→【图层】命令，弹出【图层】面板，单击【图层】面板下方的 按钮，新建一个图层，命名为"树叶 01"。

08 设置前景色为绿色（R：124，G：142，B：95），背景色为深绿色（R：62，G：104，B：66）。选择工具箱中的【画笔工具】 ，在其属性栏中单击 按钮，弹出【画笔设置】面板，在【画笔笔尖形状】选项卡中选择【Kyle 叶片组】 画笔，调整其画笔大小为 150 像素左右，在"树叶 01"图层上绘制出树叶的形状，如图 3.2.16 所示。

09 选择【窗口】→【图层】命令，弹出【图层】面板，单击【图层】面板下方的 按钮，新建一个图层，命名为"树叶 02"。

10 设置前景色为浅灰色（R：175，G：165，B：115），背景色为绿色（R：71，G：127，B：89）。选择工具箱中的【画笔工具】 ，在其属性栏中单击 按钮，弹出【画笔设置】面板，在【画笔笔尖形状】选项卡中【Kyle 叶片组】 画笔，调整其笔尖主直径为 120 像素左右，在"树叶 02"图层上绘制出树叶的形状，如图 3.2.17 所示。

图 3.2.16　绘制树叶（一）　　　　　　　　图 3.2.17　绘制树叶（二）

11 选择【窗口】→【图层】命令，弹出【图层】面板，单击【图层】面板下方的 按钮，新建一个图层，命名为"花"。

12 设置前景色为橙色（R：176，G：125，B：83），背景色为灰色（R：178，G：152，B：129）。选择工具箱中的【画笔工具】 ，在其属性栏中单击 按钮，弹出【画笔设置】面板，在【画笔笔尖形状】选项卡中选择【Kyle 叶片组】 画笔，调整其笔尖主直径为 50 像素左右，在"花"图层上点缀出花的形状，如图 3.2.18 所示。

图 3.2.18　绘制花

13 选择【窗口】→【图层】命令，弹出【图层】面板，单击【图层】面板下方的 按钮，新建一个图层，命名为"云"。

14 设置前景色为白色。选择工具箱中的【画笔工具】 ，单击属性栏中的 按钮，弹出【画笔设置】面板，选择【画笔笔尖形状】选项卡，其参数设置如图 3.2.19 所示。

15 在【纹理】选项卡中选择【云彩】纹理，缩放 110%，如图 3.2.20 所示。

16 在【传递】选项卡中设定不透明度抖动值为 100%，如图 3.2.21 所示。

17 在【散布】选项卡中设定散布值为 33%，如图 3.2.22 所示。

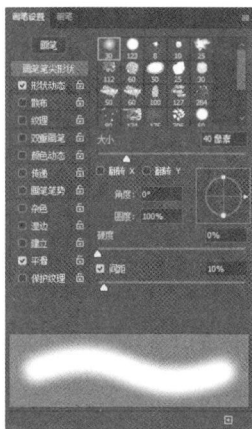

| 图 3.2.19　【画笔笔尖形状】选项卡设置 | 图 3.2.20　【纹理】选项卡设置 | 图 3.2.21　【传递】选项卡设置 | 图 3.2.22　【散布】选项卡设置 |

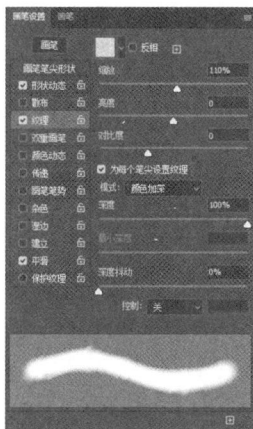

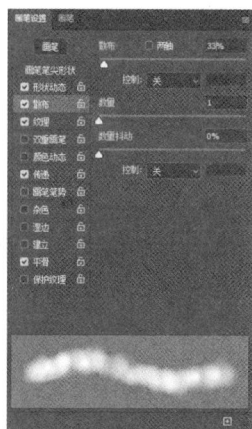

18 在【画笔工具】 属性栏中设定不透明度为 80%。然后在"云"图层上绘制云的形状，设置"云"图层的不透明度为 85%，效果如图 3.2.23 所示。

图 3.2.23　绘制云

19 将鼠标指针放在【图层】面板"云"图层名的后方右击，在弹出的快捷菜单中选择【复制图层】命令，得到"云 拷贝"图层。使用工具箱中的【移动工具】 把"云 拷贝"图层向右下方移动，按"Ctrl+T"组合键变换云的大小。然后在【图层】面板中设定"云 拷贝"图层的不透明度为 35%，效果如图 3.2.24 所示。至此，风景画制作完成，最终效果如图 3.2.1 所示。最后保存文件为"风景画.psd"。

图 3.2.24　设置"云 拷贝"图层

小 贴 士

1）使用各种不同样式的画笔绘制图像时，如对绘制的图像有部分不满意，可使用【橡皮擦工具】 将其擦除。

2）在绘制过程中注意画面虚实处理和各部分的位置关系。

任务 3.3　图像的填充和描边——绘制彩色铅笔

图像填充时，除了使用【油漆桶工具】填充颜色或图案外，还可使用菜单命令。使用菜单命令可以在选区内或整个图像上填充颜色或图案，也可对选区进行描边处理。

任务目的

本任务通过制作如图 3.3.1 所示的彩色铅笔实例，使学生掌握使用菜单命令对图像进行填充和描边的操作方法。

图 3.3.1　彩色铅笔效果图

扫码学习

绘制彩色铅笔

相关知识

1. 油漆桶工具

使用工具箱中的【油漆桶工具】 ，根据像素颜色的近似程度来填充颜色，填充的颜色为前景色或图案。【油漆桶工具】 的属性栏如图 3.3.2 所示。

图 3.3.2 【油漆桶工具】 属性栏

1）前景：使用工具箱中的前景色填充图像。单击其右侧的下拉按钮，在弹出的下拉列表中选择【图案】选项时，可使用系统自带的图案或自定义的图案进行填充。当选择【图案】选项时，可在其后的选择框中选择一个图案。

2）模式：设置填充颜色或图案与原图像颜色的混合模式。

3）不透明度：设置填充颜色或图案的透明程度。

4）容差：控制每次填充的范围，数值越大，所填充的范围越大。

5）消除锯齿：勾选该复选框，可使填充的边缘保持平滑。

6）连续的：勾选该复选框，填充的区域是和鼠标单击点相似并连续的部分，否则填充的区域是所有和鼠标单击点相似的部分，无论是否和鼠标单击点连续。

7）所有图层：勾选该复选框，无论当前在哪个图层操作，对所有图层都起作用，而不是只针对当前操作图层。

2. 图像的填充

图像的填充除了使用【油漆桶工具】 外，还可使用菜单命令。选择【编辑】→【填充】命令，弹出【填充】对话框，如图 3.3.3 所示。在该对话框中设置相关参数，即可对图像填充颜色或图案。

1）内容：设置填充的内容，包括前景色、背景色、颜色（自定义的颜色）、图案、历史记录、黑色、50%灰色和白色。若选择【图案】选项，则在【自定图案】下拉列表中选择一种图案。图案可以是系统自带的，也可以是自定义的图案。

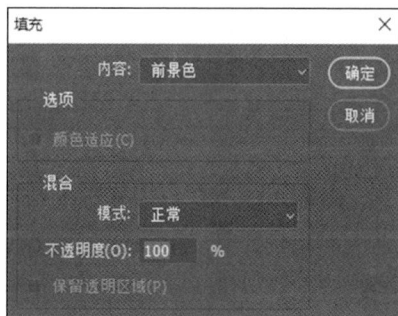

图 3.3.3 【填充】对话框

小 贴 士

图案的定义：在图像文件中创建一个羽化值为 0 的矩形选区，选择【编辑】→【定义图案】命令，即可将选区内的图像定义为图案。

2）模式：设置填充颜色或图案与原图像颜色的混合模式。

3）不透明度：设置填充颜色或图案的透明程度。

4）保留透明区域：勾选该复选框，可以保护图像中的透明区域不被填充。若当前操作图层为"背景"图层，则该项不可用。

3. 图像的描边

图像的描边有 3 种方法：一是使用菜单命令，选择【编辑】→【描边】命令；二是用画笔描边路径命令；三是添加【描边】图层样式。本任务主要介绍第一种方法。选择【编辑】→【描边】命令，弹出【描边】对话框，如图 3.3.4 所示。在该对话框中设置相关参数，即可对选区或图层进行描边。

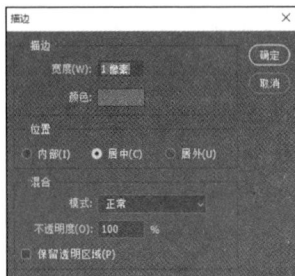

1）宽度：设置描边的宽窄。

2）颜色：设置描边的颜色。单击其右侧的颜色块，在弹出的【拾色器】对话框中可设置描边的颜色。

3）位置：设置描边的位置，其中，【内部】是以图像或选区边缘为基准向内描边；【居中】是以图像或选区边缘为基准向内外各描 1/2 宽度的边；【居外】是以图像或选区边缘为基准向外描边。

图 3.3.4　【描边】对话框

任务分析

先新建一个图像文件。然后打开【图层】面板，新建一个图层，创建一个矩形选区，使用【渐变工具】█填充渐变色，作为铅笔的笔杆部分；使用【多边形套索工具】█在笔尖部分创建一个选区，对其颜色进行调整，变换大小；使用【多边形套索工具】█在铅笔的底端创建一个选区，填充颜色，最终完成作品。

任务实施

01 新建文件。选择【文件】→【新建】命令，弹出【新建文档】对话框，设置宽度为 20 厘米，高度为 20 厘米，分辨率为 72 像素/英寸，如图 3.3.5 所示。

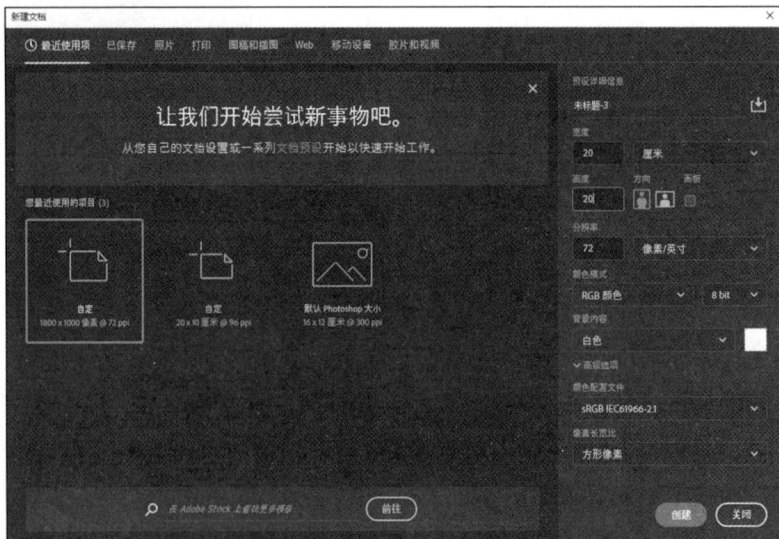

图 3.3.5　【新建文档】对话框

02 选择【窗口】→【图层】命令，弹出【图层】面板，单击【图层】面板下方的□按钮，新建一个图层"图层 1"。

03 使用【矩形选框工具】创建一个矩形选区，效果如图 3.3.6 所示。

04 选择工具箱中的【渐变工具】，单击其属性栏的渐变颜色条，弹出【渐变编辑器】对话框，设置渐变颜色为绿色（R：78，G：125，B：3）—浅绿色（R：196，G：230，B：92）—浅绿色（R：196，G：230，B：92）—绿色（R：78，G：125，B：3），将颜色滑块往中间移动，如图 3.3.7 所示。

05 在选区选择工具箱中的【渐变工具】，在其属性栏中设置渐变类型为线性渐变，填充颜色效果如图 3.3.8 所示。

06 在笔尖位置使用【多边形套索工具】创建图 3.3.9 所示的锯齿状选区。

图 3.3.6 创建矩形选区　　　　图 3.3.7 【渐变编辑器】对话框

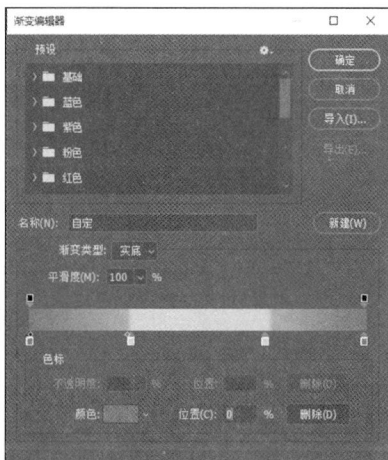

图 3.3.8 使用【渐变工具】填充渐变色　　　　图 3.3.9 创建选区

07 添加杂色。选择【滤镜】→【杂色】→【添加杂色】命令，弹出【添加杂色】对话框，参数设置如图 3.3.10 所示。

08 设置动感模糊效果。选择【滤镜】→【模糊】→【动感模糊】命令，弹出【动感模糊】对话框，参数设置如图 3.3.11 所示。

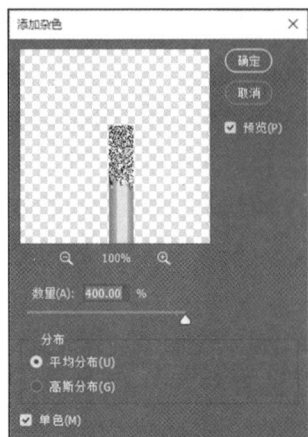

图 3.3.10 【添加杂色】对话框参数设置　　　　图 3.3.11 【动感模糊】对话框参数设置

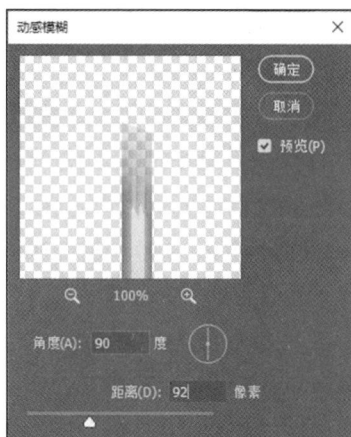

09 调整笔尖颜色。选择【图像】→【调整】→【色相/饱和度】命令，弹出【色相/饱和度】对话框，参数设置如图 3.3.12 所示。

10 将选区竖直向上移动，效果如图 3.3.13 所示。

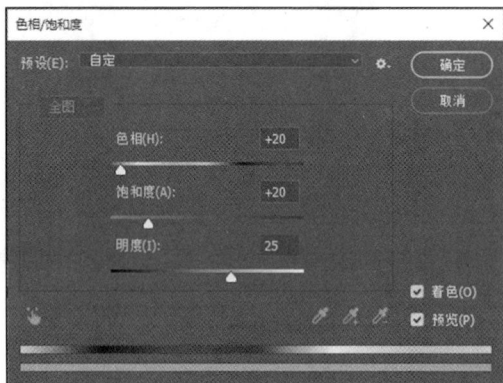

图 3.3.12 【色相/饱和度】对话框参数设置　　　　图 3.3.13 移动选区

11 按 "Ctrl+Alt+Shift" 组合键，单击图层，选择【编辑】→【填充】命令，在弹出的【填充】对话框中设置填充的颜色为绿色（R：78，G：125，B：3）。

12 取消选区。使用【矩形选框工具】▢ 创建一个矩形选区，效果如图 3.3.14 所示。

13 对笔尖进行变形。选择【编辑】→【变形】→【透视】命令，效果如图 3.3.15 所示。

14 用标尺辅助，使用工具箱中的【多边形套索工具】▷ 创建如图 3.3.16 所示的多边形选区。

15 选择【编辑】→【填充】命令，设置填充的颜色为米黄色（R：186，G：157，B：128）。

16 使用工具箱中的【椭圆选框工具】◯ 在米黄色区域的中间创建一个小椭圆选区，选择【编辑】→【填充】命令，设置填充的颜色为绿色（R：78，G：125，B：3）。取消选区，铅笔的底端制作完成，效果如图 3.3.17 所示。

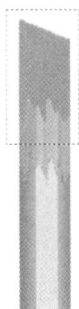

图 3.3.14　创建矩形
选区

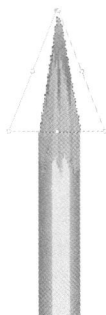

图 3.3.15　进行透视
变形

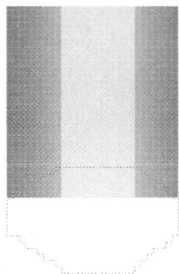

图 3.3.16　创建多边形
选区

图 3.3.17　铅笔的底端
效果

17 绘制投影。将"图层 1"命名为"绿色铅笔"，复制一层，打开【色阶】对话框，调整参数如 3.3.18 所示。

18 设置高斯模糊。选择【滤镜】→【模糊】→【高斯模糊】命令，弹出【高斯模糊】对话框，参数设置如图 3.3.19 所示，调整不透明度为 52%。将两个图层分组。

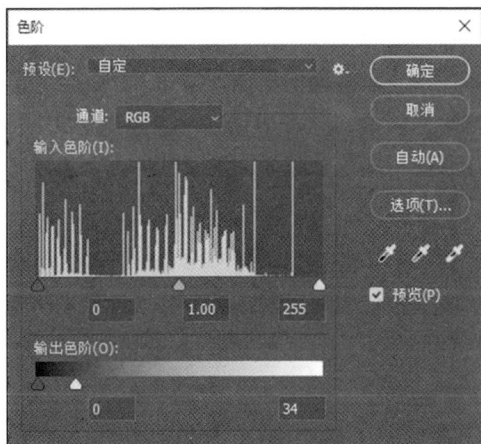

图 3.3.18　【色阶】对话框

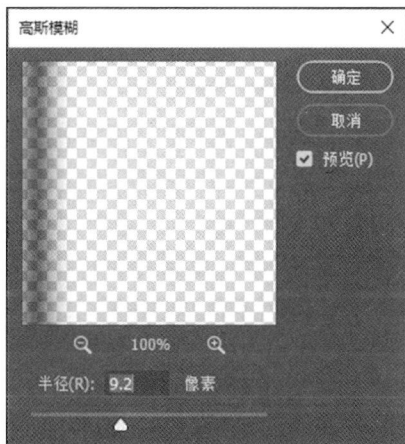

图 3.3.19　【高斯模糊】对话框

19 使用相同的方法再制一支铅笔。

20 选择【编辑】→【变换】→【旋转】命令，将新绘制的铅笔移动到合适位置，最终效果如图 3.3.1 所示。

任务 3.4　绘图工具的综合使用——绘制 CG 插画场景

■任务目的

本任务通过制作如图 3.4.1 所示的 CG 插画综合案例，使学生熟练掌握绘图工具的综合使用方法。

图 3.4.1　绘制 CG 插画效果图

扫码学习

绘制 CG 场景插画

任务分析

使用【渐变工具】■绘制背景。使用【钢笔工具】◢和【画笔工具】✑绘制天空中的云朵和流星。使用【椭圆工具】◯和【矩形工具】■绘制场景中的建筑物，最后将除背景及湖中岛屿以外的所有图层编组、复制、合并、翻转，使用蒙版制作出倒影效果。

任务实施

01　按 "Ctrl+N" 组合键新建文件或选择【文件】→【新建】命令，在弹出的【新建】对话框中新建文件，命名为 "CG 插画场景"，设置宽度为 4344 像素，高度为 2048 像素，分辨率为 72 像素/英寸。

02　新建图层，绘制场景中的水部分。使用【渐变工具】■，设置渐变色为（#f1ce9b）—（#403ff9），为图像背景制作渐变效果。使用【矩形选框工具】▢在图像下半部分创建一个矩形选区，使用【渐变工具】■，设置渐变色为（#dcc0ad）—（#fbf9ed），为选区制作渐变效果，如图 3.4.2 所示。

03　新建图层，绘制远处的山。使用【椭圆选框工具】◯创建一个椭圆选区，使用【渐变工具】■，设置渐变色为（#edb991）—（#efe09c），填充渐变色，取消选区。复制该图层，将新图层缩小一些。将山的两个图层调整至水图层的下方，效果如图 3.4.3 所示。

图 3.4.2　绘制渐变背景

图 3.4.3　绘制远处的山

04　在【钢笔工具】◢属性栏上选择【形状】选项，如图 3.4.4 所示，在上层背景上绘制天空中的云朵，为其填充蓝色（# 4e09cd），如图 3.4.5 所示。

图 3.4.4　选择【形状】选项　　　　　　　　图 3.4.5　绘制云朵

05　在上方新建图层，按住"Ctrl"键用鼠标单击云朵的图层，调出云朵的区域。选择【画笔工具】，使用浅紫色（# dbd8fd），降低透明度，在云的边缘涂抹高光部位，将画笔透明度降低些，重复前面的操作，效果如图 3.4.6 所示。

06　再次新建图层，选择【画笔工具】，在属性栏中选择画笔【喷枪柔边低密度粒状】，如图 3.4.7 所示，选择白色，在云朵的边缘涂抹颗粒，再添加蒙版，用黑色画笔在蒙版上涂抹出颗粒中心位置，降低图层的透明度，效果如图 3.4.8 所示。

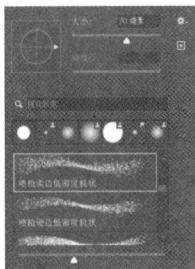

图 3.4.6　绘制高光　　　　　图 3.4.7　选择画笔类型　　　　　图 3.4.8　绘制颗粒

07　重复步骤**04**～步骤**06**绘制其他云朵和山，效果如图 3.4.9 所示。

08　新建图层，绘制流星，选择【钢笔工具】，选择白色，在属性栏上去掉填充，添加描边绘制曲线线条，添加蒙版，用黑色画笔选择蒙版，在线条的尾部涂抹得到虚化的效果，为线条添加"内发光"图层样式，参数设置如图 3.4.10 所示。以同样的方式绘制圆，效果如图 3.4.11 所示。

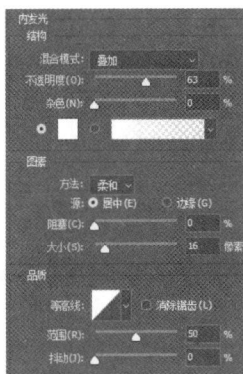

图 3.4.9　云朵和山　　　　图 3.4.10　"内发光"图层参数设置　　　　图 3.4.11　流星

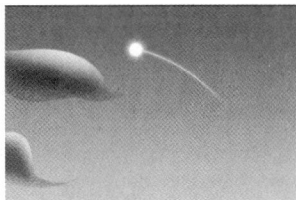

09 绘制图像中间的太阳区域，选择【椭圆工具】 在画面中间绘制椭圆，在属性面板调节参数，如图 3.4.12 所示，效果如图 3.4.13 所示。

图 3.4.12　羽化参数

图 3.4.13　添加太阳的效果

10 绘制高塔，选择【椭圆工具】 ，按住 "Shift" 键绘制正圆，选择【矩形工具】 绘制塔脚，用【直接选择工具】 调整锚点，继续用【椭圆工具】 和【矩形工具】 绘制塔身，按住 "Alt" 键可以在形状上抠洞，最后按 "Ctrl+E" 组合键合并图层。按住 "Ctrl" 键单击合并后的图层，调出该图层的图像选区。使用【渐变工具】 ，设置渐变色为（#4f4793）—（#eff2f8），填充渐变，效果如图 3.4.14 所示。

11 在中层和下层的圆形位置绘制矩形，填充颜色（#e56bad），将其剪切进入塔身，再用【矩形工具】 在下层圆形位置绘制矩形并进行修饰，效果如图 3.4.15 所示。

图 3.4.14　绘制塔身

图 3.4.15　添加修饰

12 以相同的方式绘制其他建筑物，效果如图 3.4.16 所示。

图 3.4.16　绘制其他建筑物

13 按"Ctrl+G"组合键将除背景及湖中岛屿以外的所有图层编组，并按"Ctrl+J"组合键复制组，将复制出来的组按"Ctrl+E"组合键合并，按"Ctrl+T"组合键变换图层，右击，在快捷菜单中选择【垂直翻转】命令，调整位置并为其添加蒙版 ，在蒙版上用黑色到白色的【渐变工具】 由下往上拉出建筑物的倒影，将湖中岛屿也复制一层，用前面的方法制作倒影，最终效果如图 3.4.1 所示。

项 目 小 结

本项目通过 4 个任务的实际操作，详细介绍了【画笔工具】、【渐变工具】、图像的变形、图像的填充与描边等内容，展示了各种绘图工具的实际效果，并利用这些绘图工具制作出精彩的平面作品。在实际工作中，学生还需多实践，领会绘图工具的其他功能。

实 践 探 索

一、选择题

1. 按"（　　）"组合键可以改变图像大小。
   A. Ctrl+T   B. Ctrl+Alt
   C. Ctrl+S   D. Ctrl+V

2. 画笔间距的默认值是（　　）。
   A. 25%   B. 50%
   C. 75%   D. 100%

3. 在设置【画笔】选项时，可以控制画笔大小的是（　　）。
   A. 主直径   B. 间距   C. 硬度   D. 角度

4. 以下对【渐变工具】 的描述中，错误的是（　　）。
   A. 如果在不创建选区的情况下填充渐变色，渐变工具将作用于整个图像
   B. 不能将设定好的渐变色存储为一个渐变色文件
   C. 可以任意定义和编辑渐变色，无论是两色、三色还是多色
   D. 在 Photoshop 2021 中共有 5 种渐变类型

二、操作题

使用【画笔工具】 绘制如图 3.s.1 所示的信纸（提示：使用【画笔工具】 创建线条和信纸的底纹，综合使用选区工具和【油漆桶工具】 创建信纸周围的矩形区域）。

图 3.s.1　信纸

项目 4

图层的使用

项目导读

图层是 Photoshop 最重要的组成部分。在前面的项目中我们已经介绍了图层的一些基本操作，本项目将继续讲解图层的知识，使学生更深入地了解图层的高级编辑操作和应用。

知识目标

1）理解 Photoshop 图层的基本概念。

2）熟悉图层面板的组成。

3）掌握图层的基础知识。

4）了解图层样式的种类。

5）理解图层混合模式的概念。

能力目标

1）掌握图层的基本操作方法。

2）掌握图层样式的使用技巧。

3）熟练运用图层混合模式。

4）能综合、灵活应用图层处理图像。

素养目标

1）传承中华优秀传统文化，引导学生追求美好生活。

2）让学生感悟时间的意义，能够只争朝夕、不负韶华。

任务 4.1　图层的基本操作——制作壁纸

图层是 Photoshop 中组织和编辑图像的重要功能之一。图层可以理解为含有文字或图像等元素的透明胶片，可以独立地添加、编辑和调整，这些胶片按顺序叠放在一起，组合起来形成页面的最终效果。

■ 任务目的

本任务通过制作如图 4.1.1 所示的壁纸图案，让学生了解【图层】面板的各个组成部分，掌握图层的基本操作方法。

扫码学习

图 4.1.1　壁纸图案效果图　　　　　　　　　　制作壁纸

■ 相关知识

1. 图层的概念

Photoshop 中的图层就如同堆叠在一起的透明纸，可以透过图层的透明区域看到下面的图层，可以通过移动图层来定位图层上的内容，就像在堆栈中滑动透明纸一样，还可以更改图层的不透明度以使内容部分透明。

在图像制作过程中，尽量保持"背景"图层的完整性，图像一般不绘制在"背景"图层上，同时图像的每个部分要分层绘制在独立的图层上，图层概念的图解如图 4.1.2 所示。

图 4.1.2　图层概念的图解

2. 图层的类型

在 Photoshop 中，图层共分 6 种，即普通图层、背景图层、文字图层、形状图层、调整图层和智能对象图层。

（1）普通图层

普通图层用于在图层中填充各式各样的像素，可以是单一颜色、渐变色或图案填充。

（2）背景图层

背景图层位于最下方，不可设置合成模式和不透明度，不可移动，不可设置图层样式和图层蒙版。图像文件中可以没有背景图层，若有则只能有一个。

（3）文字图层

使用文字工具输入文字后会自动生成文字图层。在文字图层缩览图前有"T"标志。在文字图层状态下，可通过文字工具属性栏对文字进行再编辑，但有些命令不能执行，需转换成普通图层才可执行。

（4）形状图层

形状图层是由钢笔工具或矢量绘图工具在其工具属性栏中选择【形状】选项后创建的。形状图层实际上是图层蒙版的一种，它是在图层中创建一个填充颜色的图形区域，只有图层蒙版区域才会显示填充到图层中的颜色。

（5）调整图层

调整图层是在一个新的图层上调整下方图像整体的颜色而不会影响到原图像。

（6）智能对象图层

智能对象是指在已有图层基础上再打开一张图片时所形成的打开形式，智能对象的调整包含移动、缩放、旋转、斜切、翻转。

3. 各类型图层的转换

（1）将背景图层转换成普通图层

双击"背景"图层，或选中"背景"图层，选择【图层】→【新建】→【背景图层】命令，弹出【新建图层】对话框，如图4.1.3所示。

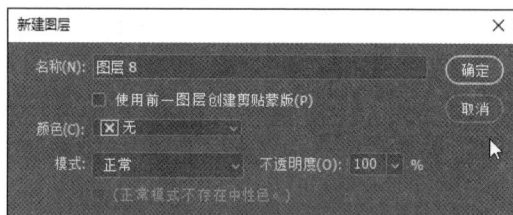

图 4.1.3 【新建图层】对话框

1）名称：图层名称。

2）颜色：设置图层的颜色标记。

3）模式：设置图层的混合模式。

4）不透明度：设置图层的不透明度。

（2）将普通图层转换成背景图层

选中要转换成背景图层的图层，否则系统自动将最底下的图层转换成背景图层，然后选择【图层】→【新建】→【背景图层】命令。

（3）将文字图层转换成普通图层

选中文字图层并右击，在弹出的快捷菜单中选择【栅格化文字】命令，或选择【图层】→【栅格化】→【文字】命令。

（4）将形状图层转换成普通图层

选中形状图层并右击，在弹出的快捷菜单中选择【栅格化图层】命令，或选择【图层】→【栅格化】→【形状】命令。

4. 【图层】面板的组成

图层的显示和操作都集中在【图层】面板中，选择【窗口】→【图层】命令，即可弹出【图层】面板，如图 4.1.4 所示。

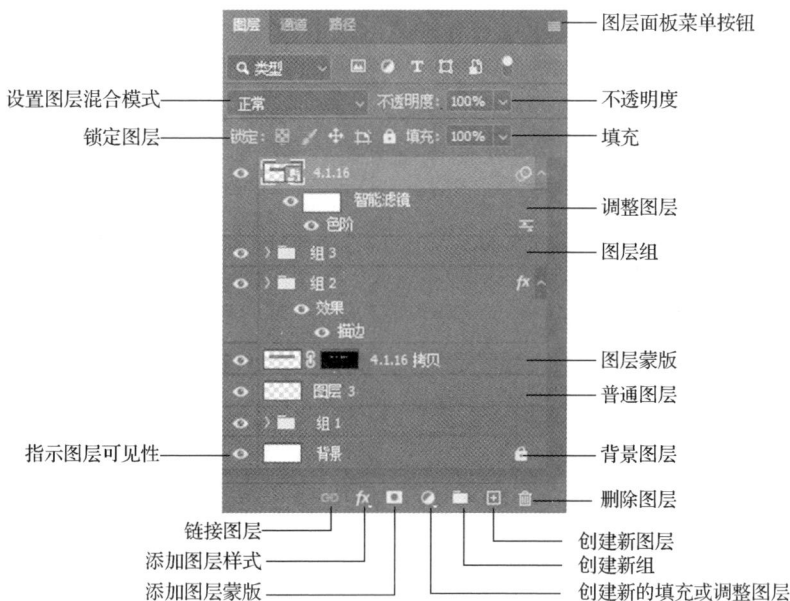

图 4.1.4　【图层】面板的组成

5. 图层的基本操作

（1）选择图层

1）选择单个图层，在【图层】面板中单击目标图层即可，处于选择状态的图层以蓝色显示。

2）如果要选择多个连续的图层，在选择一个图层后，按住"Shift"键，在【图层】面板中选择另一个图层的图层名称，则两个图层间的所有图层都会被选中。

3）如果要选择不连续的多个图层，在选择一个图层后，按住"Ctrl"键，在【图层】面板中选择另一个图层的图层名称。

（2）显示和隐藏图层

在【图层】面板中单击图层左侧的 图标，使其消失，即隐藏该图层，再次单击此图标可重新显示该图层。

小　贴　士

　　按住"Alt"键并单击图层左侧的 图标，则只显示该图层而隐藏其他图层，再次按住"Alt"键并单击该图层左侧的 图标，即可恢复之前的图层显示状态。

（3）删除图层

删除图层的方法有以下两种。

1）选中需要删除的图层，单击【图层】面板下方的【删除图层】按钮 。

2）选中需要删除的图层，选择【图层】→【删除】→【图层】命令，或者单击【图层】面板菜单按钮 ，在弹出的下拉菜单中选择【删除图层】命令。

（4）复制图层

1）在【图层】面板中进行复制：将图层图标拖动至【图层】面板下方的 按钮上。

2）用菜单命令进行复制：选中需要复制的图层，选择【图层】→【复制图层】命令，或单击【图层】面板菜单按钮，在弹出的下拉菜单中选择【复制图层】命令。

3）使用"Ctrl+J"组合键复制图层。

（5）改变图层的次序

在【图层】面板中直接用鼠标拖动图层，当高亮线出现时释放鼠标，即可改变图层的排列顺序。

小　贴　士

　　按"Ctrl+]"组合键可将选中的图层上移一层，按"Ctrl+["组合键可将选中的图层下移一层，按"Ctrl+Shift+]"组合键将当前图层置为最顶层，按"Ctrl+Shift+["组合键可将当前图层置为底层，如果当前文件有"背景"图层，则置于"背景"图层的上方。

（6）链接图层

当文件中图层较多时，对图层进行移动或者缩放等操作就会比较麻烦，这时可以先将同类图层进行链接，再进行编辑。图层链接后，这些图层将保持关联，如果移动、缩放、旋转其中某一个图层，其他链接图层将随之一起发生移动、缩放、旋转。按住"Ctrl"键选择要链接的若干个图层，在【图层】面板的左下角单击【链接图层】按钮 即可链接图层；如果要取消图层的链接状态，在链接图层被选中的状态下单击【链接图层】按钮 即可。

（7）合并图层

当确定已经完成对图像的全部处理操作后，可以将各个图层合并起来，以节省系统资源。合并图层的方法有以下几种。

1）合并任意多个图层：在【图层】面板上选择需要合并的图层，按"Ctrl+E"组合键，或者选择【图层】→【合并图层】命令，或者单击【图层】面板菜单按钮 ，在弹出的下拉菜单中选择【合并图层】命令进行合并。

2）合并所有图层：选择【图层】→【拼合图像】命令，或者单击【图层】面板菜单按钮▤，在弹出的下拉菜单中选择【拼合图像】命令，将所有可见图层合并至背景图层中。

3）合并可见图层：若要合并所有可见的图层，则可选择【图层】→【合并可见图层】命令或单击【图层】面板菜单按钮▤，在弹出的下拉菜单中选择【合并可见图层】命令，或按"Ctrl+Shift+E"组合键。

（8）对齐图层

当需要对齐多个图层或组时，首先在【图层】面板中选择要对齐的图层或者一个组，然后选择【图层】→【对齐】子菜单中的命令，或选择【移动工具】✛并在其工具属性栏中单击对应的按钮，如图 4.1.5 所示。

图 4.1.5　【移动工具】✛属性栏中的对齐功能按钮

left labels: 左对齐　水平居中对齐　右对齐　垂直分布　顶对齐　垂直居中对齐　底对齐　水平分布

任务分析

本任务制作的是一个均匀分布的条纹背景，且条纹背景上均匀分布着小树图案，对于重复的条纹和小树可以采用复制图层来制作，同时再用【对齐】工具命令来快速整齐地排列对象。

任务实施

01 新建文件，命名为"壁纸"，设置宽度为 1280 像素，高度为 1024 像素，分辨率为 300 像素/英寸。设置前景色为绿色（#5bbd2c），并在背景层上填充前景色。

02 新建图层，命名为"色条"，设置前景色为蓝绿色（#00a06a），使用工具箱中的【矩形选框工具】▦绘制一个矩形选区，选择【编辑】→【填充】命令，在新图层上用前景色填充选区，按"Ctrl+D"组合键取消选区。

03 选择【编辑】→【自由变换】命令修改矩形条的大小和位置，其设置如图 4.1.6 所示，效果如图 4.1.7 所示。

X: 64.00 像素　△　Y: 512.00 像素　W: 64.00 像素　∞　H: 100.00%　⊿ 0.00　度

图 4.1.6　修改矩形条的大小和位置

04 选择工具箱中的【移动工具】✛，同时按住"Shift+Alt"组合键在文档窗口向右拖动矩形条复制另外 9 个矩形条，并将最后一个矩形条拖动至图像最右边，效果如图 4.1.8 所示。

图 4.1.7　绘制深绿色矩形条

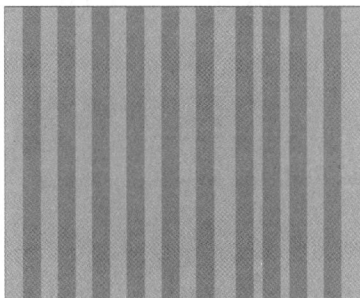

图 4.1.8　复制矩形条

05 在【图层】面板上选中"色条"图层至"色条 副本 9"这 10 个图层。选择工具箱中的【移动工具】，在其属性栏中单击【顶对齐】按钮和【水平居中分布】按钮。

06 按"Ctrl+E"组合键合并选中的"色条"图层至"色条 副本 9"这 10 个图层。

07 新建图层，命名为"树"。设置前景色为蓝绿色（#00a06a），选择工具箱中的【自定形状工具】，选择像素模式，在形状中选择小树图案在图像窗口绘制出一棵树。使用步骤**04**的方法复制出一列树，选中所有树的图层，在属性栏中单击【左对齐】按钮和【垂直居中分布】按钮，接着再按"Ctrl+E"组合键将组成这一列树的所有图层合并，效果如图 4.1.9 所示。

08 参照步骤**04**和步骤**05**的方法复制出另外 9 列树并对齐，合并所有树的图层，重命名为"树 1"，效果如图 4.1.10 所示。

图 4.1.9　绘制一列树

图 4.1.10　复制树

图 4.1.11　【图层】面板

09 复制"树 1"图层，并命名为"树 2"图层。按住"Ctrl"键并单击"树 2"图层图标，激活选区。设置前景色为绿色（#5bbd2c），在【图层】面板中选择"树 2"图层。选择【编辑】→【填充】命令，在选区内填充前景色，按"Ctrl+D"组合键取消选区，使用工具箱中的【移动工具】，移动图像位置，【图层】面板如图 4.1.11 所示。至此壁纸图案制作完成，效果如图 4.1.1 所示。

任务 4.2　图层混合模式的应用——为黑白图片上色

图层混合模式可以将两个图层的色彩值紧密结合在一起，从而创造出丰富的效果。混合模式在 Photoshop 应用中非常广泛，大多数绘画工具或编辑调整工具都可以使用混合模式，正确、灵活使用各种混合模式，可以为图像的效果锦上添花。

任务目的

本任务通过图层混合模式的设置给黑色图片人物上妆，使学生掌握图层混合模式的使用，效果如图 4.2.1 所示。

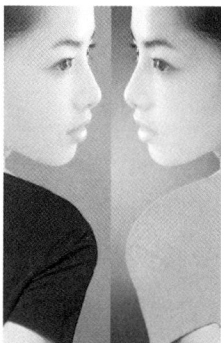

图 4.2.1　黑白图片人物调色效果

扫码学习

为黑白图片上色

相关知识

1. 图层混合模式命令介绍

图层混合模式命令的位置在【图层】面板的左上角，共有 27 个命令，简单分为六大组，用虚线将其划分为 6 个模块组，分别是正常组、变暗组、变亮组、对比度组、差值组、色彩组，每组又有若干细分的小组，如图 4.2.2 所示。

（1）正常组

正常：即默认的模式，图层与图层之间没有进行混合，上一层覆盖下方一层。

溶解：与正常模式同样覆盖下一层，但是图层表现为颗粒状，通过改变不透明度来调整颗粒离散程度。

（2）变暗组

变暗：对比两图层，取暗的部分，丢弃亮的部分。

正片叠底：混合色图层中的白色被底图替换，黑色覆盖掉底图，中间色调降低明度，两图层混合后亮度降低。

颜色加深：混合色图层中亮部几乎不变，暗部变得更暗，整体呈现降低画面明度的效果。

线性加深：与颜色加深模式类似，但由于是线性混合，暗部与亮部的颜色过渡会更柔和。

深色：类似于变暗模式。

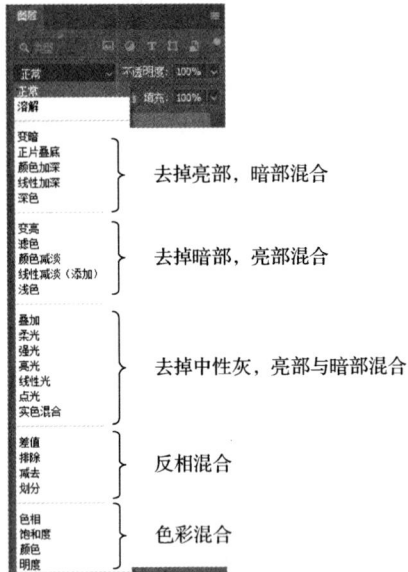

图 4.2.2　图层混合模式命令

（3）变亮组

变亮：和变暗模式相反，取亮的部分，丢弃暗的部分。

滤色：与正片叠底模式相反，混合色图层中的白色覆盖底图，黑色被底图替换，中间色调提高明度，两图层混合后亮度提高。

颜色减淡：与颜色加深模式相反，图层亮部将更亮，暗部几乎不变，效果比较生硬。

线性减淡：与线性加深模式的效果相反，通过增加亮度使基色变亮来反映混合色，与白色混合时图像中的色彩信息降至最低，与黑色混合不会发生变化。

浅色：类似变亮模式。

（4）对比度组

叠加：正片叠底模式和滤色模式的混合，以下方图层的亮度为准，高度高于 50%的地方会更亮，低于 50%的地方会更暗。

柔光：类似叠加模式，但是暗部与亮部的过渡更柔和。

强光：类似叠加模式，但是以上方图层的亮度为准。

亮光：类似强光模式，但通过增加或减小对比度来提亮或变暗。

线性光：类似亮光模式，但通过减小或增加亮度来提亮或变暗，且暗部与亮部的过渡更柔和。

点光：变暗模式与变亮模式的结合，以上方图层为准，50%亮的地方使用变亮模式，50%暗的地方使用变暗模式。

实色混合：呈现一种近似于色块化的混合效果，亮色会更加亮，暗色会更加暗，对比度极大。

（5）差值组

差值：结果色=|基色-混合色|，当两个图层亮度一致时为黑色，多用于查看照片是否对齐。

排除：与差值模式相似，但更柔和。

减去：混合色与基色相同，显示为黑色，混合色为白色也显示黑色，混合色为黑色，显示上层原色。

划分：如果混合色与基色相同，则结果色为白色，如果混合色为白色，则结果色为基色不变，如果混合色为黑色，则结果色为白色。

（6）色彩组

色相：用混合色替换基色层颜色，基色层轮廓不变，达到换色的效果，只改变色相。

饱和度：类似色相模式，但改变的是饱和度。

颜色：色相模式和饱和度模式的合并，即改变的不仅有色相，还有饱和度。

明度：类似色相模式，只改变明度。

2. 常用混合模式

（1）【正片叠底】混合模式

01　按 "Ctrl+O" 组合键分别打开 "风景.jpg" 和 "飞鸟.jpg" 文件，将 "飞鸟.jpg" 拖拽到 "风景.jpg" 文件中，调整好位置和大小，如图 4.2.3 所示。

02　选中 "飞鸟" 图层，在【图层】面板上方打开【混合模式】下拉列表，选择【正片叠底】混合模式，接着将图层的透明度调低一些，最终效果如图 4.2.4 所示。

图 4.2.3　打开素材（一）　　　　　　图 4.2.4　合成效果（一）

（2）【滤色】混合模式

01　分别打开 "夜色.jpg" 和 "月亮.jpg" 文件，将 "月亮.jpg" 拖拽到 "夜色.jpg" 文件中，调整好位置和大小，如图 4.2.5 所示。

02　选中 "月亮" 图层，在图层面板上方打开【混合模式】下拉列表，选择【滤色】混合模式，调整图层透明度使月亮融入背景，效果如图 4.2.6 所示。

图 4.2.5　打开素材（二）　　　　　　图 4.2.6　合成效果（二）

（3）【柔光】混合模式

01 按"Ctrl+O"组合键，打开"怀旧.jpg"文件，如图 4.2.7 所示。

02 在上方新建一个图层，填充橙色（#ffb400），选择【柔光】混合模式，调整图层透明度，从而增强照片的怀旧感，效果如图 4.2.8 所示。

图 4.2.7　打开素材（三）　　　　　　　　　图 4.2.8　合成效果（三）

（4）【颜色】混合模式

01 按"Ctrl+O"组合键，打开"毛衣.jpg"文件，选择【选择】→【主体】命令，将衣服部分选出来，如图 4.2.9 所示。

02 单击【新建图层】按钮囗或按"Ctrl+Shift+N"组合键，并填充颜色（#ec3a3a），如图 4.2.10 所示。

03 打开【混合模式】下拉列表，选择【颜色】命令即可得到如图 4.2.11 所示的效果。

图 4.2.9　选择衣服　　　　　　图 4.2.10　填充颜色　　　　　　图 4.2.11　效果图

小 贴 士

　　在应用图层混合模式时，为了体现更佳的色彩效果，需要控制好填充色图层的不透明度，该操作不仅要赋予画面丰富的色彩感觉，并且要把握好人物与背景色的关系，控制好各个细节，才能得到理想的图像效果。

任务分析

　　为了增强图片上色前后的对比效果，首先要添加一个图层，设置适当的图层混合模式；其次给人物的衣服换色，给脸部、嘴唇和眼部上妆，并设置上妆各图层的图层混合模式。

01 选择【文件】→【打开】命令，打开素材图片"照片调色.jpg"。复制"背景"图层，命名为"背景加亮"。

02 单击【图层】面板下方的【添加图层样式】按钮 **fx**，为"背景加亮"图层添加【渐变叠加】图层样式，设置渐变类型和角度，在图像中拖动鼠标指针使脸部光最亮，并设置混合模式为【柔光】，参数设置如图 4.2.12 所示，效果如图 4.2.13 所示。

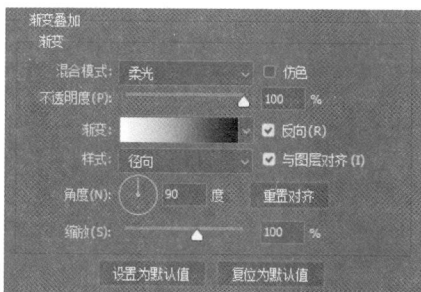

图 4.2.12　设置【渐变叠加】图层样式参数

图 4.2.13　调整图层样式的效果

03 设置前景色为棕色（#be7629）。新建一个图层命名为"图层 1"，在图层 1 上填充前景色，设置"图层 1"的图层混合模式为【颜色】，设置不透明度为 55%，效果如图 4.2.14 所示。

04 使用合适的选区工具选出人物的轮廓，删除选区中的图像，并取消选区，效果如图 4.2.15 所示。

05 使用工具箱中的【魔棒工具】 获取人物 T 恤选区。选择【选择】→【修改】→【羽化】命令，在弹出的【羽化选区】对话框中，设置【羽化半径】为 1 像素。然后，新建一个图层，命名为"衣服"。设置前景色为粉红色（#de929f），按"Alt+Delete"组合键在选区内填充前景色，并设置图层混合模式为【滤色】，效果如图 4.2.16 所示。

图 4.2.14　填充前景色

图 4.2.15　删除图像

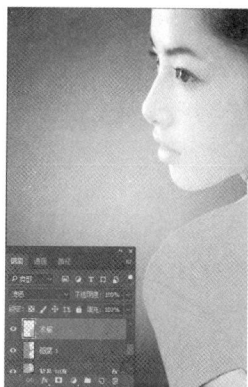

图 4.2.16　制作衣服效果

06　新建图层，命名为"腮红"。设置前景色为粉红色（#f47ab6），调整画笔直径为 170 像素，笔刷硬度为 0%，在人物脸颊位置绘制一个圆，如图 4.2.17 所示。设置"腮红"图层混合模式为【叠加】，图层不透明度为 70%。

07　新建图层，命名为"唇彩"。设置前景色仍为粉红色（#f47ab6），设置画笔为小直径、小硬度，在"唇彩"图层上刷出人物嘴唇形状，并设置"嘴唇"图层混合模式为【叠加】，图层不透明度为 80%，效果如图 4.2.18 所示。

08　新建图层，命名为"眼影"。设置前景色为蓝色（# 93d6dc），设置适当的柔边画笔，在人物上眼皮位置刷出浅蓝色眼影，设置图层不透明度为 90%，效果如图 4.2.19 所示。

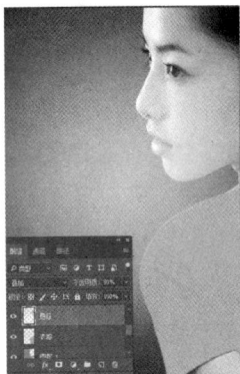
图 4.2.17　绘制腮红

图 4.2.18　绘制唇彩

图 4.2.19　绘制眼影

09　复制"背景"图层，将复制后的背景图层移动到最上方。

10　选择【编辑】→【变换】→【水平翻转】命令，翻转图像。使用【矩形选框工具】 设置前景色为黑色，框选左半边图片，然后单击图层面板下方的【添加图层蒙版】按钮 ，最终效果如图 4.2.1 所示。

任务 4.3　图层样式的应用——制作糖果字

■ 任务目的

通过制作糖果字效果，使学生理解图层样式中各参数设置的意义，能够熟练使用各种图层样式为文字添加各种特殊效果。糖果字的最终效果如图 4.3.1 所示。

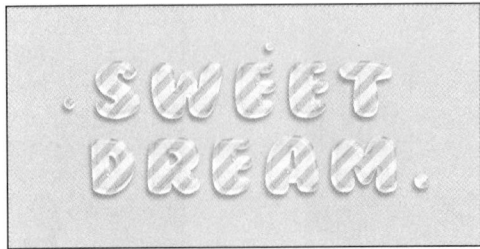
图 4.3.1　糖果字的最终效果

扫码学习

制作糖果字

运用图层样式功能制作糖果字。首先选择一款比较圆润的字体，然后把文字复制一层，接着，用图层样式为底部的文字做出初步的纹理、质感、颜色等效果，再为上方图层中的文字使用图层样式增加文字的质感等。

任务实施

01　选择【文件】→【新建】命令，弹出【新建】对话框，在该对话框中，设置文件宽度为 1000 像素，高度为 500 像素，分辨率为 72 像素/英寸。

02　设置前景色为浅蓝色（#b7e7ff），按"Alt+Delete"组合键在"背景"图层上填充前景色。再使用【横排文字工具】 **T** 输入"SWEET"和"DREAM"字样，效果如图 4.3.2 所示。

03　将两个文字图层各复制一次，将复制的文字图层的不透明度设置为 0%，【图层】面板如图 4.3.3 所示。

图 4.3.2　添加文字 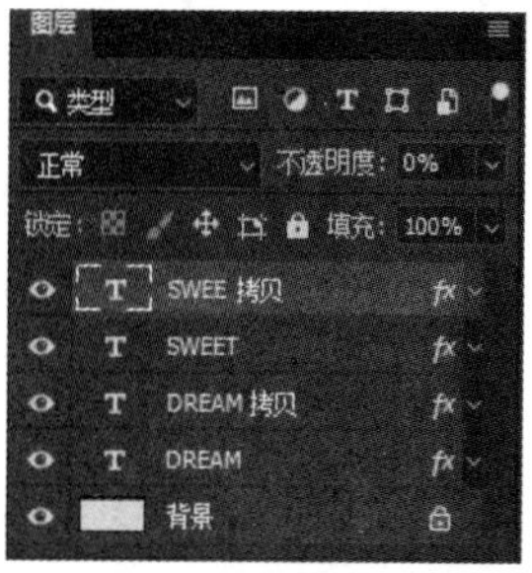　　　　　　　　　　　　图 4.3.3　【图层】面板

04　选择"SWEET"图层，单击【图层】面板下方的【添加图层样式】按钮 **fx**，选择【图案叠加】命令，在图案中载入图案文件"图案素材.pat"，参数设置如图 4.3.4 所示。

05　为文字增加立体感。单击【图层】面板下方的【添加图层样式】按钮 **fx**，选择【斜面和浮雕】命令，并手动设置光泽等高线，参数设置如图 4.3.5 所示。

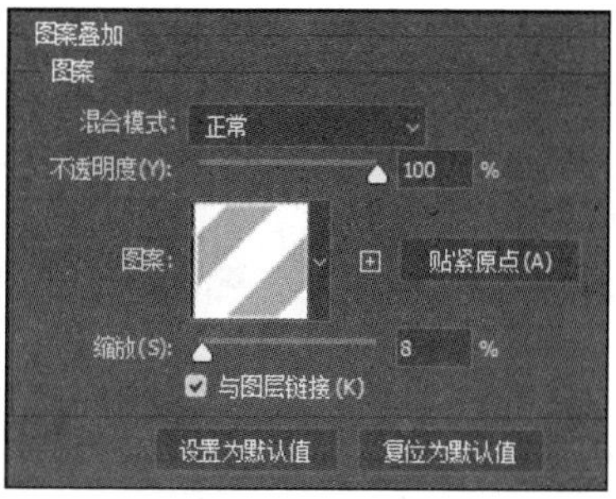

图 4.3.4　设置【图案叠加】图层样式参数 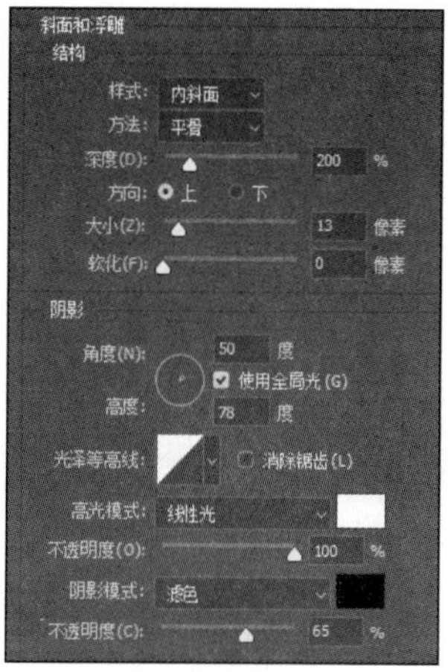　　　图 4.3.5　设置【斜面和浮雕】图层样式参数

06 选中【等高线】选项卡，手动设置【等高线】的参数，参数设置如图 4.3.6 所示。

07 选中【纹理】选项卡，参数设置如图 4.3.7 所示。

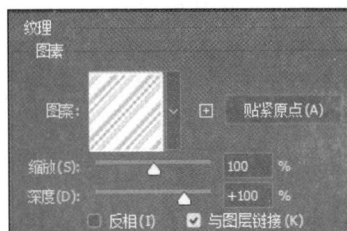

图 4.3.6 设置【等高线】图层样式参数　　　　图 4.3.7 设置【纹理】图层样式参数

08 单击【添加图层样式】按钮 *fx*，为该图层添加【内阴影】图层样式，强化整体效果的透明感，参数设置如图 4.3.8 所示。

09 单击【添加图层样式】按钮 *fx*，为该图层添加【内发光】图层样式，使高光区域变得更有透明感，光线更强一些，参数设置如图 4.3.9 所示。

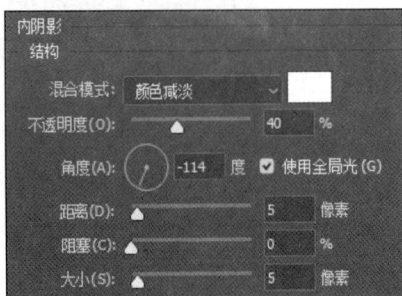

图 4.3.8 设置【内阴影】图层样式参数　　　　图 4.3.9 设置【内发光】图层样式参数

10 单击【添加图层样式】按钮 *fx*，为该图层添加【光泽】图层样式，颜色代码为 #fff7be，给文字的整体添加上光泽效果，参数设置如图 4.3.10 所示。

11 单击【添加图层样式】按钮 *fx*，为该图层添加【颜色叠加】图层样式，颜色代码为 #e2e999，以突出文字细节，参数设置如图 4.3.11 所示。

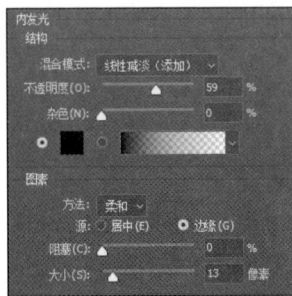

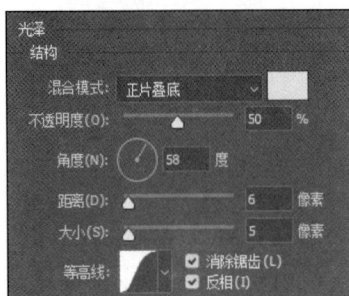

图 4.3.10 设置【光泽】图层样式参数　　　　图 4.3.11 设置【颜色叠加】图层样式参数

12 单击【添加图层样式】按钮 *fx*，为该图层添加【渐变叠加】图层样式，渐变颜色为白色—绿色（#838b72），使文字更具立体感，参数设置如图 4.3.12 所示。

13 给文字添加投影效果。单击【添加图层样式】按钮 fx，为该图层添加【投影】图层样式，参数设置如图 4.3.13 所示。

14 选择"SWEET 副本"图层，单击【添加图层样式】按钮 fx，为该图层添加【斜面和浮雕】图层样式，参数设置如图 4.3.14 所示。

15 将"SWEET"和"SWEET 副本"两个图层的图层样式复制给"DREAM"和"DREAM 副本"图层。接着，再添加 3 个小圆，做出相同的糖果效果，最终效果如图 4.3.1 所示。

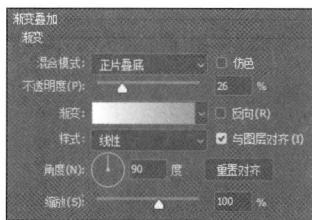

图 4.3.12   设置【渐变叠加】
图层样式参数

图 4.3.13   设置【投影】图层
样式参数

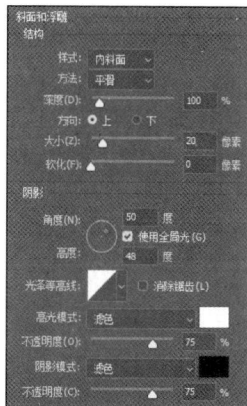

图 4.3.14   设置【斜面和浮雕】
图层样式参数

任务 4.4   形状图层的应用——制作新年贺卡

任务目的

本任务通过创建富有线条和层次的"雪地"形状图层，制作一幅漂亮的新年贺卡，如图 4.4.1 所示，使学生掌握形状图层的应用。

图 4.4.1   新年贺卡

扫码学习

制作新年贺卡

91

■ 相关知识

1. 形状图层的创建

选择工具箱中的【钢笔工具】 🖊 或矢量绘图工具，在其属性栏中选择【形状】选项 形状 ，
然后在文档中绘制图形，此时将自动产生一个形状图层，并在【图层】面板中出现一个图层
缩览图，如图 4.4.2 所示。

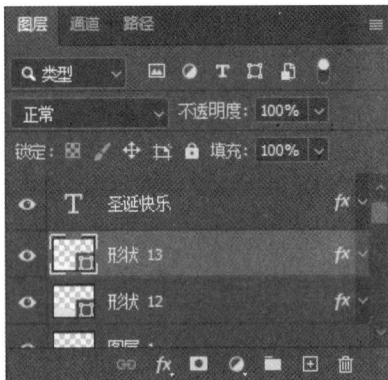

图 4.4.2 形状图层

2. 形状与路径的区别

从本质上来说，形状是由路径构成的，不同的是，路径是一个虚体，它只是一条路径线
而已，不在【图层】面板中占用任何位置，因为它们不包括任何图像像素，只能在【路径】
面板中查看该路径；形状则本身便具有一种颜色（由填充到路径中的图像像素得到），使路
径勾勒出来的范围能够以该颜色显示在画布中。

3. 将形状图层栅格化

在图层上右击，从弹出的快捷菜单中选择【栅格化图层】命令，可以将形状图层转换为
普通图层，此命令是不可逆的，被栅格化的形状图层将转换为普通图层，且不能恢复为形状
图层，但这样做的好处是可以利用滤镜、调色命令及绘图工具对其进行深入编辑处理。

┌ 任务分析 ┐

首先使用【钢笔工具】 🖊 创建"雪地"形状图层，利用【内发光】【渐变叠加】等图层
样式来制作积雪的效果，使用【自定形状工具】 🌮 绘制"雪花"和"松树"。然后为了增加
雪地的层次感，再创建两个富有变化的"雪地"形状图层。最后移入"雪人"素材，并添加
文字，最终完成新年贺卡的制作。

任务实施

1. 绘制夜空背景

01 新建文件。按 "Ctrl+N" 组合键，新建一个白色背景的文档，具体设置如图 4.4.3 所示，设置宽度为 1024 像素，高度为 768 像素，分辨率为 72 像素/英寸。

图 4.4.3　新建文档

02 选择工具箱中的【渐变工具】 ，在其属性栏中设置渐变方式为径向渐变，渐变颜色为青色（#cdf5ff）—蓝色（#0067a9）—深蓝色（#040023），从图像窗口中心向外做一渐变，填充效果如图 4.4.4 所示。

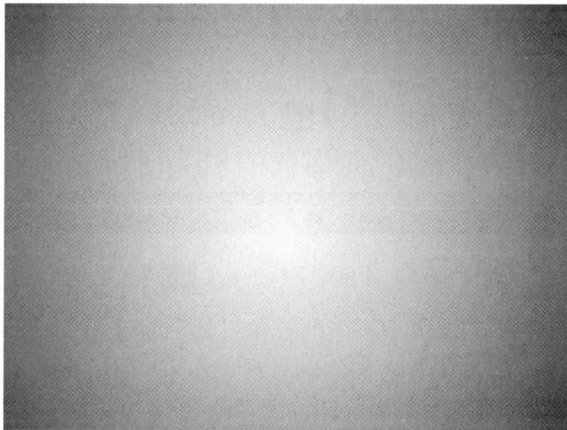

图 4.4.4　使用【渐变工具】绘制夜空

2．绘制"雪地1"

01 设置前景色为白色，选择工具箱中的【钢笔工具】，并在其属性栏中选择【形状】选项，绘制如图4.4.5所示的形状，重命名该图层为"雪地1"。

02 双击"雪地1"图层，添加【内发光】和【渐变叠加】图层样式，参数设置如图4.4.6和图4.4.7所示，效果如图4.4.8所示。

图4.4.5　绘制"雪地1"形状

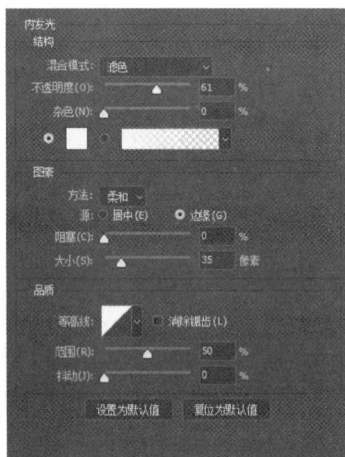

图4.4.6　【内发光】图层样式参数设置

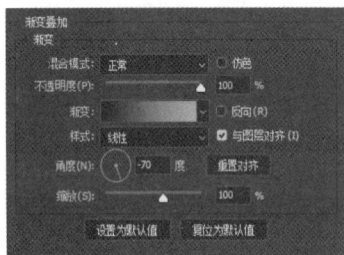

图4.4.7　【渐变叠加】图层样式参数设置

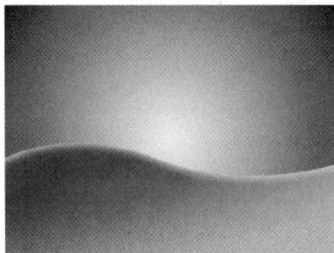

图4.4.8　"雪地1"效果

3．绘制松树

01 在工具箱中选择【自定形状工具】，并在其属性栏中选择【形状】选项，形状选择"树"，颜色设置为深蓝色（#003274），如图4.4.9所示。

图4.4.9　【自定形状工具】属性栏

02 先在文档左侧绘制3棵大小不一的松树；然后将【自定形状工具】属性栏中的颜色设置为蓝色（#2979e1），在文档右侧绘制6棵大小不一的松树；最后将【自定形状工具】属性栏中的颜色值设置为深蓝色（#0d438b），在文档左侧继续绘制2棵大小不一的松树。错落有致地排列松树位置，如图4.4.10所示。

图 4.4.10　排列松树的位置

03 选中所有的松树图层，接着单击【图层】面板下方的【创建新组】按钮，将图层组命名为"松树"。

4. 绘制雪花

01 在【图层】面板最上方新建图层，并重命名为"雪花"，设置前景色为白色，在工具箱中选择【自定形状工具】，并在其属性栏中选择【像素】选项，单击【形状】，单击设置按钮，选择下拉菜单中的【导入形状】命令，如图 4.4.11 所示，并在弹出的对话框中选择"自然形状.CHS"文件。

02 在属性栏的【形状】中选择"雪花 1"，属性栏设置如图 4.4.12 所示，然后绘制多个大小不一的雪花。

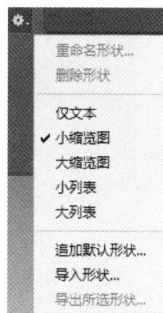

图 4.4.11　【导入形状】命令

图 4.4.12　属性栏设置

03 利用同样的方法，选择形状"雪花 2"与"雪花 3"，分别在"雪花"图层绘制多个大小不一的雪花，效果如图 4.4.13 所示。

图 4.4.13　绘制雪花

95

5. 添加两层"雪地"

01 选择工具箱中的【钢笔工具】，并在其属性栏中选择【形状】选项，具体属性设置如图 4.4.14 所示，然后将【填充】选项中的颜色设置为青色（#a7fef6）。

图 4.4.14　【钢笔工具】属性栏

02 新建图层，并将该图层重命名为"雪地 2"，使用【钢笔工具】绘制如图 4.4.15 所示的形状，【图层】面板如图 4.4.16 所示。

图 4.4.15　使用【钢笔工具】绘制雪地

图 4.4.16　【图层】面板

03 双击"雪地 2"图层，在弹出的【图层样式】对话框中设置【内发光】图层样式，具体参数设置如图 4.4.17 所示，图像效果如图 4.4.18 所示。

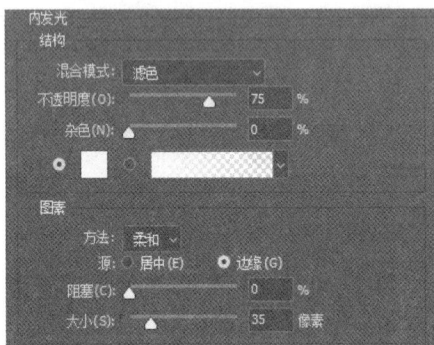

图 4.4.17　【内发光】图层样式参数设置

图 4.4.18　添加【内发光】图层样式后的效果

04 新建图层，并将该图层重命名为"雪地 3"，设置前景色为白色，使用【钢笔工具】绘制图 4.4.19 所示的形状。

05 双击"雪地 3"图层，添加【渐变叠加】和【内发光】图层样式，参数设置如图 4.4.20 和图 4.4.21 所示，效果如图 4.4.22 所示。

图 4.4.19　绘制"雪地 3"

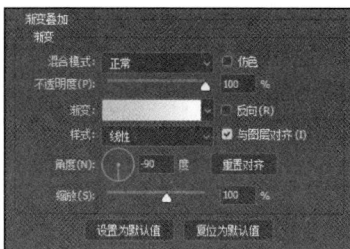

图 4.4.20　【渐变叠加】图层样式参数设置

图 4.4.21　【内发光】图层样式参数设置

图 4.4.22　添加图层样式后的效果

6. 添加素材与文字

01　打开素材"雪人.jpg"，选中雪人，使用工具箱中的【移动工具】将其拖拽到"新年贺卡"文件中，调整其大小和位置，效果如图 4.4.23 所示。

02　使用【横排文字工具】添加"新年快乐"字样，效果如图 4.4.24 所示。给文字图层添加【投影】、【渐变叠加】和【描边】图层样式，具体参数设置如图 4.4.25～图 4.4.27 所示。

图 4.4.23　移入素材后的效果

图 4.4.24　添加文字

图 4.4.25　【投影】图层样式参数设置

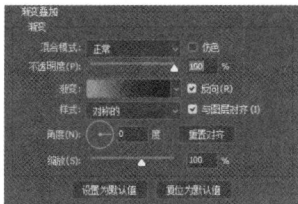

图 4.4.26　【渐变叠加】图层样式参数设置

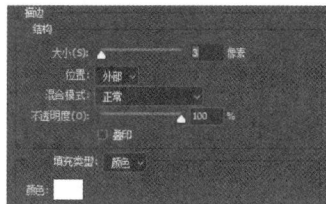

图 4.4.27　【描边】图层样式参数设置

03　输入"Happy New Year"字样，设置字体为 Vijaya，最终效果如图 4.4.1 所示。

任务 4.5　图层综合应用——制作时钟图标

任务目的

通过制作时钟图标效果，使学生进一步掌握形状图层、图层样式、图层混合模式、图层编组等图层操作，能够熟练使用图层操作制作需要的效果。时钟图标的最终效果如图 4.5.1 所示。

图 4.5.1　时钟图标的最终效果

扫码学习

制作时钟图标

任务分析

运用形状绘制时钟各部件，使用图层样式中的【渐变叠加】【投影】【内阴影】【浮雕】等制作立体和光影效果，使用图层编组、合并等操作协助完成本时钟图标的效果。

任务实施

1. 背景设置

01 新建文档，设置尺寸为 1440 像素×1440 像素，分辨率为 96 像素/英寸。

02 使用【矩形选框工具】绘制一个方形，选区样式为固定大小，宽度和高度均设置为 1024 像素。单击画面并对齐中间，根据选区建立参考线，如图 4.5.2 所示。

03 设置前景色为绿色（#7ad4b5），按 "Alt+Del" 组合键填充背景层，如图 4.5.3 所示。

图 4.5.2　参考线

图 4.5.3　背景颜色填充

2. 制作时钟图标底部结构

01 使用【矩形工具】■，按住 "Shift" 键绘制一个正方形，修改宽度和高度均为 1024 像素，如图 4.5.4 所示。

02 在【属性】面板中分别修改形状图层的圆角半径为 200 像素，效果如图 4.5.5 所示。

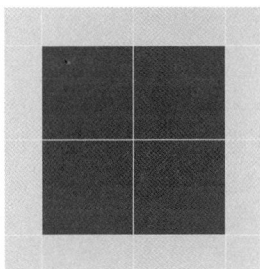

图 4.5.4   建立矩形

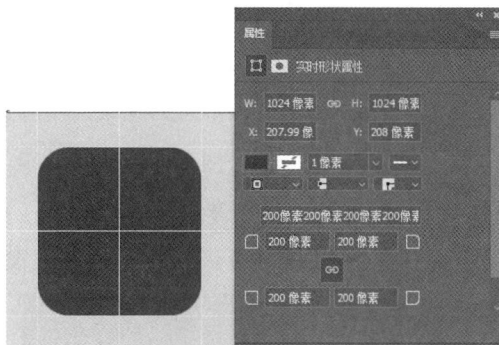

图 4.5.5   修改圆角半径

03 单击【图层】面板下方的【添加图层样式】按钮 *fx*，为该图层添加【渐变叠加】图层样式，参数设置及效果如图 4.5.6 所示。

图 4.5.6   【渐变叠加】图层样式参数设置及效果

04 再次单击【图层】面板下方的【添加图层样式】按钮 *fx*，为该图层添加【投影】图层样式，参数设置及效果如图 4.5.7 所示。

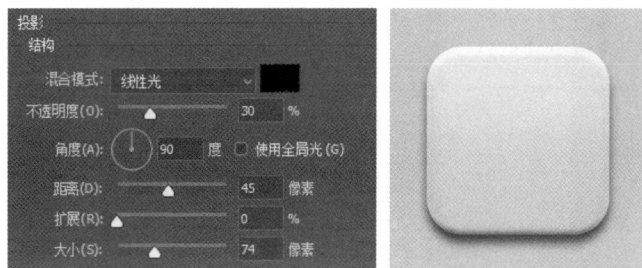

图 4.5.7   【投影】图层样式参数设置及效果

05 在图层样式面板【投影】选项卡后方单击加号按钮，为矩形图层再添加一层投影效果，调整第二层投影的参数值，如图 4.5.8 所示。

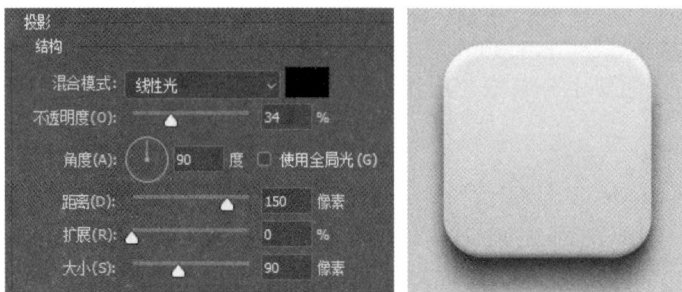

图 4.5.8　第二层投影参数设置及效果

06 使用【椭圆工具】绘制一个圆形，设置直径为 730 像素，为该图层添加【渐变叠加】【斜面和浮雕】【描边】图层样式，参数设置及效果如图 4.5.9 所示。

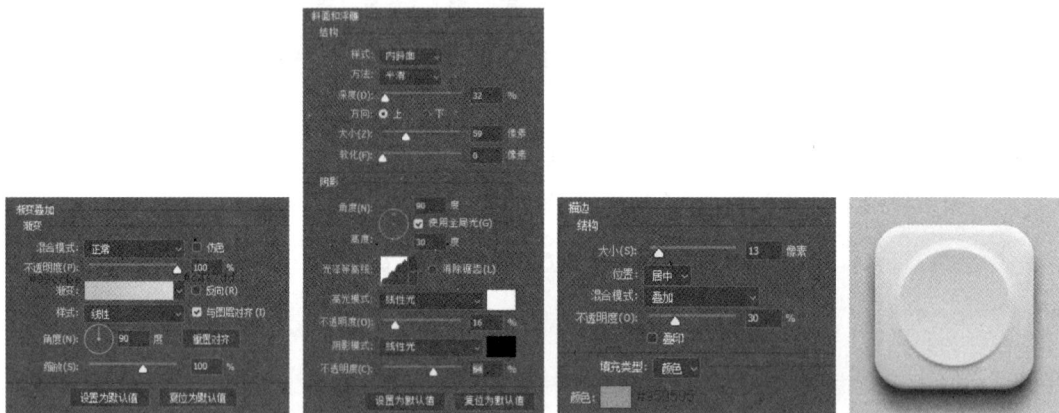

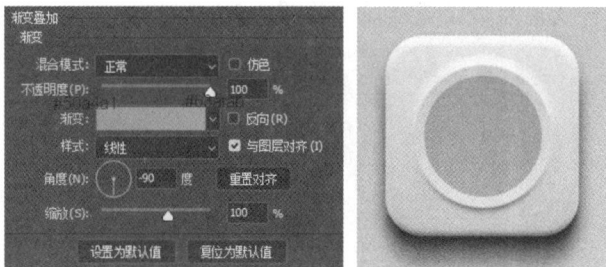

图 4.5.9　【渐变叠加】【斜面和浮雕】【描边】图层样式参数设置及效果

07 选中椭圆图层，按 "Ctrl+J" 组合键复制一个椭圆图层，命名为 "中心圆"。打开属性面板，修改圆形的长宽值为 620 像素，如图 4.5.10 所示。接着，删除【斜面和浮雕】和【描边】图层样式，修改【渐变叠加】图层样式的颜色，如图 4.5.11 所示。

图 4.5.10　调整椭圆直径参数　　　　图 4.5.11　【渐变叠加】图层样式颜色参数设置及效果

08 为中心圆图层添加【内阴影】效果，如图 4.5.12 所示。

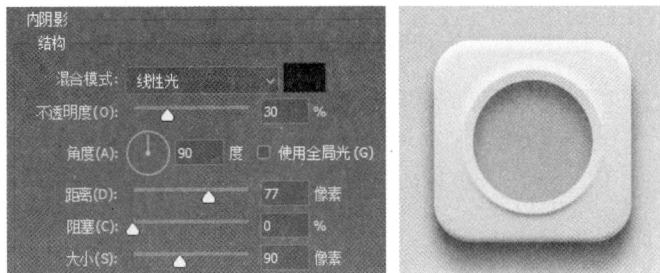

图 4.5.12　【内阴影】参数设置及效果

3. 制作刻度和指针

01 使用【矩形工具】绘制一个正方形，高度和宽度均为 60 像素，旋转 90 度，接着复制 3 个正方形，并按图 4.5.13 所示的样式要求摆放。单击【创建新组】按钮，命名为"刻度组"，然后将 4 个正方形拖到组中。

02 选中中心圆图层，按"Ctrl"键的同时单击图层缩览图调出选区，选中"刻度"图层组，单击【添加图层蒙版】按钮，如图 4.5.14 所示。

图 4.5.13　制作刻度效果　　　　　图 4.5.14　为"刻度"图层组添加圆形蒙版效果

03 选中"刻度"图层组，单击【图层】面板下方的【添加图层样式】按钮，为"刻度"图层组添加【渐变叠加】效果，并设置相应的参数，如图 4.5.15 所示。

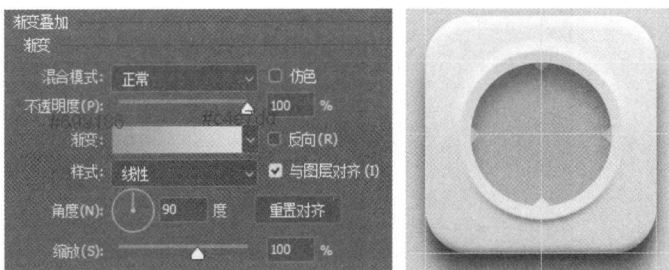

图 4.5.15　【渐变叠加】参数设置及效果

04 使用【椭圆工具】绘制一个圆形，命名为"中心大"，设置直径为 100 像素，单击【图层】面板下方的【添加图层样式】按钮 *fx*，为图层添加【渐变叠加】图层样式，参数设置及效果如图 4.5.16 所示。

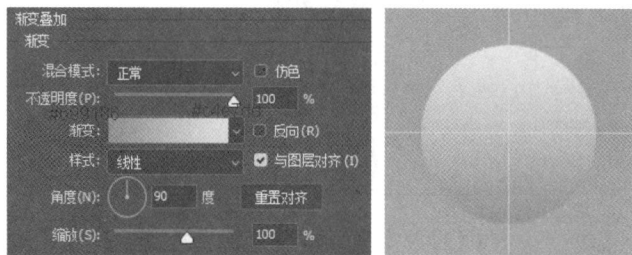

图 4.5.16 【渐变叠加】参数设置及效果

05 按"Ctrl+J"组合键复制圆形图层，命名为"中心小"，修改直径为 50 像素，双击【渐变叠加】图层样式，将角度改成-90 度，效果如图 4.5.17 所示。

06 将两个圆合成一个组，命名为"中心"，为"中心"图层组添加【投影】图层样式，参数设置及效果如图 4.5.18 所示。

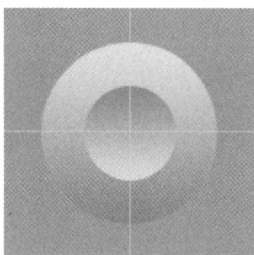

图 4.5.17 小圆修改效果

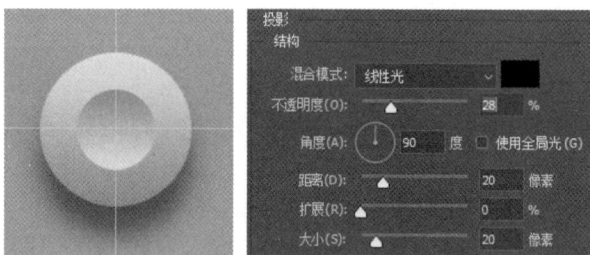

图 4.5.18 为"中心"图层组添加投影效果

07 使用【矩形工具】绘制一个细长矩形，命名为"秒针"，设置颜色（#9f0b0b），同时调整位置和大小，如图 4.5.19 所示。

08 使用【矩形工具】绘制一个矩形，命名为"时针"，设置颜色（#354a33），同时调整位置、角度和大小，接着为时针图层添加【斜面和浮雕】和【内阴影】图层样式，参数设置及效果如图 4.5.20 所示。

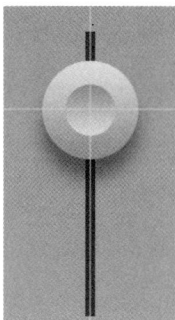

图 4.5.19 秒针的效果

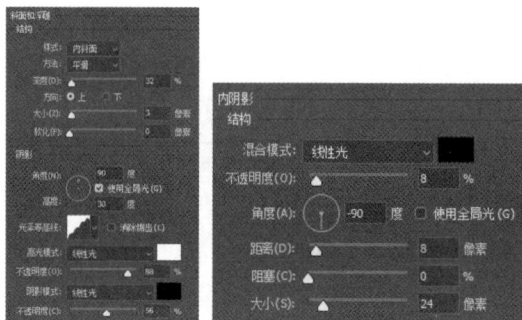

图 4.5.20 时针图层参数设置及效果

09 复制"时针"图层，命名为"分针"，调整位置、角度、大小及图层样式的参数，效果如图 4.5.21 所示。

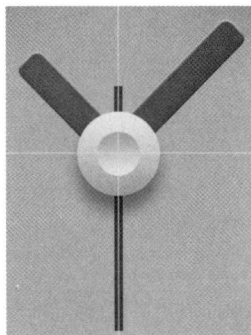

图 4.5.21 分针的效果

10 最后，新建一个图层组，命名为"指针"，将时针、分针和秒针拖到"指针"图层组内，接着将中心圆的投影图层样式拷贝到"指针"图层组，至此时钟图标的效果图完成，如图 4.5.1 所示。

项 目 小 结

本项目通过 5 个任务的实际操作，详细介绍了 Photoshop 中图层的使用、图层的基本操作方法、图层混合模式、图层样式的使用技巧，以及图层组的使用方法，同时通过案例进行练习。

实 践 探 索

一、选择题

1. 选择【图层】→【栅格化】命令可以将下列（   ）转换为普通图层。
   A．添加图层样式　　B．普通图层　　　　C．文字图层　　　　D．背景层
2. 在 Photoshop 中，（   ）主要用来从整体上调整图像的色调和色彩。
   A．文字图层　　　　B．调整图层　　　　C．形状图层　　　　D．背景图层
3. 如果要将某图像中的部分图像剪切到一个新图层中，可以通过选择【图层】菜单中的（   ）命令实现。
   A．【新建】→【通过拷贝的图层】　　　　B．【新建】→【通过剪切的图层】
   D．【新建】→【图层】　　　　　　　　　D．【新建】→【图层组】
4. 在 Photoshop 中，要实现图层盖印的组合键是"（   ）"。
   A．Ctrl+E　　　　　　　　　　　　　　B．Ctrl+Shift+E
   C．Ctrl+Alt+Shift+E　　　　　　　　　D．Ctrl+D

二、操作题

1．制作枫叶书签，参考效果如图 4.s.1 所示（提示：选择自定义形状中的枫叶来制作书签外形，利用剪贴蒙版剪裁图像。为了增强立体感，可在枫叶图层上添加图层投影效果）。

2．制作一张绚丽缤纷的夜景，参考效果如图 4.s.2 所示（提示：首先复制背景，用【高斯模糊】模式给复制图层制作朦胧效果，将混合模式设置为【变亮】产生柔焦效果；接着新建"渐变"调整图层，填充色谱、角度样式，并设置该图层混合模式为【柔光】；接着置入光点素材，图层混合模式为【柔光】，降低透明度；最后调整对比度，增强反差效果）。

图 4.s.1　枫叶书签效果

图 4.s.2　绚丽缤纷的夜景效果

颜色调节与色彩校正

项目导读

在 Photoshop 2021 中，对图像色彩的调整可以通过【图像】→【调整】子菜单的命令，或通过在【图层】面板下的【创建新的填充或调整图层】按钮来完成。使用【调整】命令和【创建新的填充或调整图层】按钮对图像的调整原理是一样的。

知识目标

1）理解色彩明暗调整原理。

2）熟悉色阶调整方法与直方图解读。

3）理解色彩平衡调整原理与冷暖色调调整。

4）了解色相及饱和度调整基本概念。

能力目标

1）熟练运用明暗调整工具优化图像。

2）能够灵活调整色彩平衡表达氛围。

3）能够精确调整色相饱和度以改善色彩效果。

素养目标

1）培养学生的色彩感知与观察力，能够准确捕捉图像中的色彩和明暗变化，并进行恰当的调整。

2）培养学生严谨的工作态度，在进行图像调整时注重细节和准确性，确保图像达到最佳的色彩和明暗效果。

3）激发学生的创新思维，鼓励学生尝试不同的调整方法和技巧，以创造出独特的视觉效果。

任务 5.1　色彩明暗调整——修正灰蒙蒙的照片

亮度/对比度、曲线、色阶等命令是调整图片色调的好方法，利用它们可以把对比不够明显的灰调图像调整成色调对比适中、颜色清晰的图像。

■ 任务目的

本任务通过调整图像的明暗程度，使学生掌握曲线、亮度/对比度和色阶命令的使用方法。调整前后的对比效果如图 5.1.1 所示。

扫码学习

图 5.1.1　色彩明暗调整前后的对比效果

修正灰蒙蒙的照片

■ 相关知识

1. 亮度/对比度

选择【图像】→【调整】→【亮度/对比度】命令，弹出【亮度/对比度】对话框，如图 5.1.2 所示。在该对话框中，可以调整图像整体的亮度和整体的对比度，取值范围为-100～100。

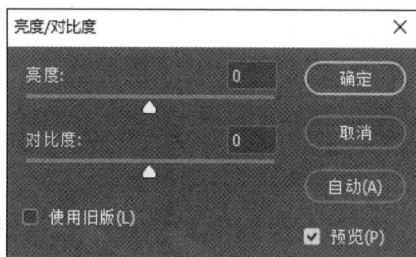

图 5.1.2　【亮度/对比度】对话框

1）亮度：拖动【亮度】滑块向右，图像变亮；拖动【亮度】滑块向左，图像变暗。

2）对比度：拖动【对比度】滑块向右，图像对比度增强；拖动【对比度】滑块向左，图像对比度减弱。

2. 曲线

选择【图像】→【调整】→【曲线】命令（或按"Ctrl+M"组合键），可以弹出【曲线】对话框，如图 5.1.3 所示。单击曲线添加控制点，通过拖动控制点调整曲线来调整图像。

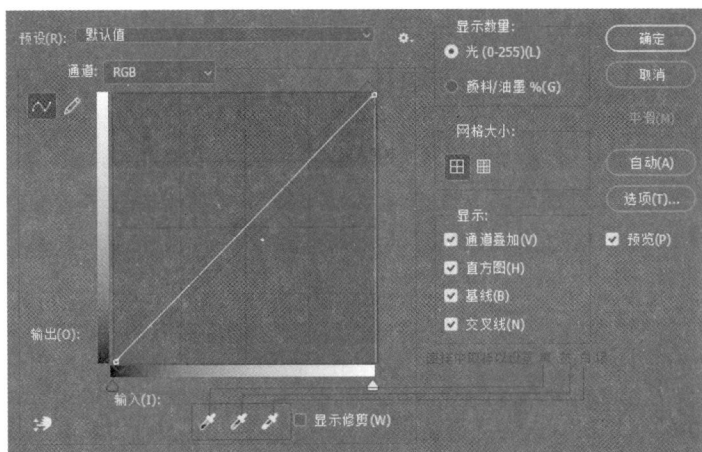

图 5.1.3　【曲线】对话框

在【曲线】对话框中，可在图像的色调范围（从阴影到高光）内最多调整 14 个不同的点（鼠标单击增加控制点，鼠标拖动控制点调整曲线）。【色阶】对话框仅包含 3 种调整，即白场、黑场和灰度系数，【曲线】对话框则可对图像中的个别颜色通道进行精确调整。在【曲线】对话框中，图形的水平轴表示输入色阶，垂直轴表示输出色阶。色调范围显示为一条直的对角基线，因为输入色阶（像素的原始强度值）和输出色阶（新颜色值）是完全相同的。

任务分析

打开素材"草原.jpg"图像文件。分析此图片，其问题是照片发灰且对比度不足，色彩不够鲜亮。因此利用【曲线】或【色阶】命令来调亮，利用【亮度/对比度】命令来增强色彩对比，以达到最佳效果。

任务实施

01 打开素材"草原.jpg"图像文件，单击【创建新的填充和调整图层】按钮，在弹出的下拉列表中选择【曲线】创建一个调整图层，对应的属性面板如图 5.1.4 所示。

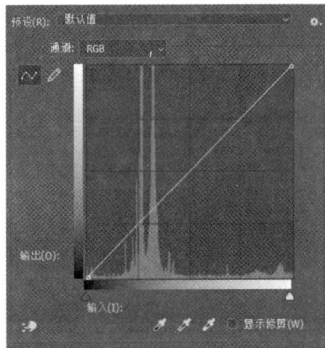

图 5.1.4　【曲线】属性面板

02 选择"红"通道，打开红色通道的直方图。将代表最深色的黑色滑块滑到直方图左边的边缘、将代表最浅色的白色滑块滑到直方图右边的边缘，如图5.1.5所示。

小　贴　士

如何判断滑块该滑到哪个位置呢？在滑动滑块时可以同时按住"Alt"键，出现色块的地方代表已有溢出的情况出现。但应避免画面中重要的地方（如人脸）或太大的范围出现溢出，因为这些地方易流失影像的细节。

03 参照步骤**02**的方法处理"绿"通道和"蓝"通道，如图5.1.6和图5.1.7所示。

04 新建"亮度/对比度"调整图层，在其属性面板调节亮度和对比度滑块，如图5.1.8所示。最终完成的效果如图5.1.1所示。

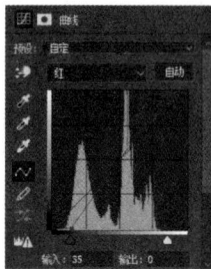 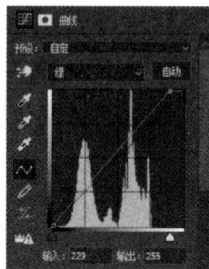 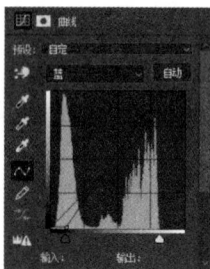 

图5.1.5　"红"通道　　　图5.1.6　"绿"通道　　　图5.1.7　"蓝"通道　　　图5.1.8　"亮度/对比度"
　　　属性面板　　　　　　　属性面板　　　　　　　属性面板　　　　　　　调整图层

任务5.2　色阶调整——调节曝光不足的照片

色阶、曝光度等命令是调整图像颜色的常用方法，利用它们可以将图像在原有颜色的基础上进行相应调整。

■ 任务目的

本任务通过制作如图5.2.1所示的调节曝光不足的照片实例，以增加照片气氛的实例，使学生掌握色阶的用法，学习"颜色填充"调整层的调整方法和技巧。

图5.2.1　调节曝光不足的照片前后对比效果

扫码学习

调节曝光不足的照片

相关知识

1. 直方图

直方图记录的是像素的亮度信息。在一张图片的直方图中，横轴代表图像中的亮度，由左向右，从全黑逐渐过渡到全白；纵轴代表图像中处于这个亮度范围的像素的相对数量。在这样一个二维坐标系上，可以对一张图片的明暗程度有一个准确的了解。直方图的观看规则是"左黑右白"，左边代表暗部，右边代表亮部，中间则代表中间调。纵向上的高度代表像素密集程度，高度越高，说明分布在这个亮度上的像素越多。

对于一张"正常"的照片来说，直方图应该是中间高两边低。图 5.2.2 所示的直方图显示的信息可以这样分析：照片的最左侧有高度，但是很少。这说明这张照片有阴影，但不多。最右边也有高度，说明有高光，同样也很少。这就是一张"正常"的照片了，它的直方图可以称为"对比度正常的中间调"。

图 5.2.2 "正常"照片的直方图

有些时候，照片的直方图会变得不正常。从图 5.2.3 的直方图中可以看出，这张照片几乎没有阴影，因为最左侧是没有高度的。不仅如此，这张照片连中间调都没有多少，而且，最重要的一点是它的最右边像素直接顶到了最高处，说明这张照片中有着大量的高光。由此可以判断，这张直方图对应的应该是高调照片，或者是过曝了。

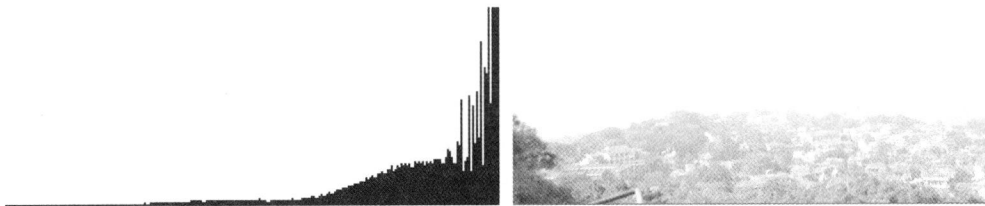

图 5.2.3 高调的直方图

低调的直方图和高调的直方图正好相反，它有大量的阴影而高光很少，如图 5.2.4 所示。

若直方图上高光和阴影部分都有像素，则这些图片的对比度都正常，像素可以很少，但必须有，否则照片看起来就很灰了，图 5.2.5 就是一张低对比度照片的直方图，像素都集中在中间了。

图 5.2.4　低调的直方图

图 5.2.5　偏灰的直方图

2. 色阶

选择【图像】→【调整】→【色阶】命令（或按"Ctrl+L"组合键），弹出【色阶】对话

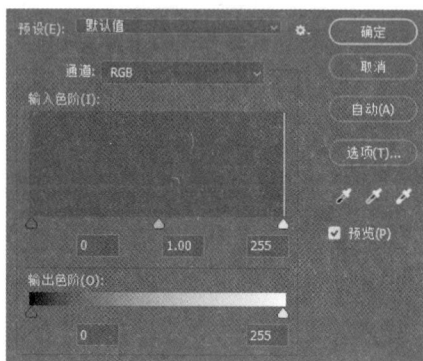

图 5.2.6　【色阶】对话框

框，如图 5.2.6 所示。在【色阶】对话框中，通过调整图像的阴影、中间调和高光的强度级别，可以校正图像的色调范围和颜色平衡。通过拖动滑块或在文本框中输入数值或用 3 个吸管设定黑场、白场和灰度系数进行【色阶】调整。

1）通道：设置调整的通道。可以调整复合通道，也可以调整各单一通道。

2）输入色阶：设置图像在输入时的色阶值。

3）直方图：用图形表示图像的每个亮度级别的像素数量，展示像素在图像中的分布情况。横坐标代表色阶值（0～255），纵坐标代表像素数量。下方的黑色滑块与输入色阶的第一个文本框对应，灰色滑块与输入色阶的第二个文本框对应，白色滑块与输入色阶的第三个文本框对应。

4）输出色阶：设置图像在输出时的色阶值。

5）![吸管图标]（黑、灰、白吸管）：与输入色阶的 3 个文本框和直方图下的 3 个滑块一一对应。

任务分析

首先打开素材"黄昏.jpg"图像文件，然后利用【色阶】命令调亮其中过暗的栏杆、屋檐等部分，通过选择【纯色】命令调整色调。

任务实施

01 打开素材中的"黄昏.jpg"文件。

02 单击【图层】面板下方的【新建调整层】按钮，在弹出的菜单列表中选择【色阶】命令，新建一个色阶调整层。

03 在【色阶】属性面板中，向左拖动调整"灰色"滑块，把过暗的栏杆、屋檐等细节调亮一些，【色阶】属性面板的参数设置和调整效果如图 5.2.7 所示。

图 5.2.7　【色阶】属性面板参数设置及调整效果

04 单击【图层】面板下方的【新建调整层】按钮，在弹出的菜单列表中选择【纯色】命令，再新建一个颜色填充调整层，设置成接近夕阳色调的橙黄色（#e58719），如图 5.2.8 所示。

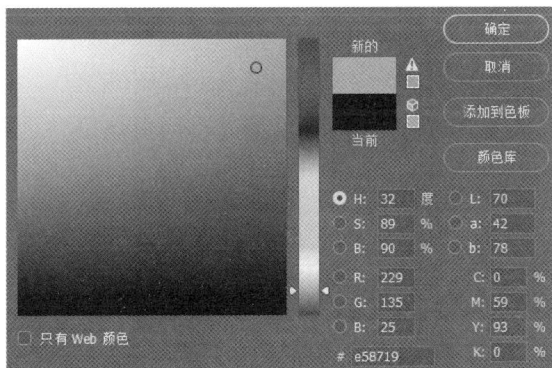

图 5.2.8　颜色设置

05 将颜色填充图层 1 的图层混合模式设置为【叠加】。

06 单击颜色填充图层 1 的蒙版缩览图，按"D"键将填充色设置为默认的，切换到渐变工具，选择线性渐变模式，鼠标自上而下拉出渐变，效果如图 5.2.9 所示。

07 选择【画笔工具】，降低画笔不透明度，在蒙版上将远离夕阳及背光的区域进行涂抹，让这些地方稍微透出色彩，图层面板如图 5.2.10 所示，最终效果如图 5.2.1 所示。

图 5.2.9　蒙版添加渐变后的画面效果

图 5.2.10　图层面板参考图

任务 5.3　色彩平衡调整——使不够蓝的天空更加湛蓝

在太阳光下进行拍摄，常常会因为光线过强，加上拍摄设备和技术的限制，使拍摄出来的蓝天不够蓝，使用【色彩平衡】命令可使不够蓝的天空更加湛蓝。

任务目的

本任务通过制作如图 5.3.1 所示的使不够蓝的天空更加湛蓝的实例，使学生掌握色彩平衡的调整方法和技巧。

图 5.3.1　色彩平衡调整前后的对比效果

扫码学习

使不够蓝的天空更加湛蓝

相关知识

【色彩平衡】命令可以在图像原有色彩的基础上进行颜色调整。选择【图像】→【调整】→【色彩平衡】命令（或按"Ctrl+B"组合键），弹出【色彩平衡】对话框，如图 5.3.2

所示。可通过拖动滑块或输入数值的方法进行调整。

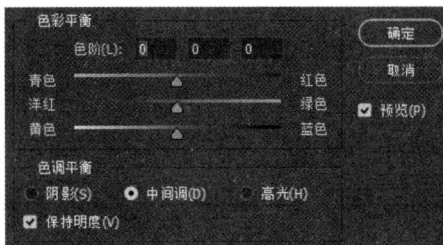

图 5.3.2　【色彩平衡】对话框

1）色阶：设置图像的颜色，可以通过 3 个数值输入框或直接拖动下方的 3 个滑块进行调整，取值范围为-100～100。滑块向哪侧拖动，图像中就会增加相应的颜色，反方向上拖动而减少颜色。

2）色调平衡：设置调整色阶时所针对的范围。【阴影】对图像中暗调区域影响较大,【中间调】对图像中间调区域影响较大,【高光】对图像中亮调区域影响较大。

3）保持明度：只改变色相，不改变图像整体亮度。

任务分析

先打开素材"自然.jpg"图像文件，然后使用色彩平衡等命令，对参数进行调整，让天空变得更加湛蓝。

任务实施

01 打开素材中"自然.jpg"文件，单击【创建新的填充或调整图层】按钮，在弹出的下拉列表中选择【色彩平衡】选项，如图 5.3.3 所示。

02 在打开的【色彩平衡】属性面板中勾选【保留明度】复选框，其余各项参数设置如图 5.3.4 所示。

03 单击"色彩平衡 1"调整图层的蒙版缩览图，然后按"G"键，切换至【渐变工具】，在图 5.3.5 所示的位置单击并拖动鼠标。

图 5.3.3　选择【色彩平衡】选项　　图 5.3.4　【色彩平衡】属性面板　　图 5.3.5　【渐变工具】拖动示意图

04 创建"色相/饱和度 1"调整图层，打开【色相/饱和度】属性面板，选择"蓝色"通道，其余参数设置如图 5.3.6 所示。在【色相/饱和度】属性面板的下拉列表中选择【全图】选项，然后在【饱和度】后的文本框中输入数值"+20"，如图 5.3.7 所示。

05 选中"色相/饱和度 1"调整图层的蒙版缩览图，将前景色设置为灰色，然后使用【画笔工具】在页面的合适位置涂抹，恢复山体部分的影调，【图层】面板参考图如图 5.3.8 所示，最终效果如图 5.3.1 所示。

图 5.3.6　【色相/饱和度】
属性面板（一）

图 5.3.7　【色相/饱和度】
属性面板（二）

图 5.3.8　【图层】面板
参考图

任务 5.4　图像色相及饱和度调整——修复色彩暗淡的图片

虽然色彩平衡、曝光、对比度命令可以在很大程度上改善图片的质量，但是如果图像色彩整体灰暗，即使通过色阶调整，图片上依然没有生气，此时可利用色相/饱和度命令使图像生色。

任务目的

本任务通过制作如图 5.4.1 所示的修复色彩暗淡的图片实例，使学生掌握色相/饱和度的调整方法和技巧。

扫码学习

图 5.4.1　色彩暗淡图片修复前后对比效果

修复色彩暗淡的图片

■相关知识

使用【色相/饱和度】命令（或按"Ctrl+U"组合键）可以改变原有图像的颜色。选择【图像】→【调整】→【色相/饱和度】命令，弹出【色相/饱和度】对话框，如图 5.4.2 所示。在该对话框中可通过拖动滑块或输入数值的方法进行调整。

1）全图：设置编辑对象。可以编辑全图，即一次可以编辑所有颜色；也可以编辑红、黄、绿、青、蓝、洋红中的某一颜色。

2）色相：在图像原有颜色基础上进行色相上的调整，取值范围为-180～180。

3）饱和度：设置图像颜色的整体鲜艳程度，取值范围为-100～100。

图 5.4.2　【色相/饱和度】对话框

4）明度：设置图像颜色的整体明暗程度，取值范围为-100～100。

5）着色：勾选此复选框后，可以重新设定图像颜色，将图像调整成单一色调。

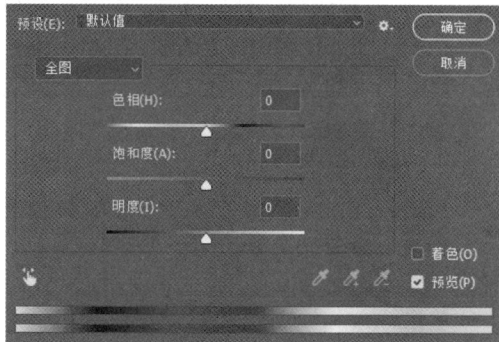

┌ 任务分析 ┐

打开素材"薰衣草.jpg"图像文件，对【色相/饱和度】等命令的参数进行修改，实现色彩的调节。

┌ 任务实施 ┐

01 打开素材中的"薰衣草.jpg"文件，然后按"Ctrl+J"组合键复制图层，得到"图层 1"。

02 选中"图层 1"，按"Ctrl+U"组合键，打开【色相/饱和度】对话框，在【饱和度】后的文本框中输入数值"45"，参数设置如图 5.4.3 所示。

03 在【色相/饱和度】对话框中选择"蓝色"通道，然后设置其【色相】为 15，【饱和度】为 50，参数设置如图 5.4.4 所示。

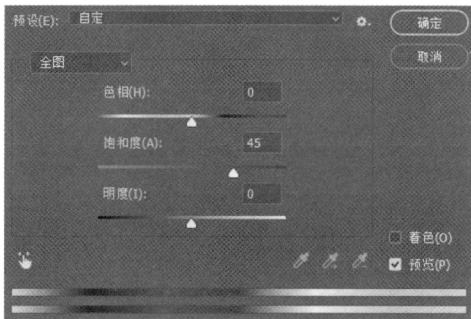

图 5.4.3　【色相/饱和度】对话框参数设置（一）　　图 5.4.4　【色相/饱和度】对话框参数设置（二）

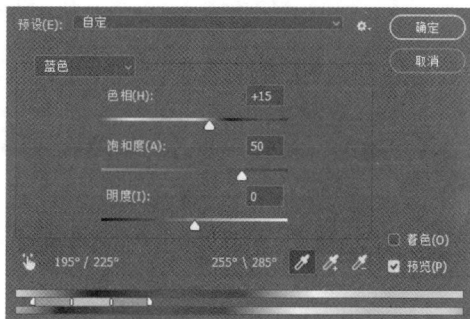

04 重复步骤 **03** 的方法，选择"青色"通道，【色相/饱和度】参数设置如图 5.4.5 所示。

05 选择"黄色"通道，并在【饱和度】后的文本框中输入 60，如图 5.4.6 所示。然后单击【确定】按钮，得到图 5.4.1 所示的最终效果。

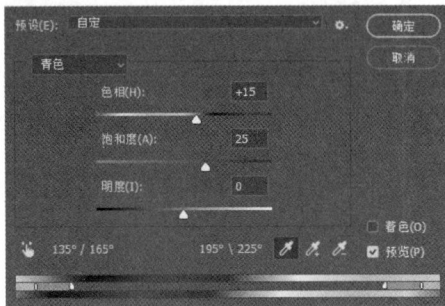

图 5.4.5　【色相/饱和度】对话框参数设置（三）　　图 5.4.6　【色相/饱和度】对话框参数设置（四）

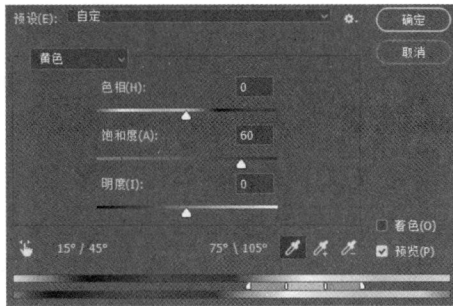

任务 5.5　可选颜色——提亮人像肤色

拍摄时由于曝光不足等原因，会使人像暗淡无光，此时可以在后期处理中运用提取照片高光并进行调色处理的方法提亮暗部、通透皮肤。

■ 任务目的

本任务通过制作如图 5.5.1 所示的提亮人像肤色实例，使学生掌握可选颜色的调整方法和技巧。

图 5.5.1　提亮人像肤色前后效果对比

扫码学习

提亮人像肤色

■ 相关知识

1. 认识照片的高光、中间调、暗部

调整任何一张照片的色彩，首先应确定选区，因为通常是对照片某一个区域进行调色，得到精确、过渡自然的选区是调整照片的首要条件。从大范围来看，照片可以划分为 3 个部分：高光、暗部、中间调。通过运用图像像素的明暗原理，结合 Photoshop 精确计算高光、暗部、中间调选区，是照片调色的基础。

2.　可选颜色

【可选颜色】命令是校正高端扫描仪和分色程序使用的一种技术，用于在图像中的每个主要原色成分中更改印刷色数量。使用该命令可以有选择性地修改任何主要颜色中的印刷色数量，而不会影响其他主要颜色。在【通道】面板中选择复合通道，只有在查看复合通道时，【可选颜色】命令才可用。选择【可选颜色】命令，弹出【可选颜色】对话框，如图 5.5.2 所示。在该对话框中，拖动滑块以增加或减少所选颜色的量。

1）颜色：选取要调整的颜色。这组颜色由加色原色和减色原色与白色、中性色和黑色组成，如图 5.5.3 所示。

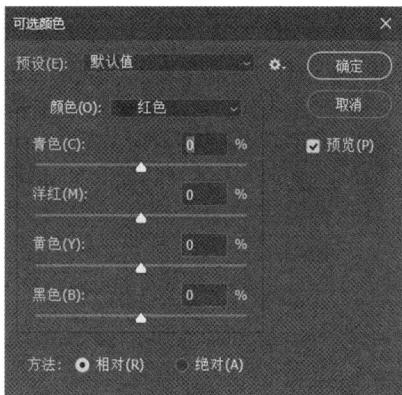

图 5.5.2　【可选颜色】对话框　　　　　图 5.5.3　【颜色】选项

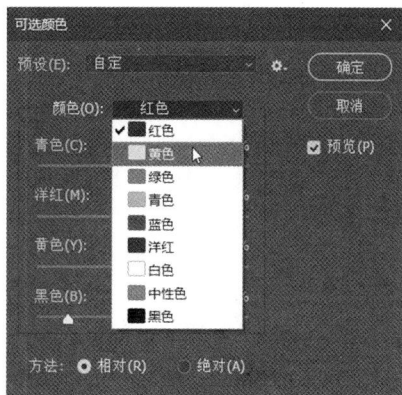

2）方法：若选中【相对】单选按钮，则按照总量的百分比更改现有的青色、洋红、黄色或黑色的量。例如，如果从 50% 洋红的像素开始添加 10%，则 5% 将添加到洋红，结果为 55% 的洋红（50%×10%=5%）（该选项不能调整纯反白光，因为它不包含颜色成分）。若选中【绝对】单选按钮，则采用绝对值调整颜色。例如，如果从 50% 洋红的像素开始添加 10%，则洋红油墨会设置为 60%。

任务分析

打开素材图像文件，利用混合模式、图层蒙版、曲线调整图层、【可选颜色】命令提亮暗部、通透皮肤。

任务实施

01　打开素材中"人物.jpg"文件。按"Ctrl+Alt+2"组合键选取高光，接着按"Ctrl+Shift+I"组合键反选，再按"Ctrl+J"组合键拷贝除高光区域外的内容到新的图层，将拷贝图层的混合模式改为"滤色"，如图 5.5.4 所示。

02 用【套索工具】将背景层上人物的大致轮廓套出来，单击【图层】面板下方的【添加矢量蒙版】按钮为其添加蒙版，双击蒙版进入蒙版调整面板，将羽化值调大，如图 5.5.5 所示。

图 5.5.4　设置"滤色"图层混合模式效果

图 5.5.5　设置蒙版羽化

03 添加"曲线"调整图层，将图片调亮，如图 5.5.6 所示，回到"图层 1"的蒙版上，按住"Ctrl+I"组合键进行反向，在蒙版上用白色画笔去涂抹人物的皮肤部分来提亮肤色，如图 5.5.7 所示。

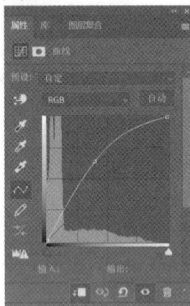

图 5.5.6　"曲线"调整图层

图 5.5.7　提亮肤色的效果

04 添加"可选颜色"调整图层，在弹出的【可选颜色】属性面板中对人物皮肤添加红色，将【颜色】改为【红色】，调整参数，再将【颜色】改为【黑色】，参数如图 5.5.8 所示，最终的效果如图 5.5.1 所示。

图 5.5.8　【可选颜色】属性面板的参数设置

118

任务 5.6　色彩综合调整——四季调色

在影楼拍摄的艺术照，通常都可以通过颜色调整，使其拥有不同的视觉效果。本任务就来学习如何将一张照片制作成四季的效果。

任务目的

本任务通过运用【色相/饱和度】属性面板调整图像的饱和度，使用【镜头光晕】滤镜制作光照效果，使用【曲线】命令调整图像的明暗度，使用【替换颜色】命令替换照片的颜色，使学生掌握各种调整操作的方法和技巧。四季调色原图及效果对比如图 5.6.1 所示。

原　　　春　　　夏　　　秋　　　冬

图 5.6.1　四季调色原图及效果对比

扫码学习

四季调色

任务分析

首先打开素材"婚纱.jpg"图像文件，然后利用色相/饱和度、色彩平衡、替换颜色、可选颜色等命令进行色彩调整。

任务实施

1. 制作"春"的效果

01 打开素材"婚纱.jpg"图像文件。按"Ctrl+J"组合键，复制"背景"图层到新图层中，生成"图层 1"。

02 在【图层】面板中，单击【图层】面板下方的【创建新的填充或调整图层】按钮，在弹出的下拉列表中选择【色相/饱和度】命令，打开【色相/饱和度】属性面板，设置黄色的【色相】为 30，如图 5.6.2 所示。

小 贴 士

制作春天效果时，为了突出万物复苏的感觉，可以将图片中的植物的饱和度调得高一些。

03 按 "Shift+Ctrl+Alt+N" 组合键，新建 "图层 2"，并将其填充为黑色。

04 选择【滤镜】→【渲染】→【镜头光晕】命令，在弹出的【镜头光晕】对话框中设置【亮度】为 100%，选中【50~300 毫米变焦】单选按钮，如图 5.6.3 所示。完成设置后，单击【确定】按钮，将设置的效果应用到当前图层对象中，并将图层混合模式设置为【滤色】。

图 5.6.2 【色相/饱和度】属性面板设置　　　图 5.6.3 【镜头光晕】对话框设置

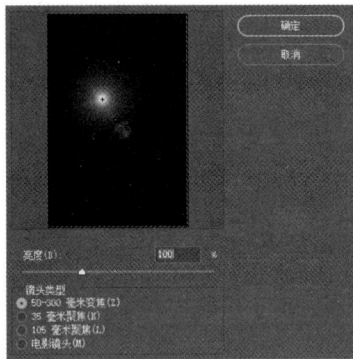

2. 制作 "夏" 的效果

01 选择 "背景" 图层，使其成为当前图层，按 "Ctrl+J" 组合键，复制 "背景" 图层，生成 "背景 副本" 图层，按 "Ctrl+Shift+]" 组合键，将该图层放置到最上层位置。新建 "色相/饱和度" 调整图层，打开【色相/饱和度】属性面板，设置黄色的【色相】为-9，【饱和度】为 40，【明度】为 14，如图 5.6.4 所示。

02 按 "Shift+Ctrl+Alt+N" 组合键，新建 "图层 3"，命名为 "镜头光晕"，并将其填充为黑色。

03 选择【滤镜】→【渲染】→【镜头光晕】命令，弹出【镜头光晕】对话框，设置【亮度】为 150%，选中【50~300 毫米变焦】单选按钮。完成设置后，单击【确定】按钮，将设置的效果应用到当前图层对象中。

04 新建蒙版，并用画笔在蒙版上对过亮的光晕部分进行涂抹，参考设置如图 5.6.5 所示。

图 5.6.4 【色相/饱和度】属性面板设置　　　图 5.6.5 【镜头光晕】图层设置

3. 制作"秋"的效果

01 选择"背景"图层，使其成为当前图层，按"Ctrl+J"组合键，将"背景"图层复制到新图层中，生成"图层 1 副本"，按"Ctrl+Shift+]"组合键，将该图层放置到最上层位置。使用【套索工具】在图像上拖动，将暗部区域创建为选区，如图 5.6.6 所示。

02 选择【选择】→【修改】→【羽化】命令，弹出【羽化选区】对话框，设置【羽化半径】为 100 像素。完成设置后，单击【确定】按钮，将设置的参数应用到当前选区中。然后选择【图像】→【调整】→【曲线】命令，弹出【曲线】对话框，将图像选区部分调亮。完成设置后，单击【确定】按钮，将设置的参数应用到当前图层对象中。参考设置如图 5.6.7 所示。

图 5.6.6　新建选区

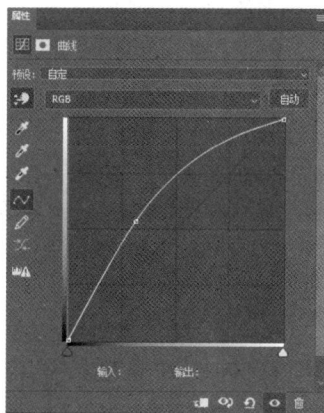

图 5.6.7　【曲线】对话框设置

03 按"Ctrl+U"组合键，弹出【色相/饱和度】对话框，设置黄色的【色相】为 21。参数设置如图 5.6.8 所示。

04 选择【图像】→【调整】→【替换颜色】命令，弹出【替换颜色】对话框，设置要替换颜色的区域，并设置【颜色容差】为 50，【替换】选项组中的【色相】为-60，完成设置后单击【确定】按钮，将设置的参数应用到当前图层对象中，如图 5.6.9 所示。

图 5.6.8　【色相/饱和度】对话框设置

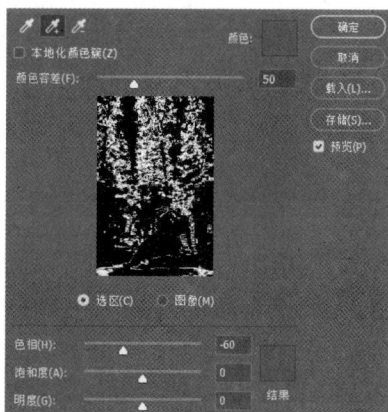

图 5.6.9　【替换颜色】对话框设置

05 新建图层蒙版，按"B"键切换到【画笔工具】 ，在其属性栏中，设置不透明度为 50%，设置前景色为黑色，然后在图片下方轻抹。

06 单击【图层】面板下方的【创建新的填充或调整图层】按钮，在弹出的下拉列表中选择【曲线】命令，打开【曲线】属性面板，具体设置如图 5.6.10 所示。

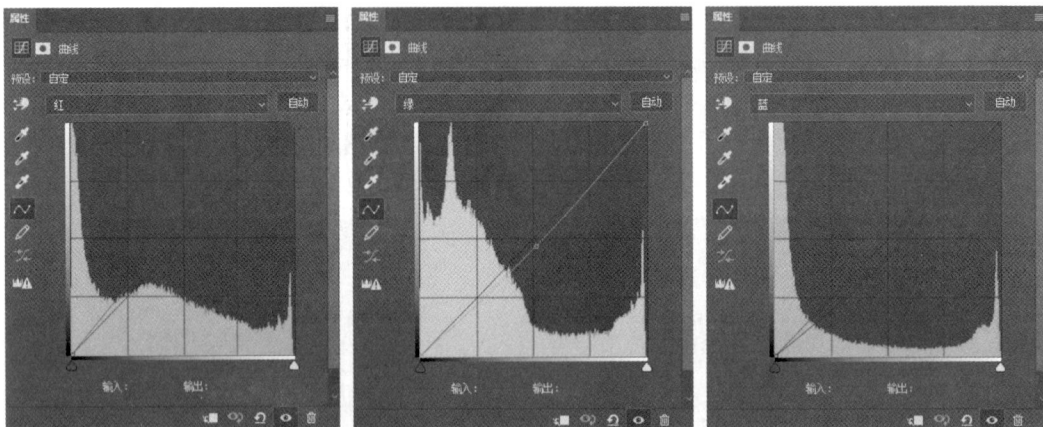

图 5.6.10　【曲线】属性面板设置

4. 制作"冬"的效果

01 选择"背景"图层，先按"Ctrl+J"组合键，再按"Ctrl+Shift+]"组合键将生成的副本图层放置到最上层位置，并命名为"曲线_提升局部亮度"。使用【套索工具】在图像上拖动，将暗部区域创建为选区，并通过调整曲线，将图像暗部调亮。

02 按照前面步骤用相似的方法调整图像的【色相/饱和度】，使图像中的绿色部分更加明显、纯粹，参数设置如图 5.6.11 所示。

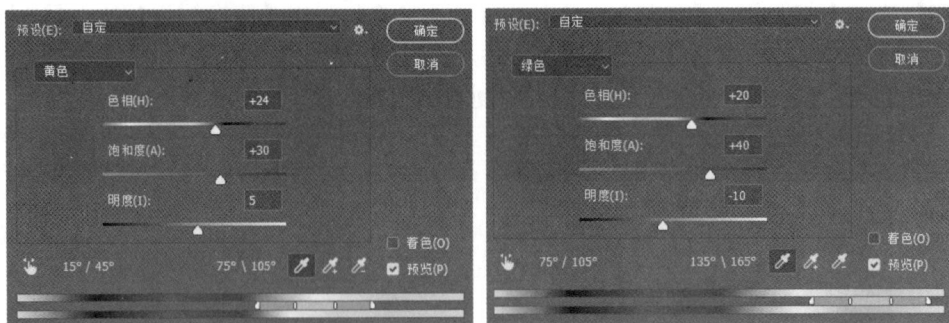

图 5.6.11　绿色部分调整设置

03 在【通道】面板中，选中"绿"通道，且使其他通道颜色不可见，如图 5.6.12 所示。按"Ctrl+A"组合键，将该通道图像全选，然后按"Ctrl+C"组合键，复制选区中的图像，单击"RGB"通道，按"Ctrl+V"组合键，将复制的图像粘贴到当前图层中。

04 按"Ctrl+M"组合键，调整曲线，提升局部亮度，参数设置如图 5.6.13 所示。

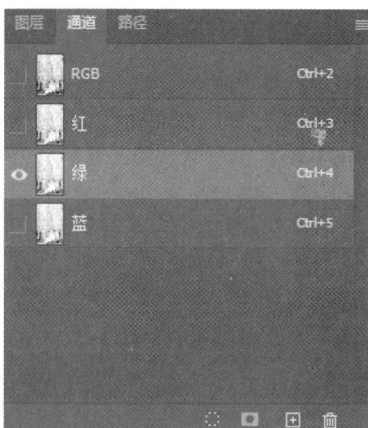

图 5.6.12　绿色通道

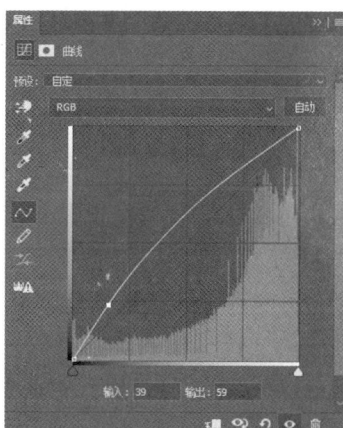

图 5.6.13　曲线参数设置

05 新建"曲线"调整图层，在【曲线】属性面板中调整 RGB 曲线，使用黑色画笔在曲线蒙版上涂抹不需要提亮的部分，参数设置如图 5.6.14 所示。

06 选中"曲线_提升局部亮度"图层和"曲线"调整图层，按"Ctrl+Shift+Alt+E"组合键盖印图层，在【图层】面板中单击【添加蒙版】按钮。然后使用【画笔工具】 ✎ 在图层蒙版中涂抹，将人物皮肤显现出来。

07 至此，春、夏、秋、冬四季调色就完成了。

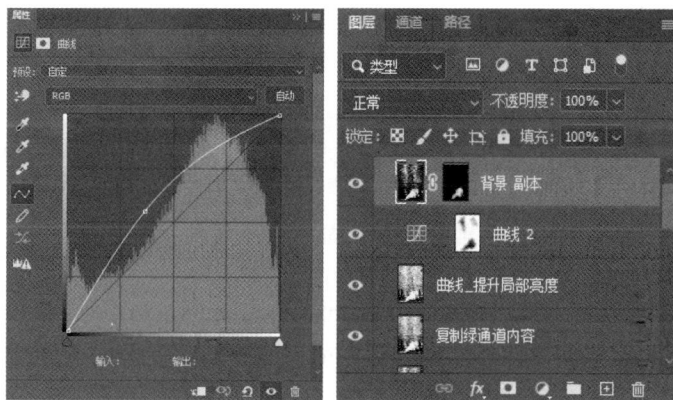

图 5.6.14　【曲线】属性面板设置

项 目 小 结

本项目通过 6 个任务的实际操作，介绍了色彩的基础知识，色彩的色相调整，明度、纯度的调整和一些色彩的特殊调整方法，主要包括色阶、曲线、色彩平衡、色相/饱和度等命令的使用。在调整过程中，灵活运用这些命令及其参数，就可以调整出丰富多彩的图像。

实 践 探 索

一、选择题

1. 在 Photoshop 中，（　　）颜色模式可以直接转化为其他任何一种模式（限于【图像】→【模式】子菜单中所列出的模式）。

    A．RGB　　　　　　B．CMYK　　　　　　C．双色调　　　　D．灰度

2. 要使一幅彩色图像变为单色调效果，可以通过选择【图像】→【调整】菜单下的（　　）实现。

    A．【色相/饱和度】命令

    B．先使用【去色】命令，然后选择【变化】命令

    C．【渐变映射】命令

    D．【色彩平衡】命令

3. 下列对【色阶】命令的描述正确的是（　　）。

    A．减小【色阶】对话框中【输入色阶】最右侧的数值导致图像变亮

    B．减小【色阶】对话框中【输入色阶】最右侧的数值导致图像变暗

    C．增加【色阶】对话框中【输入色阶】最左侧的数值导致图像变亮

    D．增加【色阶】对话框中【输入色阶】最左侧的数值导致图像变暗

4. 调整色偏的命令是（　　）。

    A．色调均化　　　B．阈值　　　　　　C．亮度/对比度　　D．色彩平衡

二、操作题

1. 打开素材"汽车.jpg"文件，把汽车的颜色换成红色，效果如图 5.s.1 所示（提示：选择【图像】→【调整】→【替换颜色】命令，利用 🖉 🖋 🖌（吸管、吸管+、吸管-）工具在图像窗口选中汽车，使汽车的黄色部分为全白显示。在【替换】选项组中，设置【色相】为 -60，【饱和度】为+12 后，黄色汽车就会变成红色汽车）。

2. 对素材"瀑布.jpg"进行调整，调整后的效果如图 5.s.2 所示（提示：可先用【亮度/对比度】命令进行调整，然后用【曲线】或【色阶】命令进行调整，提高照片的亮度与清晰度，最后用【可选颜色】命令对色彩进行调整）。

图 5.s.1　汽车变色效果图

图 5.s.2　调整后的效果

项目 6

图像的修饰与修复

项目导读

图像的修饰与修复是图像处理中的一种重要技术，它可以对图像的缺陷进行修正，提高图像的质量，同时也可以对图像进行一些美化处理。同时，图像的修饰与修复是图像设计的基础，本项目将通过实例来介绍有关图像修饰与修复的知识与技能。

知识目标

1）熟悉【污点修复】工具功能及其属性设置方法。
2）熟悉【修复画笔】工具功能及其属性设置方法。
3）掌握【仿制图章】工具去除杂物的方法。
4）学习【液化】滤镜工具的功能。

能力目标

1）熟练使用修复工具对图像进行修复和修饰。
2）能够灵活运用图章工具修图。
3）掌握【液化】滤镜工具美颜美体技巧。

素养目标

1）培养学生细心观察图像细节的能力，形成对图像处理的精细要求。
2）引导学生正确看待图像修复的目的，追求自然、真实的美，避免过度修饰。
3）培养学生的艺术鉴赏能力，使其能够识别并评价不同图像处理风格的美观度。

任务 6.1　皮肤瑕疵修复——祛痘美颜

数码摄影对于同学们来说已经十分熟悉了，但是由于光线问题、人的皮肤问题等，拍摄出来的照片常有不尽如人意之处，需要再次修改。那么怎么修改呢？本任务我们将通过修复皮肤瑕疵的实例来学习 Photoshop 中污点修复工具的使用。

▌任务目的

本任务通过修改面部有"痘印和斑点.jpg"的图像，使学生学习并掌握【污点修复工具】的使用方法和技巧。祛痘美颜前后的对比效果如图 6.1.1 所示。

图 6.1.1　祛痘美颜前后对比效果

扫码学习

祛痘美颜

▌相关知识

【污点修复工具】是 Photoshop 处理照片常用的工具之一。利用【污点修复工具】可以快速修复照片中的污点和其他不理想部分。【污点修复工具】可以自动从所修复区域的周围取样，使用图像或图案中的样本像素进行绘画，将样本像素的纹理、光照、透明度和阴影与所修复的像素进行匹配。【污点修复工具】属性栏如图 6.1.2 所示。

图 6.1.2　【污点修复工具】属性栏

1）（画笔预设）：设置笔尖的大小和硬度。

2）模式：设置绘画时的像素与原来像素之间的混合模式。

3）近似匹配：根据图像周围像素的相似度进行匹配，以达到修复污点的效果。

4）创建纹理：在修复污点的同时使图像的对比度加大，以显示纹理效果。

5）内容识别：当对图像的某一区域进行污点修复时，软件自动分析周围图像的特点，将图像进行拼接组合，然后填充该区域并进行智能融合，从而达到快速、无缝的修复效果。

6）对所有图层取样：若勾选该复选框，将对所有图层进行取样操作。若不勾选该复选框，则只对当前图层进行取样。

7）（绘图板压力控制大小）：单击该按钮可以模拟绘图板压力控制大小。

—— 任务分析 ——

　　观察图片，模特鼻翼两侧有不少痘印，只需要使用【污点修复工具】 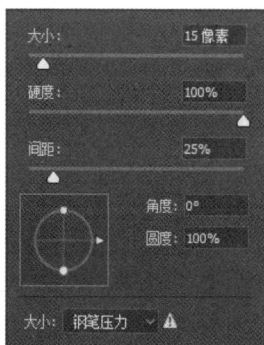，调整好画笔大小，用鼠标单击需要修复的位置就可以将痘印与周围干净平整的皮肤进行融合，即可去除痘印瑕疵。

—— 任务实施 ——

　　01 选择【文件】→【打开】命令，打开"祛痘美颜素材.jpg"文件。

　　02 按"Ctrl+J"组合键复制背景层，命名为"去痘"，选择【污点修复工具】 ，画笔设置如图 6.1.3 所示，选中属性栏上的【内容识别】单选按钮。

　　03 将鼠标指针放在脸部的痘痘上，单击即可修复图像。反复多次使用可以去掉脸部所有痘印。

　　04 模特面部部分显得较暗淡，此时可复制"去痘"图层，设置其混合模式为【滤色】，不透明度为 68%，以提亮模特的肤色，最终效果如图 6.1.1 所示。

图 6.1.3　画笔设置

任务 6.2　污点和瑕疵去除——质感磨皮

　　照片中常见人物脸上的细纹、色斑、痘印，肤色比较暗沉，显得比较憔悴的情况。这种情况，如何使用 Photoshop 对这种类型的照片进行处理，从而让人物肌肤透亮、亮白无瑕呢？本任务将通过实例操作讲解如何去除污点和瑕疵，并让皮肤细腻光滑。

任务目的

　　本任务通过修复色斑、痘印、暗沉的脸部图像，使学生学习并掌握【污点修复画笔工具】 、【修复画笔工具】 、【快速蒙版模式】 、【高斯模糊】和【高反差保留】的使用方法和技巧，磨皮美颜前后的对比效果如图 6.2.1 所示。

图 6.2.1　磨皮美颜前后对比效果

扫码学习

质感磨皮

▌相关知识

1. 修复画笔工具

【修复画笔工具】🖌：可以利用图像自身的样本像素进行复制绘图，将样本像素的纹理、光照、透明度和阴影与所修复的像素进行匹配，使修复后的像素不留痕迹地融入图像的其余部分。

【修复画笔工具】🖌属性栏如图 6.2.2 所示。它有两种取样方式：一种是在图片上取样，使用【修复画笔工具】🖌，同时按住"Alt"键，在图片的某一位置单击取样，然后再在污点上单击，就把刚才取样区域的内容修复到当前这个污点处，并进行融合；另一种是选择图案，利用该图案对画面进行修复。

图 6.2.2　【修复画笔工具】🖌属性栏

1）🔘（画笔预设）：可创建出较柔和的笔触，单击该图标可以编辑画笔的属性。

2）模式：利用【修复画笔工具】🖌画出的图像像素与原来像素之间的混合模式。

3）源：【取样】是取图中的某部分修改，【图案】是可在【图案】面板中选择图案或自定义图案填充图像。

4）对齐：勾选该复选框后，下一次的复制位置会与上一次完全重合。

2. 快速蒙版

【快速蒙版】模式🔲可以直接将选区作为蒙版进行编辑，而无须使用"通道"调板。将选区作为蒙版来编辑的优点是几乎可以使用任何 Photoshop 工具或滤镜修改蒙版。先绘制选区，然后使用【快速蒙版】模式🔲对该区域创建或取消蒙版。另外，也可完全在快速蒙版模式中创建蒙版。受保护区域和未受保护区域以不同的颜色进行区分。当离开快速蒙版模式时，未受保护区域成为选区。

3. 高斯模糊

【高斯模糊】模式根据高斯曲线调节像素色值，有选择地模糊图像，把某一点周围的像素色值按高斯曲线统计起来得到色值，然后对范围、半径等进行模糊。

4. 高反差保留

【高反差保留】模式保留图像中反差比较大的部分，如人物的轮廓、眼睛、嘴唇、头发等，调整之后，那些对比比较大的部分都会被保留下来，而其他部分全部变成中性灰。

▎任务分析

本任务的模特脸部有痘印，首先可以使用【污点修复画笔工具】🖌和【修复画笔工具】🖌，先将明显的痘印去除掉，但注意要顺着模特的面部肌肉走向来进行修复；接着使用【快速蒙版】模式选出皮肤以外的部分；然后使用【高斯模糊】模式进行皮肤磨皮，打造细腻、光滑的皮肤效果；最后使用【高反差保留】模式保留人物皮肤、眼睛、嘴唇、头发的纹理。

任务实施

01　选择【文件】→【打开】命令，打开"磨皮素材.jpg"图像文件，然后按"Ctrl+J"组合键复制"背景"图层，命名为"基础皮肤"。

02　素材模特的侧脸上有大量的痘印，选择【修复画笔工具】，调节画笔大小，按住"Alt"键在侧脸周围较光滑的区域单击取样，接着放大图片，先将模特脸上较明显的痘印修掉。

03　重复步骤**02**，使用【修复画笔工具】将额头、下巴上的痘印去除。

04　将模特的侧脸上明显的痘印基本修复完成后，使用【污点修复画笔工具】，调节画笔大小，以脸部较光滑的地方作为出发点，鼠标左键滑动，顺着模特的面部肌肉走向，来修复脸颊上较小的痘印。

05　重复步骤**04**，使用【污点修复画笔工具】，调节画笔大小，将模特脸上的一些碎发修掉。

06　重复步骤**02**，使用【修复画笔工具】，调节画笔大小，将模特脸上最后的小瑕疵再进行一次修复，如图 6.2.3 所示。

07　选择【快速蒙版】模式进入快速蒙版编辑模式，使用【画笔工具】对模特的五官、头发等除皮肤以外的部分进行涂抹，如图 6.2.4 所示。

08　再次选择【快速蒙版】模式，快速蒙版变为选区，画笔涂抹区域外的部分被选中。

09　按"Ctrl+J"组合键复制图层，将脸部选取复制出来。

10　选择【滤镜】→【模糊】→【高斯模糊】命令，在属性栏中设置高斯模糊的半径值，如图 6.2.5 所示。

图 6.2.3　面部去痘后的效果　　　图 6.2.4　快速蒙版选区范围　　　图 6.2.5　高斯模糊半径值

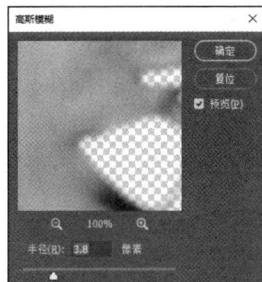

11　选择原始背景图层，按"Ctrl+J"组合键复制图层，并将其移动到最上方，设置【图层混合】模式为"亮光"，接着选择【滤镜】→【其他】→【高反差保留】命令，在其属性栏中设置半径值，制作皮肤质感，如图 6.2.6 所示。

12 选中"基础皮肤"图层，使用【画笔工具】 ✎ ，设置较低的不透明度和流量（不超过 20%），吸取较亮的皮肤颜色，在面部过渡生硬的色块（图 6.2.7）上涂抹，最终效果如图 6.2.1 所示。

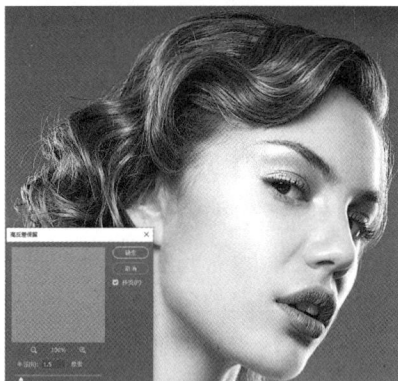

图 6.2.6　制作皮肤质感

图 6.2.7　需要涂抹的不均匀色块

任务 6.3　杂物去除——修掉画面中的电线

摄影时，常常会拍到影响画面效果的脏点、杂物，即使我们改变拍摄角度，有时候也无法避免它们进入镜头。我们可以利用污点修复画笔工具、仿制图章工具等修复工具将这些多余的部分修掉。

■ 任务目的

本任务通过修复"建筑.jpg"图像，让学生学习并掌握【仿制图章工具】 ▣ 、【修复画笔工具】 ▨ 的使用方法和技巧，去除杂物前后的对比效果如图 6.3.1 所示。

图 6.3.1　去除杂物前后对比效果

扫码学习

修掉画面中的电线

■相关知识

1. 仿制图章工具

在工具箱中选择【仿制图章工具】🔲，其属性栏如图 6.3.2 所示，该工具对于复制对象或修复图像中的缺陷部分非常有用。使用该工具可以方便地将图像的一部分绘制到同一图像的另一区域中，或是绘制到打开的具有相同颜色模式的任何文档中。

图 6.3.2　【仿制图章工具】🔲属性栏

【仿制图章工具】🔲的使用方法是按住"Alt"键（定义【仿制图章工具】🔲的源），对需要复制的图像区域进行取样，然后在需要被复制的区域进行涂抹，这样就能将图片修饰成所需要的效果，如图 6.3.3 所示。

针对不同的仿制图像，可以根据具体情况来设置仿制图像源的大小、模式、透明度、流量等，使修饰过的图像更加自然。

图 6.3.3　【仿制图章工具】🔲示例

2. 图案图章工具

仿制图案，除了用【仿制图章工具】🔲以外，也可使用【图案图章工具】🔲，其属性栏如图 6.3.4 所示。但【图案图章工具】🔲绘制出来的是指定的图案，而不是图像上已有的区域。

图 6.3.4　【图案图章工具】🔲属性栏

【图案图章工具】🔲的使用方法：打开需要指定生成图案的文件，选择【编辑】→【定义图案】命令，在【图案名称】窗口命名图案，单击【确定】按钮完成图案定义。在【图案图章工具】🔲属性栏中选择想要仿制的图案，就可以在画面上直接绘制了，如图 6.3.5 所示。

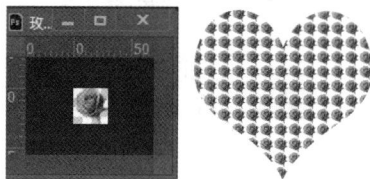

图 6.3.5　【图案图章工具】🔲示例

----- 任务分析 -----

本任务的素材照片上有多余的电线，使用【污点修复画笔工具】可以去掉天空上的电线，接着再使用【仿制图章工具】去掉墙上和木门上的电线即可。

----- 任务实施 -----

01 选择【文件】→【打开】命令，打开图片"建筑.jpg"，然后按"Ctrl+J"组合键复制"背景"图层。

02 选择【污点修复画笔工具】，其参数如图 6.3.6 所示进行设置。

03 用画笔在天空的右上角，沿着电线反复涂抹，效果如图 6.3.7 所示。

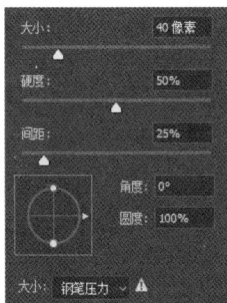

图 6.3.6 【污点修复画笔工具】参数设置 　　图 6.3.7 去掉右上角电线的效果

04 选择【仿制图章工具】，设置不透明度，勾选【对齐】复选框，其属性栏设置如图 6.3.8 所示。

图 6.3.8 【仿制图章工具】属性栏设置

05 设置刚好可以覆盖电线的画笔大小，并降低硬度，画笔设置如图 6.3.9 所示。

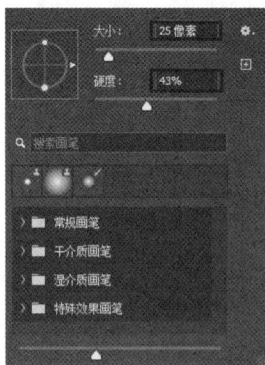

图 6.3.9 【仿制图章工具】画笔设置

06 将鼠标移动到电线边上的光滑墙面处，按"Alt"键的同时单击鼠标左键进行取样，如图 6.3.10 所示。接着在墙面上的电线上进行涂抹，效果如图 6.3.11 所示。

图 6.3.10　【仿制图章工具】取样

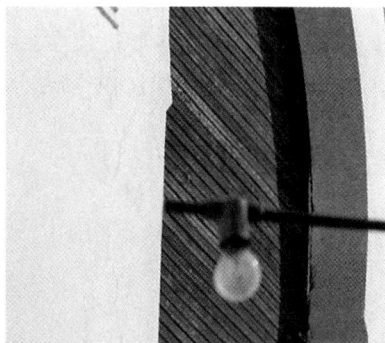

图 6.3.11　去掉左侧墙面电线的效果

07 在木门处按"Alt"键的同时单击鼠标左键进行重新取样，接着对木门上的电线进行涂抹，要注意顺着纹理的走向涂抹，并对齐接缝，如图 6.3.12 所示。

图 6.3.12　去掉木门上电线的操作和效果

08 重复步骤 **07**，修掉右侧墙面上的电线，效果如图 6.3.1 所示。

任务 6.4　人物体型和脸型修饰——美颜美体

　　对于一些脸型较圆、比较胖、腿型较粗、身材不够完美的爱美人士来说，怎么才能通过修图达到美化照片的效果呢？本任务通过实例讲解液化滤镜工具的使用方法，让脸型、身材不再让人苦恼。

任务目的

本任务通过修复模特体形，使学生学习并掌握【液化】滤镜工具的使用方法和技巧。美颜美体前后的对比效果如图 6.4.1 所示。

图 6.4.1　美颜美体前后对比效果

扫码观看

美颜美体

相关知识

【液化】滤镜工具组介绍如下。

1)【冻结蒙版工具】 ：使用该工具涂抹过的地方将会被保护起来，再使用【液化】滤镜工具组中的其他工具时不会对这些被保护的地方造成影响。

2)【向前变形工具】 ：使用该工具可以移动图像中的像素，得到变形的效果。

3)【面部工具】 ：可以直接拉动控制件进行五官和脸型的调整。

任务分析

本任务主要使用【液化】滤镜工具来美化模特的脸型和身材，主要使用【液化】滤镜工具对模特的脸、身体、四肢进行瘦身操作，接着再使用前面学习过的修复工具调节纹理和肤色。

任务实施

01　选择【文件】→【打开】命令，打开"美体素材.jpg"文件，复制"背景"图层，命名为"图层 1"。

02　选择【滤镜】→【Camera Raw 滤镜】命令，在右侧面板中找到【光学】，设置【扭曲度】参数，如图 6.4.2 所示。

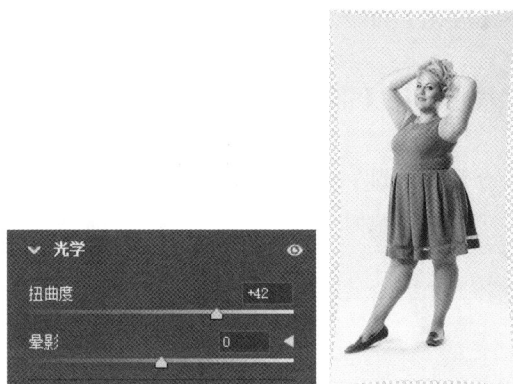

图 6.4.2　【光学/扭曲度】参数设置及效果

03 选择【滤镜】→【液化】命令，在【液化】操作窗口中，选择该操作窗口左侧面板中的【冻结蒙版工具】，在模特头部区域进行涂抹，以防止该区域在调整过程中变形，如图 6.4.3 所示。

04 在【液化】操作窗口中，选择该操作窗口左侧面板中的【向前变形工具】，设置合适的画笔大小、画笔密度和画笔压力，调整模特右侧胳膊，使右侧胳膊变瘦，如图 6.4.4 所示。

图 6.4.3　冻结面部

图 6.4.4　修整右侧胳膊

05 接着使用【向前变形工具】，调整人物腹部、上半身及左侧胳膊，使身材比例更协调，如图 6.4.5 所示。

06 单击【确定】按钮暂时退出液化操作，使用【矩形选框工具】框选右腿并复制，使用【魔棒工具】选中复制出的右腿的背景颜色并删除，如图 6.4.6 所示。

图 6.4.5　调整人物腹部、上半身和左侧胳膊

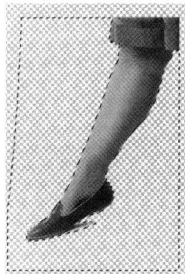

图 6.4.6　抠出右腿

07 选择【滤镜】→【液化】命令，重复步骤 04 的操作，调整右腿的形体，如图 6.4.7 所示。

08 回到背景层拷贝图层，用【钢笔工具】 把右腿勾画出来反转选区，并填充为背景色。

09 使用【液化】命令调整左腿，如图 6.4.8 所示。

图 6.4.7 调整右腿的效果　　　　　　　　图 6.4.8 调整左腿的效果

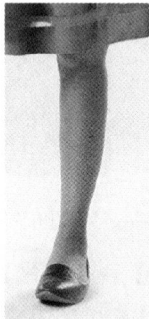

10 在【液化】操作窗口中，再次选择【冻结蒙版工具】在模特的五官区域进行涂抹，如图 6.4.9 所示，以防止五官在调整过程中变形。

11 重复步骤 04 调整模特的脸型和脖子，选择该操作窗口左侧面板中的【向前变形工具】，调整画笔大小和画笔压力，放大素材图片，利用【向前变形工具】调整人物脸型，达到瘦脸的效果，如图 6.4.10 所示。

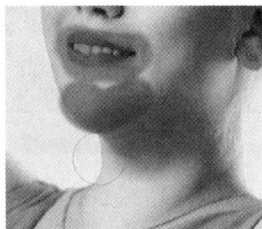

图 6.4.9 调整脸型　　　　　　　　图 6.4.10 瘦脸效果

12 选择操作窗口左侧面板中的【面部工具】 ，将鼠标放至五官位置，如图 6.4.11 所示，调整人物五官，使比例更协调，调整后的效果如图 6.4.12 所示，单击【确定】按钮回到画板。

图 6.4.11 使用【面部工具】调整眼睛　　　　　　　　图 6.4.12 调整五官后的效果

13 使用【污点修复画笔工具】 ![icon] 和【仿制图章工具】 ![icon] ，选择适当的画笔大小，修复面部、胳膊、脖子的褶痕，为保持画面的光影，修复时注意涂抹方向要依照光影的走向，效果如图 6.4.13 所示。最终效果如图 6.4.1 所示。

图 6.4.13　皮肤褶痕修复效果

项 目 小 结

本项目通过 4 个任务的实际操作，详细介绍了污点修复画笔工具、修复画笔工具、仿制图章工具、快速蒙版工具、高斯模糊工具，以及液化滤镜工具的使用方法和技巧，让学生体会了各种工具的修复效果。

实 践 探 索

一、选择题

1. 使用【修复画笔工具】 ![icon] 时，（　　）按住 "Alt" 键来帮助定义修复图像的源点。

　　A. 要　　　　　　　　　　　　　　　　B. 不要

2. （　　）工具可以自动从所修复区域的周围取样，使用图像或图案中的样本像素进行绘画，将样本像素的纹理、光照、透明度和阴影与所修复的像素进行匹配。

　　A.【减淡工具】 ![icon]　　　　　　　　　B.【修复画笔工具】 ![icon]

　　C.【修补工具】 ![icon]　　　　　　　　　D.【海绵工具】 ![icon]

二、操作题

1. 打开素材文件"磨皮作业素材.jpg"，祛除模特脸上的色斑，如图 6.s.1 所示（提示：使用【修复画笔工具】 ![icon] 和【高斯模糊】等对图片上的斑点进行修复磨皮处理）。

2. 打开素材文件"旧画像.jpg"，修复这张损坏的老照片，如图 6.s.2 所示（提示：使用【修复画笔工具】 和【仿制图章工具】 对照片上的斑点与折痕进行修复处理）。

图 6.s.1 磨皮作业素材　　　　　　　图 6.s.2 旧画像素材

项目 7

矢量图的绘制和编辑

项目导读

    Photoshop 是一款位图编辑软件，其中也包含矢量工具，以辅助位图图像的绘制和编辑。在 Photoshop 2021 的工具栏中贴心设计了一块用于满足绘制和编辑各种矢量图形需求的区域，这块区域的工具包括钢笔工具、路径选择工具、形状工具和文字工具。

知识目标

1）了解路径的概念及其主要形态。

2）掌握 7 种矢量绘图工具的功能。

3）熟悉文字工具的种类和属性。

4）掌握文字转换路径的方法。

能力目标

1）熟练掌握路径工具创建及编辑路径的方法。

2）掌握为路径上色的方法。

3）掌握矢量绘图工具的使用方法。

4）熟练掌握文字的四种输入方法。

素养目标

1）培养学生精益求精、严谨求知的学习态度。

2）弘扬中华优秀传统文化，厚植爱国情怀。

任务 7.1　路径初识——制作舞动的光线

钢笔工具是 Photoshop 2021 中功能最强大的绘制矢量图的工具，结合路径选择工具的新功能，用户可以更加灵活地绘制矢量图像，并能更好地编辑位图图像。

任务目的

本任务通过为舞者绘制一条舞动的光线，并对其中的线条进行效果编辑，来增加画面的美感，进而使学生掌握【钢笔工具】 的使用方法。本任务的最终效果如图 7.1.1 所示。

图 7.1.1　舞动的光线效果图

扫码学习

制作舞动的光线

相关知识

1. 路径的概念

路径由直线段或曲线段、锚点、方向柄等元素组成，如图 7.1.2 所示，移动变化这些元素可以改变路径的形态。路径可以是开放的（如波浪线），也可以是闭合的（如圆）。

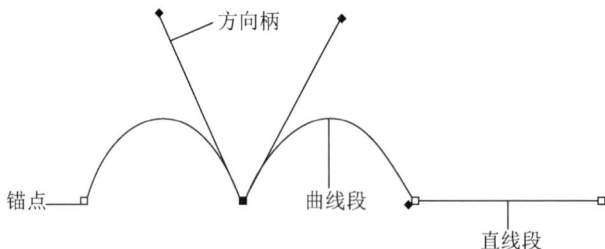

图 7.1.2　路径的组成

1）锚点：使用【钢笔工具】 绘制出的空心点。

2）线段：每两个锚点之间形成的线段。

3）方向柄：用来控制路径的形态，如图 7.1.2 中延伸出的两条线段。

2. 路径的形态

路径的形态主要有转角和平滑角两种，使用【转换点工具】 可以调节路径的形态，使路径在转角和平滑角之间转换，如图 7.1.3 所示。

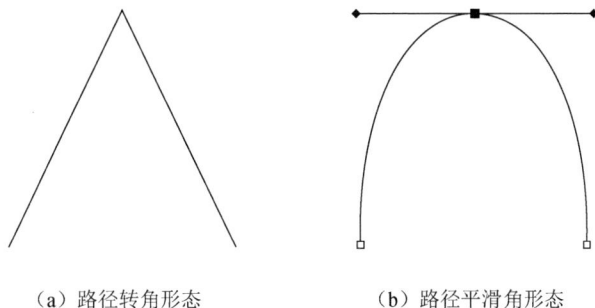

（a）路径转角形态　　　　　（b）路径平滑角形态

图 7.1.3　路径的形态

3. 路径工具

（1）钢笔工具

使用【钢笔工具】 可以创建点、直线和曲线，绘制的锚点越少，绘出的曲线就越平滑。Photoshop 2021 的【钢笔工具】 属性栏如图 7.1.4 所示。

图 7.1.4　【钢笔工具】 属性栏

1）路径 ：创建形状、路径、像素图层。

① 选择【形状】选项，不仅可以绘制路径，还可创建形状图层，如图 7.1.5 所示。形状颜色可通过属性栏填充，也可双击【图层】面板中的形状缩略图替换颜色，如图 7.1.6 所示。

图 7.1.5　选择【形状】选项

② 选择【路径】选项，绘制路径，只产生工作路径而不产生图层，通过路径可分别建立选区、蒙版、形状，如图 7.1.7 所示。

③ 【像素】选项在选择形状工具后才可用，不会产生工作路径和形状图层，而是在当前的图层中绘制一个由前景色填充的形状。

2）自动添加/删除：勾选该复选框，使用【钢笔工具】 可在线段处单击自动添加锚点，在已绘制好锚点处单击删除锚点。可省去选择【添加锚点工具】 及【删除锚点工具】 的步骤。

3）路径运算方式：分别为合并形状、减去顶层形状、与形状区域相交、排除重叠形状和合并形状组件，如图 7.1.8 所示。

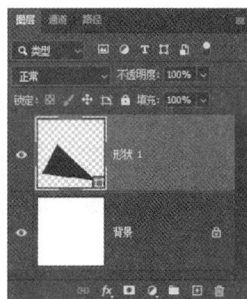

图 7.1.6　【图层】面板

141

图 7.1.7 选择【路径】选项

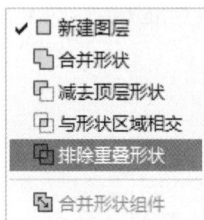

图 7.1.8 路径运算方式

（2）自由钢笔工具

使用【自由钢笔工具】 可以像画笔一般自由勾画出一条不规则的路径，可以是开放的，也可以是封闭的。

（3）添加锚点工具

使用【添加锚点工具】 在已绘制好的路径线段上单击可以添加锚点。

（4）删除锚点工具

使用【删除锚点工具】 并单击已经绘制好的锚点，可删除锚点。

（5）转换点工具

使用【转换点工具】 可以调节路径的形态，决定路径拐角处是尖角还是平滑角。

（6）路径选择工具

使用【路径选择工具】 可移动完整的路径。

（7）直接选择工具

使用【直接选择工具】 可针对局部路径的点和段进行修改，框选路径上的锚点，选取后可移动，也可移动方向柄，调整路径曲线的弧度。

小 贴 士

Photoshop 2021 选择工具的后端出现了一个【约束路径拖动】复选框，不勾选时，绘制几条曲线路径，在用【直接选择工具】 对某两个锚点间的线段进行修改时，相邻的线段会变化，修改起来很灵活。若勾选，修改时只能修改两个锚点之间的段，如图 7.1.9 所示。

图 7.1.9 【直接选择工具】 属性栏

4.【路径】面板

Photoshop 专门提供了一个编辑路径的控制面板。选择【窗口】→【路径】命令可以打开该面板，如图 7.1.10 所示。

【路径】面板底部的按钮对应面板右上方的小三角按钮，单击小三角按钮可以弹出【路径】面板下拉菜单，选择其中的命令便可进行相应的面板功能操作。

【路径】面板的功能按钮简单介绍如下。

图 7.1.10 【路径】面板

1)【用前景色填充路径】◉：单击该按钮，可以使用前景色填充路径。

2)【用画笔描边路径】◯：单击该按钮，可以使用画笔对路径进行描边。

3)【将路径作为选区载入】⦂：单击该按钮，可以将当前路径转换为选区。

4)【从选区生成工作路径】◇：单击该按钮，可以从选区建立工作路径。

5)【添加蒙版】▣：单击该按钮，可以添加蒙版。

6)【创建新路径】⊞：单击该按钮，可以新建工作路径。

7)【删除当前路径】🗑：单击该按钮，可以删除当前路径。

任务分析

　　首先需要新建一个文件，然后使用【钢笔工具】◈绘制缠绕着舞者的光线，单击【描边路径】按钮描边上色，最后给图层添加【外发光】图层样式。

任务实施

　　01 打开素材"舞者.png"，新建一个图层。

　　02 使用【钢笔工具】◈结合【转换点工具】◣绘制缠绕舞者的线条，效果如图 7.1.11 所示。

　　03 在【钢笔工具】◈属性栏中，设置画笔大小为 2 像素、颜色为白色。打开【路径】面板，单击【用画笔描边路径】按钮，效果如图 7.1.12 所示。

　　04 新增图层蒙版，用画笔在蒙版上遮去多余的线条，效果如图 7.1.13 所示。

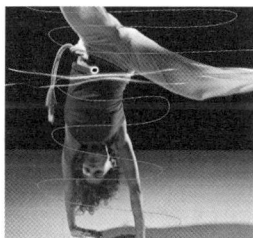

　图 7.1.11　绘制缠绕舞者的线条　　　图 7.1.12　用画笔描边路径效果　　　图 7.1.13　蒙版擦除

　　05 添加【外发光】图层样式，参数设置如图 7.1.14 所示，至此舞动的光线制作完成，最终效果如图 7.1.1 所示。

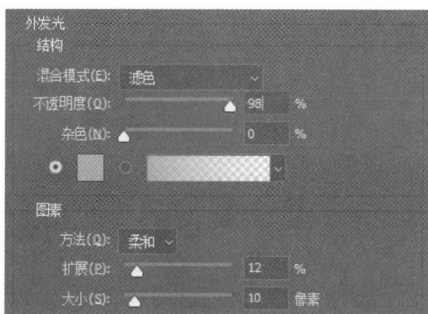

图 7.1.14　【外发光】图层样式参数设置

任务 7.2　路径填充——为布老虎上色

由于用钢笔工具绘制布老虎对初学者来说有一定难度，所以素材中已经大致绘制好布老虎各部位的路径，让初学者有个初步概念，为以后的路径学习奠定基础。

■ 任务目的

本任务通过为布老虎的卡通形象上色，使学生掌握【路径】面板中【用前景色填充路径】按钮的使用方法，结合【用画笔描边路径】按钮，进一步加深对路径的认识。本任务的最终效果如图 7.2.1 所示。

图 7.2.1　布老虎上色后的效果

扫码学习

为布老虎上色

任务分析

在本任务的制作中，素材中已经绘制好了布老虎的路径，首先需对这些路径层进行分析，填充颜色时要注意上色顺序，新建图层时要注意图层摆放的前后顺序，然后单击【用前景色填充路径】按钮为布老虎的不同部位填充颜色；最后使用【加深工具】 对其进行修改，制作出立体感。

任务实施

01 打开素材"布老虎路径.psd"，单击【路径】面板，观察分析。

02 分析图 7.2.1，布老虎的耳朵位于图层的最下方，因此首先应新建"耳朵"图层，同时激活"耳朵"路径，设置前景色为白色，单击【路径】面板中【用前景色填充路径】按钮；设置前景色为（R：201，G：177，B：107），并且设置画笔粗细为 6px，单击【用画笔描边路径】按钮进行描边。

03 同理选中"花朵"路径，新建"花朵"图层，设置前景色为（R：247，G：204，B：92），单击【路径】面板中【用前景色填充路径】按钮。利用同样的操作，找到花朵圆形路径，填充为白色，此外，设置前景色为（R：115，G：162，B：190），对花朵图层进行图层样式里的描边设置，画笔粗细为 9px，效果如图 7.2.2 所示。

图 7.2.2　描边

04 填充五官及身体纹理。按照步骤**03**的操作依次填充身体—眼皮—眼白—眼珠—鼻子—胡须—眉毛—王—纹理—腿，填充的颜色依次为身体（R：202，G：56，B：56）、眼白（R：255，G：255，B：255）、眼皮（R：115，G：162，B：190）、眼珠（R：23，G：21，B：24）、鼻子（R：247，G：204，B：92）、胡须（R：255，G：255，B：255）、眉毛（R：201，G：177，B：204）、王（R：23，G：21，B：24）、纹理黄（R：247，G：204，B：92）、纹理蓝（R：115，G：162，B：190）、腿下（R：202，G：56，B：56）、腿上（R：255，G：255，B：255）。所有轮廓描边均为（R：201，G：177，B：107）。

05 使用工具箱中的【加深工具】 涂抹布老虎的身体，稍加修饰，做出阴影效果。最终效果如图 7.2.1 所示。

任务 7.3　矢量绘图工具的使用——制作播放按钮

■ 任务目的

本任务通过制作播放按钮的图片，使学生掌握矢量绘图工具的使用方法和技巧。本任务的最终效果如图 7.3.1 所示。

图 7.3.1　播放按钮效果图

扫码学习

制作播放按钮

▌相关知识

1. 矢量绘图工具组

1）【矩形工具】▭：可以绘制矩形路径或矢量图形。

2）【圆角矩形工具】▢：可以绘制圆角矩形路径或矢量图形。

3）【椭圆工具】◯：可以绘制椭圆路径或矢量图形。

4）【三角形工具】△：可以绘制三角形路径或矢量图形。

5）【多边形工具】⬡：可以绘制多边形路径或矢量图形。

6）【直线工具】╱：可以绘制直线路径或矢量图形。

7）【自定形状工具】✬：可以选择系统自带的自定义形状来绘制各种各样的路径或矢量图形，也可以自己定义形状。

2. 矢量绘图工具的使用

（1）矩形工具

【矩形工具】▭的属性栏如图 7.3.2 所示，与【钢笔工具】✎属性栏相似，分为【形状】【路径】【像素】3 种状态，与【钢笔工具】✎不同的是，【像素】在形状工具组中是激活的。单击❀按钮，弹出【矩形工具】▭选项组，如图 7.3.3 所示。

1）不受约束：选中此单选按钮，绘制的方形长宽比不受限制。

2）方形：绘制不同大小的正方形。

3）固定大小：固定方形的宽和高。

4）从中心：以鼠标为中心绘制矩形。

图 7.3.2　【矩形工具】▭属性栏

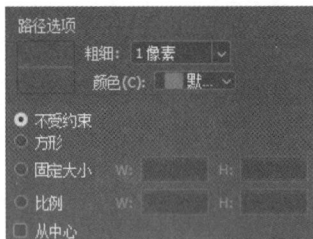

图 7.3.3　【矩形工具】▭选项组

（2）圆角矩形工具

【圆角矩形工具】▢的属性栏如图 7.3.4 所示。

图 7.3.4　【圆角矩形工具】▢属性栏

【圆角矩形工具】 ◻ 的属性栏设置与【矩形工具】 ◻ 属性栏基本相同，不同之处在于多了【半径】选项，这也是圆角矩形的特点，半径的大小决定圆角矩形四角的圆滑程度，不同的半径决定不同的圆滑程度，效果也不同，如图 7.3.5 所示。

（a）半径为 0 像素　　　　　（b）半径为 20 像素　　　　　（c）半径为 50 像素

图 7.3.5　不同半径决定四角圆滑程度

（3）椭圆工具

【椭圆工具】 ◯ 的属性栏与【矩形工具】 ◻ 的属性栏类似。

（4）三角形工具

【三角形工具】 △ 的属性栏如图 7.3.6 所示。通过设置不同的圆角半径，可以画出带圆角的三角形，如图 7.3.7 效果。

图 7.3.6　【三角形工具】 △ 属性栏

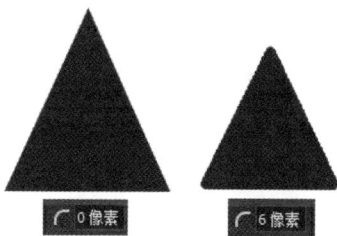

图 7.3.7　【三角形工具】 △ 圆角半径效果

（5）多边形工具

【多边形工具】 ◯ 的属性栏如图 7.3.8 所示，多边形工具可以产生正多边形区域，如等边三角形和五角星等，单击 ⚙ 按钮，弹出【多边形选项】选项组，如图 7.3.9 所示。

图 7.3.8　【多边形工具】 ⬡ 属性栏

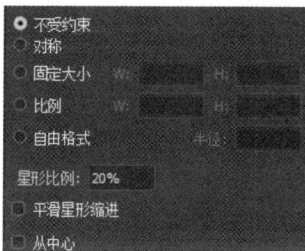

图 7.3.9　【多边形选项】选项组

【多边形工具】⬡的属性栏设置与【矩形工具】▭的属性栏基本相同，需要绘制星形可以在星形比例中设置，设置不同的星形比例效果如图 7.3.10 所示。同时可勾选【平滑星形缩进】和【从中心】复选框。

（6）直线工具

使用【直线工具】╱可以绘制出直线和箭头的形状和路径。单击 ⚙ 按钮，弹出【直线工具】╱选项组，如图 7.3.11 所示。

图 7.3.10　星形比例效果　　　　　　图 7.3.11　【直线工具】╱选项组

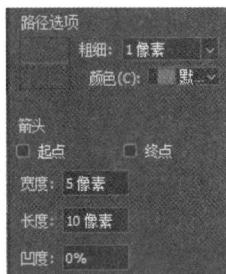

（7）自定形状工具

【自定形状工具】🎇的属性栏如图 7.3.12 所示。

图 7.3.12　【自定形状工具】🎇属性栏

若添加自己创作的形状，可使用【钢笔工具】✒绘制出相应的形状，然后选择【编辑】→【定义自定形状】命令。

任务分析

本任务在制作过程中，主要运用【直线工具】╱绘制虚线，【三角形工具】△绘制三角形，运用【自定形状工具】🎇绘制印花效果。

任务实施

01 新建一个图像文件，设置宽度为 12 厘米，高度为 12 厘米，分辨率为 72 像素/英寸，【背景内容】为透明。新建图层后将背景填充为黑色。

02 新建一个图层，使用【椭圆选框工具】○将鼠标指针移至画布正中，按住"Shift+Alt"组合键，同时按住鼠标左键，由中心向外拉出一个正圆，选择【渐变工具】▦，渐变条前后色标颜色分别设置为（R：106，G：97，B：106）和（R：18，G：18，B：18），渐变模式选择径向渐变，如图 7.3.13 所示。将鼠标移动至正圆内，按住鼠标左键，由上往下拉出渐变。选择【加深工具】◉与【减淡工具】🔍，绘制出明暗关系，如图 7.3.14 所示。

图 7.3.13　渐变条设置

03 先新建一个图层，使用【椭圆选框工具】 ⬭ 绘制一个新的椭圆，填充白色。然后为该图层添加蒙版，设置黑白渐变，在蒙版上拉出渐变。最后复制该图层，并添加一个叠加高光效果，使其更具立体感，效果如图 7.3.15 所示。

04 新建一个图层，使用【自定形状工具】 ▧ ，选择【形状】状态，单击 ⚙ 按钮导入形状，在素材中导入"常用形状"，选择 ▨ 形状，设置【填充】为无，【描边】为蓝色，大小为 2 像素，效果如图 7.3.16 所示。将鼠标指针移至圆中心，拖动鼠标后绘制形状路径。按"Ctrl+T"组合键自由变换结合 ▨ 变形模式，调整形状，使花纹更贴合球体，再使用【橡皮擦工具】 ▨ ，修改为柔和边缘，并将多余的边缘擦去，最后将图层混合模式设置为【划分】，效果如图 7.3.17 所示。

05 新建一个图层，使用【三角形工具】 △ 绘制三角形，按"Ctrl+T"组合键变换方向，为其设置图层阴影样式，效果如图 7.3.18 所示。

图 7.3.14　渐变设置效果　　　　　　　图 7.3.15　叠加高光效果

图 7.3.16　印花部分数据

图 7.3.17　印花部分设置　　　　　　　图 7.3.18　箭头部分绘制

06 使用【直线工具】 ◢ ，按住"Shift"键绘制出 4 条虚线。在【直线工具】 ◢ 属性栏中，设置颜色为（R：0，G：183，B：238），其余设置如图 7.3.19 所示，最终效果如图 7.3.1 所示。

图 7.3.19　绘制虚线

任务 7.4　文字的输入与编辑——制作社团 Logo

▌任务目的

本任务通过用钢笔工具及文字工具来绘制社团 Logo，使学生掌握【路径】的绘制及路径的调整方法，并结合文字工具制作 Logo 的方法，对路径具有更深入的认识。本任务的最终效果如图 7.4.1 所示。

图 7.4.1　LOGO 效果图

扫码学习

制作 Logo

▌相关知识

1. 文字工具

1）【横排文字工具】 T：沿水平方向输入文字，如需输入多行文本，需按 "Enter" 键换行。

2）【直排文字工具】 T：沿竖直方向输入文字。

3）【横排文字蒙版工具】 T：创建沿水平方向的文字选区，使用文字蒙版工具，画面中会呈现红色蒙版模式，输入完成后，单击 T 按钮，原文字蒙版将转化为文字选区。

4）【直排文字蒙版工具】 T：创建沿垂直方向的文字选区。

2. 文字工具的属性

单击工具箱中的【横排文字工具】 T 按钮，即可输入文字，输入文字后，可以在【横排文字工具】 T 属性栏（图 7.4.2）中设置文字的字体样式、大小、颜色等属性。

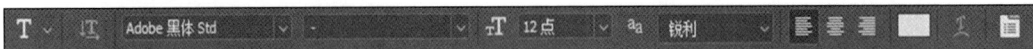

图 7.4.2　【横排文字工具】 T 属性栏

1） （改变文本方向）：单击该按钮，可在水平和垂直之间切换文字方向。

2） Adobe 黑体 Std （设置字体及其样式）：左边方框为字体，右边方框为字体样式，单击下三角按钮可以从下拉列表框中选择不同的字体及样式，如图 7.4.3 所示。

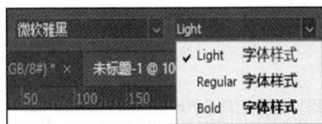

图 7.4.3　字体样式

3） 12点 （设置字体大小）：通过单击倒三角按钮可以设置字体大小，单位为"点"，默认字体大小只有 76 点，若设置更大号字体，可以直接输入数字，按 "Enter" 键即可。

4）：可以根据需要选择消除锯齿的方式，分别为无、锐利、犀利、浑厚、平滑 5 个选项。

5）：文本对齐方式分别为左对齐、居中对齐和右对齐。

6）□（设置字体颜色)：单击该按钮可以设置字体颜色。

7）![变形]（创建文字变形)：单击该按钮会弹出【变形文字】对话框，如图 7.4.4 所示，可以根据需要从中选择变形的样式，设置弯曲、水平扭曲、垂直扭曲参数。

8）![面板]（切换字符和段落面板)：单击该按钮可以显示或隐藏【字符】面板和【段落】面板，这两个面板如图 7.4.5 和图 7.4.6 所示。

图 7.4.4　【变形文字】对话框　　图 7.4.5　【字符】面板　图 7.4.6　【段落】面板

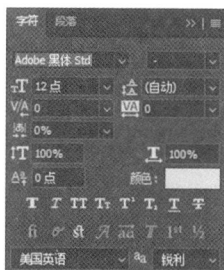

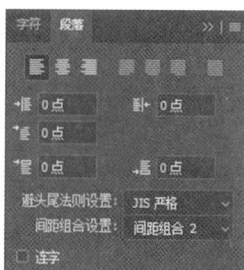

3. 文字的输入

（1）点文字输入

使用工具箱中的【横排文字工具】![T]，输入一个水平和垂直的文字行，文本长度随着文本的增加而变长，不能自动换行，按"Enter"键换行。

（2）段落文字输入

使用【横排文字工具】![T]，按住鼠标左键拖动出文本框。在文本框中输入文字，当输入的文字到文本框的右侧边时，系统会自动换行；当输入文字过多无法显示时，可通过调整文字区域和文字大小等方式解决。

小 贴 士

单击【横排文字工具】![T]属性栏中的【切换字符和段落面板】![面板]按钮，在弹出的【段落】面板中可以设置段落文字的编排格式。

（3）沿路径输入文字

结合文字工具与路径工具，可以使文字沿闭合路径或者开放路径排列。首先使用【钢笔工具】![笔]绘制一个曲线路径，如图 7.4.7 所示。然后使用【路径选择工具】![箭头]选择整条路径，使用【横排文字工具】![T]设置字体大小。最后移动鼠标指针到路径上的任意位置单击，即可输入沿路径排列的文字，如图 7.4.8 所示。

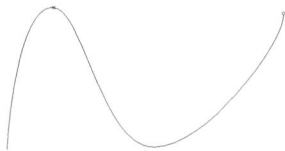

图 7.4.7　绘制曲线路径

图 7.4.8　输入沿路径排列的文字

（4）在封闭路径区域中输入文字

先利用【钢笔工具】绘制不规则的形状，将文字集中排列在形状中，然后把鼠标指针放置在整个路径区域中单击，可以在不规则的封闭路径区域输入文字，如图 7.4.9 所示。单击【字符和段落调板】按钮，在弹出的【字符】面板中可调整文字间距，如图 7.4.10 所示，从而达到需要的填充文字的效果。

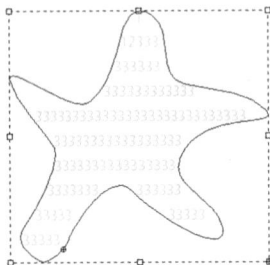

图 7.4.9　在封闭路径区域中输入文字

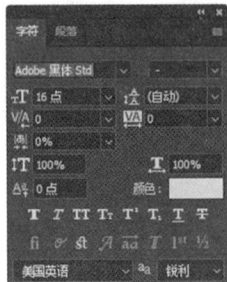

图 7.4.10　调整文字间距

> **小　贴　士**
>
> 如何沿开放路径内侧排列文字？
>
> 使用【路径选择工具】将鼠标指针移动至已排列好的文字的路径上，当指针变为形状时，按住鼠标左键不放并向路径内侧拖动，文字便会向内侧转动，效果如图 7.4.11 所示。
>
>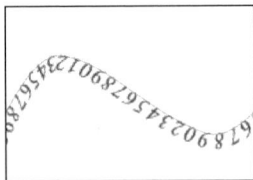
>
> 图 7.4.11　沿开放路径内侧排列文字

4. 文字的转换

（1）将文字转换为路径

选择【文字】→【创建工作路径】命令，如图 7.4.12 所示，此时【路径】面板中新添文字路径，文字属性保留，如图 7.4.13 所示。

（2）将文字转换为形状

选择【文字】→【转换为形状】命令，文字图层被含有矢量蒙版的图层所替换，【路径】面板多了文字路径，结合【直接选择工具】▶和【路径选择工具】▶，对文字进行造型变化，效果如图 7.4.14 所示。此时，文字图层失去了文字的一般属性，无法进行文本的字体样式、大小、颜色等编辑。

图 7.4.12　【文字】菜单　　　图 7.4.13　新添文字路径　　　图 7.4.14　将文字转换为形状

任务分析

在本任务的制作中，用钢笔工具绘制 Logo 的图形部分，"A.S."部分需要将文字转换为形状后对其进行设计，再输入文字与图形进行合适的排列。

任务实施

01　按"Ctrl+N"组合键新建文件，设置大小为 2000 像素×1300 像素，分辨率为 72 像素/英寸，背景颜色为灰色（#ebebeb）。

02　选择【钢笔工具】✐绘制如图 7.4.15 红色部分的图形，填充红色（#ca3838）。复制"形状 1"图层，并在该图层上绘制一个圆形，使用路径选择工具选中圆形。单击【路径操作】按钮，选择"减去顶层形状"，将"形状 1 拷贝"中的形状填充黄色（#fdda4a）。再用钢笔工具绘制顶部的图形，为其填充黑色（#000000），如图 7.4.15 所示。

图 7.4.15　绘制图形路径

03　使用【文字工具】T输入文字"A.S."，字体选择"方正粗黑宋简体"，选择文字图层后右击，在弹出的快捷菜单中选择【转换为形状】命令，可以结合"钢笔工具组""直接选择工具"对转换后的文字进行形状调整，如图 7.4.16 和图 7.4.17 所示。

图 7.4.16　添加"A.S."　　　　　　　　　图 7.4.17　文字设计

04　绘制文字阴影及修改 A 的横笔，用钢笔工具绘制 A 的横笔，再沿文字边缘绘制阴影（注意在属性栏上去掉填充，只保留描边），如图 7.4.18 和图 7.4.19 所示。

图 7.4.18　绘制 A 的横笔　　　　　　　　图 7.4.19　绘制阴影

05　添加文字"动漫工作室"及英文"Animation Design Studio"，英文颜色为红色（#ca3838），设置好大小及位置。可将背景设置成喜欢的颜色，最终效果如图 7.4.1 所示。

项 目 小 结

本项目通过 4 个任务的实际操作，详细介绍了路径相关知识，加强了对钢笔工具使用的练习，有助于学生熟练掌握路径的相关应用。

实 践 探 索

一、选择题

1. 在 Photoshop 中要暂时隐藏路径在图像中的形状，可执行的操作为（　　）。
   A. 在【路径】面板中单击当前路径栏左侧的眼睛图标
   B. 在【路径】面板中按"Ctrl"键并单击当前路径栏
   C. 在【路径】面板中按"Alt"键并单击当前路径栏
   D. 单击【路径】面板中的空白区域

2. 在绘制图形时，选择形状图层将绘制（　　）。
   A. 矢量图　　　　　　B. 位图　　　　　　C. 路径　　　　　　D. 选区

3. 当使用形状工具在图像中绘制图形时，就会在【图层】面板中自动产生一个（　　）。
   A. 文本图层　　　B. 背景图层　　　C. 普通图层　　　D. 形状图层

4．在路径曲线线段上，方向线和方向点的位置决定了曲线段的（　　　）。

    A．用度　　　　　　　B．形状　　　　　　　C．方向　　　　　　　D．像素

5．可以对位图进行矢量图形处理的是（　　　）。

    A．路径　　　　　　　B．选区　　　　　　　C．通道　　　　　　　D．图层

6．下列关于路径的描述错误的是（　　　）。

    A．路径可以用【画笔工具】🖌️进行描边

    B．对路径进行填充颜色的时候，路径不可以创建镂空的效果

    C．路径不可以闭合

    D．路径可以随时转化为浮动选区

7．路径和选区可以相互切换。在【路径】状态下，按"（　　　）"组合键可以快速将工作路径转换为选区。

    A．Shift+Enter　　　　　　　　　　　　B．Ctrl+Enter

    C．Ctrl+B　　　　　　　　　　　　　　D．Ctrl+D

8．以下不属于【路径】面板中的按钮的有（　　　）。

    A．【用前景色填充路径】按钮　　　　　B．【用画笔描边路径】按钮

    C．【从选区生成工作路径】按钮　　　　D．【复制当前路径】按钮

二、操作题

打开素材中的"兔子.jpg"图像，如图 7.s.1 所示，结合在本项目中学习到的路径描边及填充的知识，模仿绘制兔子图片。

图 7.s.1　兔子.jpg

三、思考题

简述使用【直接选择工具】▶可以实现的功能。

项目 8

通道的使用

项目导读

Photoshop 界一直流行着这样一句话：通道是核心，蒙版是灵魂。这足以证明通道和蒙版在 Photoshop 中有着极其重要的地位。

知识目标

1）理解通道的原理。

2）了解通道的分类。

3）熟悉【通道】面板。

能力目标

1）掌握利用【通道】面板中的颜色通道快速更改图像颜色的方法。

2）掌握利用通道的原理快速抠取特殊背景下透明区域图像的方法。

3）掌握利用通道抠取发丝的方法。

4）掌握利用通道修复人物雀斑的方法。

素养目标

1）培养学生勇于探索、精益求精、专注创新的职业精神。

2）培养学生的问题意识及思辨能力。

任务 8.1　通道颜色修改——风景图调色

通道是 Photoshop 中的重要概念之一，主要用于保存图像的颜色信息或选区。打开一幅图像时，Photoshop 会自动创建颜色通道，图像的颜色模式决定了所创建的颜色通道的数目，如 RGB 图像有红、绿、蓝 3 个颜色通道，而 CMYK 图像有青、洋红、黄、黑 4 个颜色通道。除了颜色信息通道外，Photoshop 的通道还包括专色通道和 Alpha 通道。

任务目的

本任务通过为风景图调色，使学生了解和熟悉通道，并尝试使用通道操作对图像进行处理，体会它产生的某种特殊效果。风景图调色前后对比效果如图 8.1.1 所示。

图 8.1.1　风景图调色前后对比效果

扫码学习

风景图调色

相关知识

1. 通道的原理

通道是基于色彩模式的基础衍生出的简化操作工具。一幅 RGB 三原色图有 3 个默认通道：红、绿、蓝，而一幅 CMYK 图像有 4 个默认通道：青、洋红、黄和黑。由此看出，每一个通道其实就是一幅图像中的某一种基本颜色的单独通道，如图 8.1.2 所示。也就是说，通道是利用图像的色彩值进行图像修改的，从某种意义上来讲，通道可以理解为是选择区域的映射。

2. 通道的分类

通道作为图像的组成部分，与图像色彩模式密不可分，图像色彩模式的不同决定了通道的数量和模式。在 Photoshop 中涉及的通道类型主要有以下几类。

（1）复合通道

复合通道不包含任何信息，实际上它只是同时预览并编辑所有颜色通道的一个快捷方式。它通常被用来在单独编辑完一个或多个颜色通道后使【通道】面板返回它的默认状态。

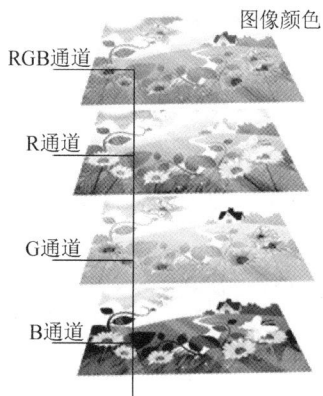

图 8.1.2　RGB 通道图解

（2）颜色通道

在 Photoshop 中编辑图像，实际上就是在编辑颜色通道。这些通道把图像分解成一个或多个色彩成分，图像的模式决定了颜色通道的数量，RGB 模式有 3 个颜色通道，CMYK 图像有 4 个颜色通道，灰度图只有 1 个颜色通道，它们包含了所有将被打印或显示的颜色。

（3）Alpha 通道

Alpha 通道与颜色通道的主要区别在于它不具有颜色存储功能，只用于存储选区和制作蒙版，可以将 Alpha 通道视为一幅灰度图像，从黑到白由 256 种灰度颜色构成。默认情况下，白色代表选区部分，黑色代表非选区部分。

（4）专色通道

专色通道是一种特殊的颜色通道，是指在印刷时使用的一种预制的油墨。使用专色通道的好处在于，可以替代或补充 CMYK 四色油墨无法合成的颜色效果，如金色与银色，此外还可以降低印刷成本。

（5）灰度通道

灰度色不包含色相，属于"中立"色，灰度在其中已经不是作为一种色彩模式存在，而是作为判断通道饱和度的标准。

（6）索引通道

索引通道只有一个通道，并且该通道是彩色的，无法在该通道上进行编辑。

（7）位图通道

位图通道平时是无法点击的，我们需要先切换为灰度通道，此时【位图】可以点击，切换为位图通道。

3.【通道】面板

通道的处理主要是通过【通道】面板来进行的，【通道】面板可用于创建和管理通道，并监视编辑效果。选择【窗口】→【通道】命令，可弹出【通道】面板。

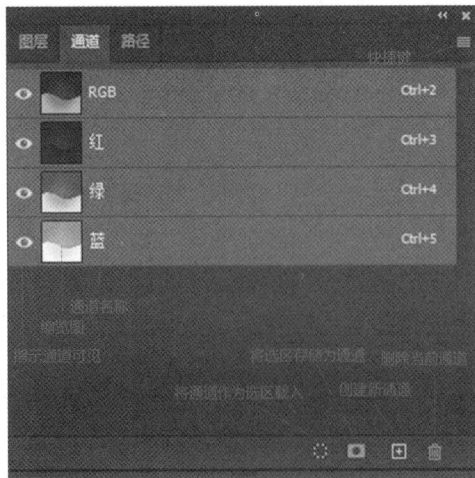

图 8.1.3　【通道】面板

通常，【通道】面板的堆叠顺序为最上方是复合通道（对于 RGB、CMYK 和 Lab 图像，复合通道为各个颜色通道叠加的效果），然后是颜色通道、专色通道，最后是 Alpha 通道。通道内容的缩览图显示在通道名称的左侧，在编辑通道时，它会自动更新。另外，每一个通道都有一个对应的快捷键，这使用户可以不打开【通道】面板即可选中通道。

单击面板右上角的面板菜单按钮，可以弹出【通道】面板下拉菜单，选择其中的命令便可进行相应的面板功能操作。图 8.1.3 所示为一幅 RGB 彩色图像的【通道】面板，该面板详细列出了当前图像中的所有通道及【通道】面板的功能。

【通道】面板的功能按钮如下。

1）（将通道作为选区载入）：单击该按钮，可将当前通道作为选区载入。

2）（将选区存储为通道）：单击该按钮，可将当前选区在【通道】面板中存储为一个 Alpha 通道。

3）（创建新通道）：单击该按钮，可建立一个新的 Alpha 通道。

4）（删除当前通道）：单击该按钮，可删除当前通道，但不能删除 RGB 复合通道。

4. 通过【曲线】面板调整通道颜色

1）以红色通道为例，选择【窗口】→【调整】→【曲线】命令，或按"Ctrl+M"组合键，打开【曲线】对话框，如图 8.1.4 所示。

2）将图片代表亮部的曲线上拉，可将图片调亮，如图 8.1.5 所示。

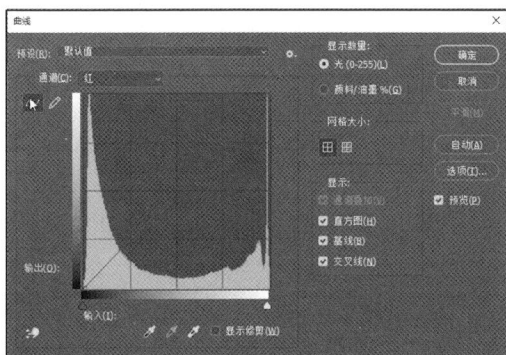

图 8.1.4　【曲线】对话框　　　　　　图 8.1.5　调整曲线

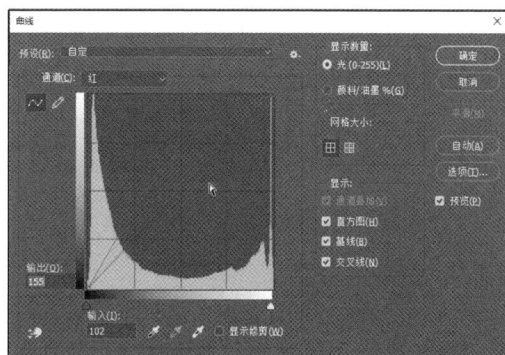

3）返回 RGB 通道，可以看到此时该图片明显变红，如图 8.1.6 所示。

图 8.1.6　房屋调色效果对比

任务分析

首先打开一个彩色图像文件，然后打开【通道】面板，对通道进行选取、分离、合并、删除等基本操作，并使用通道操作对图像进行处理。

任务实施

01 按 "Ctrl+O" 组合键，打开 "8.1.jpg" 文件。

02 打开【通道】面板，可以观察到 "红" "绿" "蓝" 3 个通道和 RGB 混合通道。

小 贴 士

1）单击【通道】面板右上角的面板菜单按钮▤，在弹出的下拉菜单中选择【分离通道】命令，此时图像 "1.jpg" 被分解成 3 张灰度级模式的图片。这一操作对于从一张色彩图像中获取好的灰度图片，是一个非常简便、有效的方法。因为可以进行选择，以提取质量最好的那个图层。

2）RGB 通道：又称主通道，图像只有在这个通道的状态下才能显示完全的色彩。通道显示内容与图像色彩模式有很大关系，如果当前图像是一幅 CMYK 色彩模式的图像，此时的通道显示会发生变化。

3）红色通道：用来存储图像中的红色色彩信息。

4）绿色通道：用来存储图像中的绿色色彩信息。

5）蓝色通道：用来存储图像中的蓝色色彩信息。

03 按住 "Ctrl" 键，单击 "绿" 通道的缩览图，此时发现通道已转换为选区，如图 8.1.7 所示，其所选区域为该灰度图片中灰色和白色的区域。按 "Ctrl+C" 组合键复制选区。

04 回到蓝色通道，在该选区上多次按 "Ctrl+V" 组合键粘贴，在绿色和蓝色通道图片较为接近时按 "Ctrl+D" 组合键取消，如图 8.1.8 所示。

图 8.1.7 "绿" 通道转换选区

图 8.1.8 "蓝" 通道上多次粘贴的效果

05 回到 RGB 通道，最终效果如图 8.1.1 所示。

任务 8.2 通道的应用——抠婚纱像

抠婚纱像，即从背景图里抠出白色半透明的婚纱，通常被认为是最能够全面体现和应用通道概念的案例。

■ 任务目的

本任务通过抠婚纱像的操作，使学生掌握利用通道完成抠取半透明图像的操作，最终效果如图 8.2.1 所示。

图 8.2.1　抠婚纱像的最终效果

扫码学习

抠婚纱像

■ 相关知识

一个通道层与一个图层之间最根本的区别在于：图层的各个像素点的属性是以红、绿、蓝三原色的数值来表示的，而通道层中的像素颜色是由一组原色的亮度值组成的。由此可见，每个通道只有一种颜色的不同亮度，是一种 256 级灰度图像。以"红"通道为例，黑色表示完全没有红色，白色表示有完整的红色，灰度的区域由灰度的深浅来决定红色的多少，如图 8.2.2 和图 8.2.3 所示。

（0，255，0）（128，255，0）（255，255，0）

图 8.2.2　图层及色值

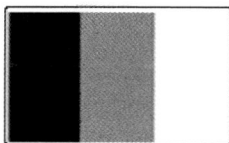

（0，255，0）（128，255，0）（255，255，0）

图 8.2.3　红色通道

┌ 任务分析 ┐

在通道中，纯黑色部分会完全隐藏图像，纯白色部分会完全显示图像，而灰色部分则是半透明的。分析素材中的"婚纱.jpg"照片，需要处理成半透明的地方只有白纱部分，在通道中处理成灰色。背景要完全隐藏，在通道中处理成黑色。人的身体部分要完全显示，在通道中处理成白色。

┌ 任务实施 ┐

01　按"Ctrl+O"组合键，打开"婚纱.jpg"图像文件。

02　打开【通道】面板，分别选择"红""绿""蓝"3 个通道，通过对比发现"绿"通道的图像质量较好，对比度也较强。

03 拖动"绿"通道到【通道】面板底部的【创建新通道】按钮▣上，复制出一个"绿拷贝"通道，如图 8.2.4 所示。

04 在"绿 拷贝"通道上，使用工具箱中的【磁性套索工具】将人物及婚纱部分选中，如图 8.2.5 所示。

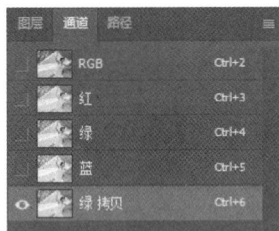

图 8.2.4　复制"绿 拷贝"通道　　　　图 8.2.5　创建选区

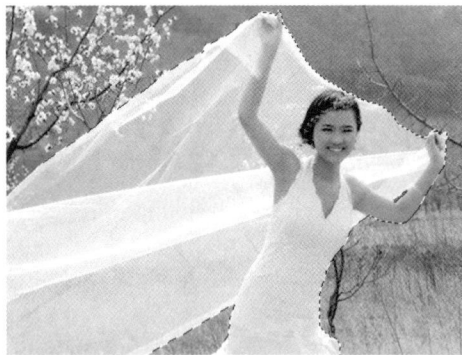

05 按"Shift+F6"组合键，弹出【羽化选区】对话框，设置【羽化半径】为 0.5 像素，如图 8.2.6 所示，单击【确定】按钮，应用羽化。

06 设置背景色为黑色，按"Shift+Ctrl+I"组合键将选区反选，按"Ctrl+Delete"组合键填充背景色，再按"Ctrl+D"组合键取消选区，效果如图 8.2.7 所示。

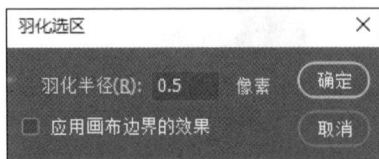

图 8.2.6　【羽化选区】对话框　　　　图 8.2.7　填充背景色

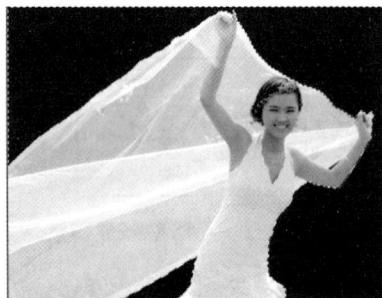

07 使用【磁性套索工具】套选出人物的身体部分，并在其属性栏中设置【羽化】为 1 像素，效果如图 8.2.8 所示。

08 设置前景色为白色，按"Alt+Delete"组合键填充前景色，按"Ctrl+D"组合键取消选区，效果如图 8.2.9 所示。

小　贴　士

此时观察"绿 拷贝"通道上的黑白图像，可以很明显地看出，不需要的背景已经被处理成了黑色，而完全保留的人物部分已经填充了白色。

162

图 8.2.8　选取人物身体

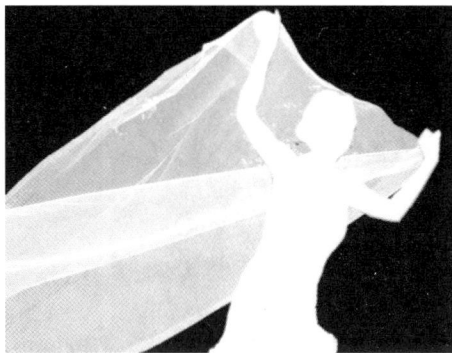

图 8.2.9　为人物身体填充白色

09 使用【修复画笔工具】 对婚纱上的白色斑点进行修复。

10 按 "Ctrl+L" 组合键，弹出【色阶】对话框，将中间的灰色滑块拖动到 0.45 的位置，参数设置如图 8.2.10 所示，单击【确定】按钮。

11 选择 RGB 复合通道，按住 "Ctrl" 键并选择 "绿 拷贝" 通道，将 "绿 拷贝" 通道中的白色和灰色部分载入各选区，如图 8.2.11 所示。

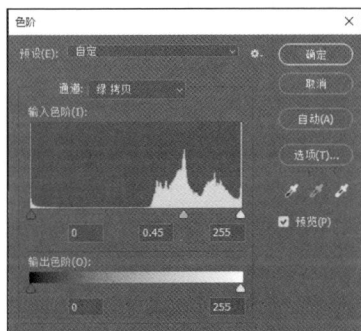

图 8.2.10　【色阶】对话框参数设置

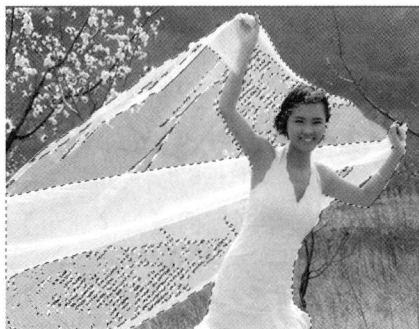

图 8.2.11　载入的选区

12 打开背景素材，使用工具箱中的【移动工具】 ，拖动 "新娘" 图片到 "背景" 文件中，并移动到适当位置。此时可以发现，新娘身后的白纱是半透明状的，最终效果如图 8.2.1 所示。

任务 8.3　通道的应用——抠取发丝

飘扬的发丝确实很美，但是要将它从背景中分离出来还是有些难度的。利用通道可以轻松地抠取发丝。

任务目的

本任务通过抠取发丝的过程，使学生进一步熟悉对通道进行编辑的方法。抠取发丝前后的效果对比如图 8.3.1 所示。

图 8.3.1 抠取发丝前后效果对比

抠取发丝

任务分析

本任务的素材图像比较复杂，采用常规的【铅笔工具】✐、【套索工具】◯或【魔棒工具】❖来抠取会比较烦琐和困难，故考虑采用通道技术抠图。

任务实施

01 按"Ctrl+O"组合键，打开"长发美女.jpg"图像文件。

02 打开【通道】面板，分别选择"红""绿""蓝" 3 个通道，通过对比发现"蓝"通道的图像质量较好，对比度也较强。

03 拖动"蓝"通道图像到【通道】面板底部的【创建新通道】按钮⊞上，复制出一个"蓝 拷贝"通道，如图 8.3.2 所示。

小 贴 士

此时可以发现，背景的颜色较亮，而前面的人物颜色较暗。因为头发是要被载入选区的，所以需要将头发处理成白色。

04 选择"蓝 拷贝"通道，在"蓝 拷贝"通道上按"Ctrl+ I"组合键将图像反相选择，这样暗的地方就变亮了，效果如图 8.3.3 所示。

05 选择【套索工具】◯，在其属性栏中将【羽化】设置为 20。按住鼠标左键并拖动，将黑白对比度接近的区域套选，如图 8.3.4 所示。

06 按"Ctrl+L"组合键弹出【色阶】对话框。先将中间的灰色滑块向左拖到一个适当位置，使不太明显的头发显示出来，然后向右拖动左边的黑色滑块到适当位置，使图像的黑白对比度增大，如图 8.3.5 所示，最后单击【确定】按钮确认。

图 8.3.2 复制"蓝"通道

图 8.3.3 反相"蓝 拷贝"通道图像

图 8.3.4 选取对比度接近区域

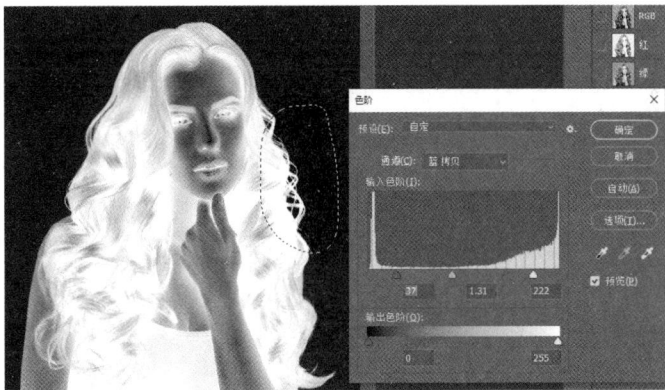

图 8.3.5 调整色阶

07 用同样的方法对其他地方进行调节，增大对比度。

08 使用选区工具将背景选出，填充黑色，再使用选区工具将需要完全显示的地方选出，填充白色，如图 8.3.6 所示。

小 贴 士

注意，步骤08也可以使用画笔进行涂抹。如果认为细节还不够完美，可以再次使用羽化选区、色阶调整的方法调节有问题的部分，也可以将图像放大，使用黑白画笔进行修改。

09 按住"Ctrl"键同时单击"蓝 拷贝"通道的缩览图，将处理好的白色区域载入选区，如图 8.3.7 所示。

10 选择"RGB"复合通道，再选择"背景"图层，并按住"Ctrl+J"组合键将图像复制到一个新的图层中，如图 8.3.8 所示。

11 选择"背景"图层，按"Alt+Delete"组合键将"背景"图层填充棕色（#e57c37），观察抠出后的头发，最终效果如图 8.3.1 所示。

图 8.3.6　填充颜色

图 8.3.7　载入选区

图 8.3.8　复制图层

任务 8.4　通道的应用——祛斑

祛斑的方法有很多，如利用印章工具或修复工具组，或者利用高低频，还可以利用通道来进行祛斑。

任务目的

本任务通过利用通道来祛斑的过程，使学生能更加深刻地理解通道的用途。祛斑前后的效果对比如图 8.4.1 所示。

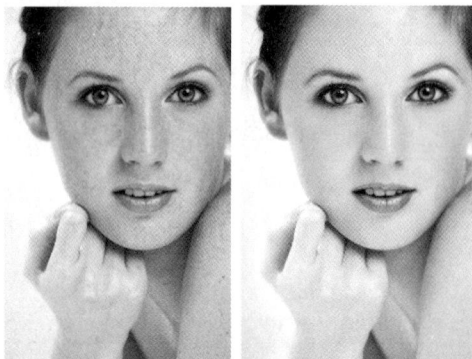
图 8.4.1　祛斑前后效果对比

扫码学习

祛斑

任务分析

本任务主要使用通道来修复照片中人物的雀斑问题。比较"红""绿""蓝"3 个通道哪一个通道雀斑问题较明显，就处理哪个通道。首先复制通道，处理黑斑，选择【影印】滤镜，【反相】处理，选择【阈值】命令，使用【画笔工具】 ✎ 再处理通道，将通道载入为选区，分别提亮"红""绿""蓝"3 个通道。然后复制通道，处理白斑，选择【高反差保留】滤镜，选择【阈值】命令，使用【画笔工具】 ✎ 再处理通道，将通道载入为选区，分别将"红""绿""蓝"3 个通道变暗。最后使用【高斯模糊】滤镜使皮肤变光滑。

任务实施

01 打开图像素材 "人物相片.jpg"。打开【图层】面板，复制 "背景" 图层。

02 处理人物脸部的雀斑。打开【通道】面板，分别选择 "红" "绿" "蓝" 3 个通道，如图 8.4.2 所示，通过对比发现 "蓝" 通道的图像质量最差，雀斑最多，因此处理 "蓝" 通道图像。

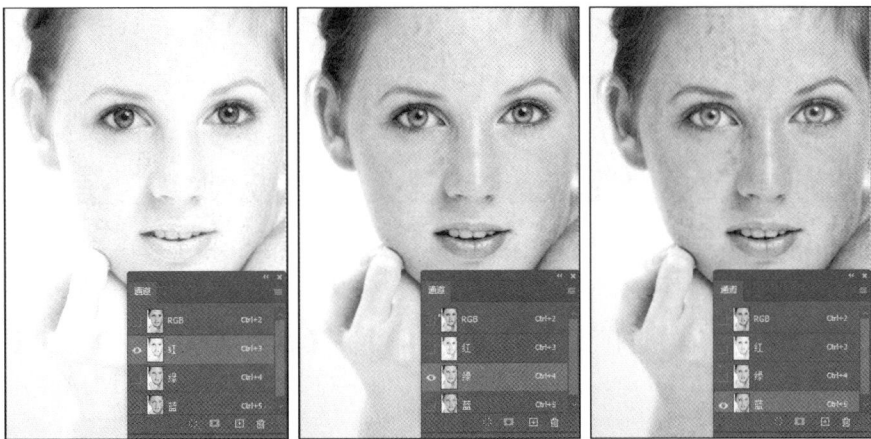

图 8.4.2　"红" "绿" "蓝" 通道效果

03 复制 "蓝" 通道，选择【滤镜】→【滤镜库】→【素描】→【影印】命令，弹出【影印】对话框，其参数设置如图 8.4.3 所示。

04 按 "Ctrl+I" 组合键把 "蓝 拷贝" 通道反相，效果如图 8.4.4 所示。

05 选择【图像】→【调整】→【阈值】命令，在弹出的【阈值】对话框中设置参数，如图 8.4.5 所示。

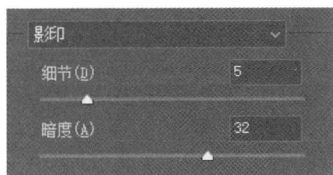

图 8.4.3　设置【影印】滤镜参数　　图 8.4.4　通道反相　　图 8.4.5　设置【阈值】对话框参数

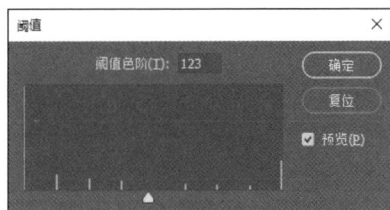

06 选择【画笔工具】，将前景色设置为黑色，将人物的五官及脸部轮廓部分涂黑，处理好的 "蓝 拷贝" 通道的效果如图 8.4.6 所示。

07 选择【滤镜】→【模糊】→【高斯模糊】命令，在弹出的【高斯模糊】对话框中设置半径为 2 像素。

08 载入【蓝 拷贝】通道的选区，按"Ctrl+H"组合键隐藏选区，选择"蓝"通道，选择【图像】→【调整】→【曲线】命令，在弹出的【曲线】对话框中设置参数，如图 8.4.7 所示，将选区内的图像调亮，"蓝"通道的效果如图 8.4.8 所示。

图 8.4.6　利用画笔
涂黑（一）

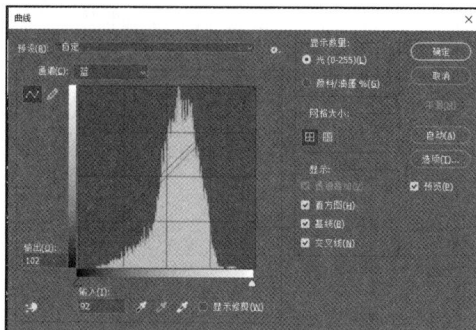

图 8.4.7　设置【曲线】对话框
参数（一）

图 8.4.8　调整曲线后的
效果（一）

09 选择"绿"通道，选择【图像】→【调整】→【曲线】命令，在弹出的【曲线】对话框中设置参数，如图 8.4.9 所示，将选区内的图像调亮，"绿"通道效果如图 8.4.10 所示。

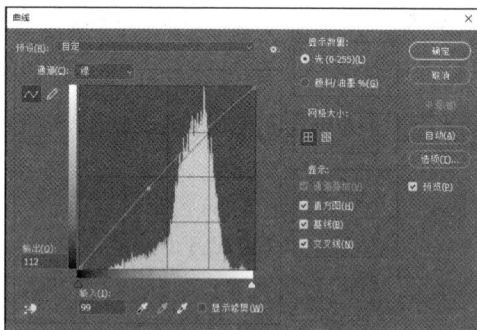

图 8.4.9　设置【曲线】对话框参数（二）

图 8.4.10　调整曲线后的效果（二）

10 选择"红"通道，选择【图像】→【调整】→【曲线】命令，在弹出的【曲线】对话框中设置参数，如图 8.4.11 所示，将选区内的图像调亮，"红"通道的效果如图 8.4.12 所示。

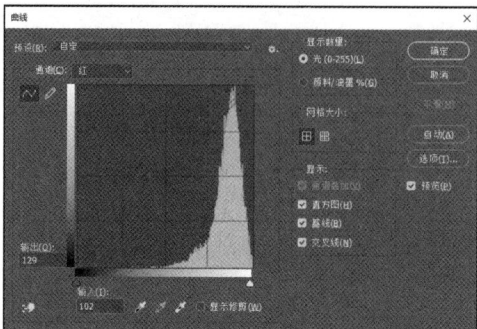

图 8.4.11　设置【曲线】对话框参数（三）

图 8.4.12　调整曲线后的效果（三）

11 取消选区。选择"RGB"通道，使用【修复画笔工具】 ![修复画笔工具图标] 修复部分较大的雀斑，效果如图 8.4.13 所示。

12 处理人物脸部的白斑。选择"蓝"通道，复制"蓝"通道生成"蓝 拷贝 2"通道，选择【滤镜】→【其他】→【高反差保留】命令，弹出【高反差保留】对话框，具体的参数设置如图 8.4.14 所示。

图 8.4.13　修复雀斑

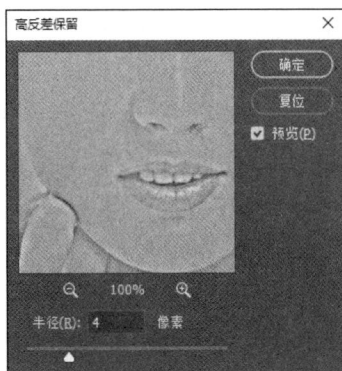

图 8.4.14　设置【高反差保留】对话框参数

13 选择【图像】→【调整】→【阈值】命令，弹出【阈值】对话框，其参数设置如图 8.4.15 所示。

14 选择【画笔工具】 ![画笔工具图标] ，将前景色设置为黑色，将人物的五官及脸部轮廓部分涂黑，处理好的"蓝 拷贝 2"通道的效果如图 8.4.16 所示。

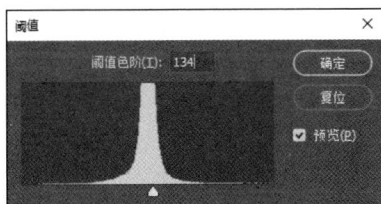

图 8.4.15　设置【阈值】对话框参数

图 8.4.16　利用画笔涂黑（二）

15 选择【滤镜】→【模糊】→【高斯模糊】命令，在弹出的【高斯模糊】对话框中，设置【半径】为 1 像素。

16 载入"蓝 拷贝 2"通道的选区，按"Ctrl+H"组合键隐藏选区，选择"蓝"通道，选择【图像】→【调整】→【曲线】命令，【曲线】对话框中的参数设置如图 8.4.17 所示，将选区内的图像调暗，"蓝"通道效果如图 8.4.18 所示。

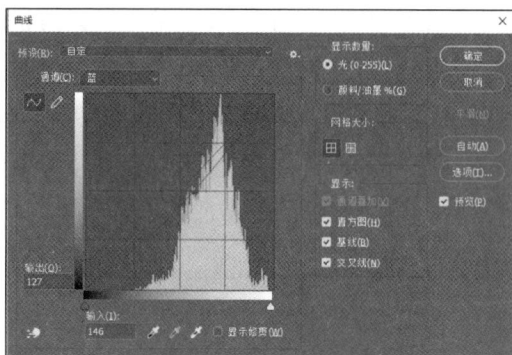

图 8.4.17　设置【曲线】对话框参数（四）

图 8.4.18　调整曲线后的效果（四）

17 选择"绿"通道，选择【图像】→【调整】→【曲线】命令，弹出【曲线】对话框，其中的参数设置如图 8.4.19 所示，将选区内的图像调暗，"绿"通道的效果如图 8.4.20所示。

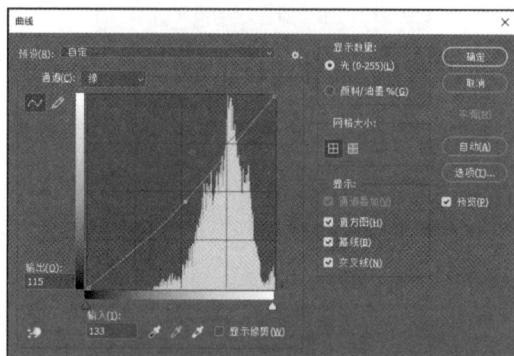

图 8.4.19　设置【曲线】对话框参数（五）

图 8.4.20　调整曲线后的效果（五）

18 选择"红"通道，选择【图像】→【调整】→【曲线】命令，弹出【曲线】对话框，其中的参数设置如图 8.4.21 所示，将选区内的图像调暗，"红"通道的效果如图 8.4.22所示。

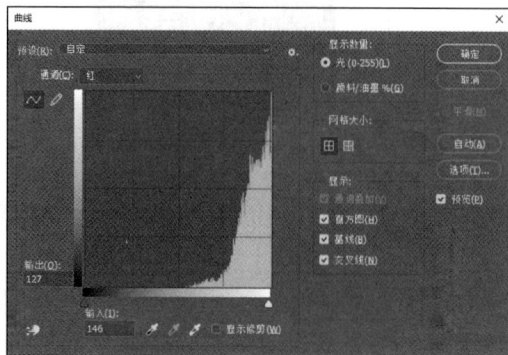

图 8.4.21　设置【曲线】对话框参数（六）

图 8.4.22　调整曲线后的效果（六）

19 取消选区。打开【图层】面板，复制"背景 拷贝"图层得到"背景 拷贝 2"图层，选择【滤镜】→【其他】→【高反差保留】命令，弹出的【高反差保留】对话框中的参数设置如图 8.4.23 所示。

20 设置"背景 拷贝 2"图层的图层混合模式为【叠加】，不透明度为 40%。

21 复制"背景 拷贝"图层，生成"背景 拷贝 3"图层，并将该图层位置移动至最上方，选择【滤镜】→【模糊】→【高斯模糊】命令，弹出【高斯模糊】对话框，其参数设置如图 8.4.24 所示。

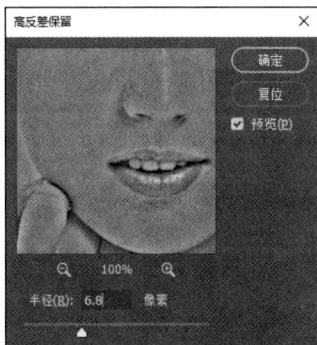

图 8.4.23　设置【高反差保留】对话框参数　　图 8.4.24　设置【高斯模糊】对话框参数

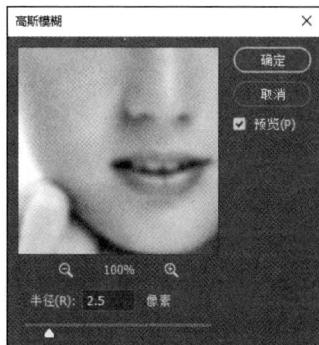

22 设置"背景 副本 3"图层的图层混合模式为【滤色】，不透明度为 50%。使用【橡皮擦工具】将除皮肤以外的部分擦除，最终效果如图 8.4.1 所示。

项 目 小 结

本项目通过 4 个任务的实际操作，介绍了通道的原理和特点，详细介绍了如何利用通道来快速更改图像颜色、抠取半透明婚纱和飘扬的发丝，以及修复脸部雀斑的图片。

实 践 探 索

一、选择题

1. 在印刷行业，（　　）是用来输出图像特殊效果的通道，它可以使用一种特殊的颜色来代替或补充其他的油墨颜色进行图像的输出。

　　A. 复合通道　　　B. Alpha 通道　　　C. 单色通道　　　D. 专色通道

2. Alpha 通道是新建的用于保存选区的通道，对于一个很不容易建立的选择区域，使用 Alpha 通道可以将其保存以便重复使用。以下（　　）可以将选择区域快速保存到 Alpha 通道中。

　　A. （将通道作为选区载入）按钮　　　B. （将选区存储为通道）按钮
　　C. （创建新通道）按钮　　　D. （删除当前通道）按钮

3．按住（　　　）键的同时，选择所需要的 Alpha 通道，可以向图像中载入通道中保存的选择区域。

  A．Alt   B．Ctrl   C．Ctrl+Enter   D．Shift+Enter

二、操作题

1．打开如图 8.s.1 所示的"相片.jpg"图像文件，运用本项目介绍的通道知识，快速将其中的人物选取出来（提示：首先复制对比度大的色彩通道；然后运用选区工具选取边缘发丝，调整色阶以增强黑白对比度；接着将除发丝部分用选区工具选出并填充白色；最后按"Ctrl"键并选择通道缩览图来选出人物）。

2．打开如图 8.s.2 所示的"婚纱换背景.jpg"图像文件，运用本项目介绍的通道知识为图片中的人物更换背景（提示：参考本项目任务 8.2 中的任务制作过程，注意婚纱半透明区域的抠图方法）。

图 8.s.1　图片素材（一）

图 8.s.2　图片素材（二）

项目 9

蒙版的使用

项目导读

蒙版在 Photoshop 2021 中的应用相当广泛，蒙版最大的特点就是可以反复修改，而不会影响本身图层的任何构造。如果对蒙版调整的图像不满意，则去掉蒙版，原图像就会重现。

知识目标

1）理解蒙版的原理。

2）熟悉蒙版的类型。

3）熟悉剪贴蒙版的基本操作。

能力目标

1）掌握快速蒙版的使用。

2）掌握剪贴蒙版的创建、编辑、取消的方法。

3）熟练掌握图层蒙版的使用方法。

4）熟练使用蒙版制作精美图片合成。

素养目标

1）增强学生规范操作的职业素养。

2）通过提高自主实践的能力，养成良好的职业道德品格。

任务 9.1　快速蒙版的应用——竹林里的熊猫

任务分析

任务目的

本任务通过使用【快速蒙版】对图像进行抠图，使学生能够掌握利用【快速蒙版】快速抠图的技巧，抠图前后的对比效果如图 9.1.1 所示。

图 9.1.1　抠图前后的对比效果

扫码学习

竹林里的熊猫

相关知识

1. 蒙版的原理

Photoshop 中的蒙版产生于传统的暗房技术，其基本的功能是遮挡。当一幅图像上有选区时，对图像所做的编辑只对选区有效，但这种选区只是临时的，而蒙版可以保存多个、重复使用且较容易编辑的选区。

在 Photoshop 中，蒙版存储在 Alpha 通道中。蒙版和通道是灰度图像，因此，也可以像编辑其他图像那样编辑它。蒙版也使用黑、白、灰来标记，系统默认状态下，黑色区域用来遮盖图像，白色区域用来显示图像，灰色区域则表现出半透明效果。

选区、蒙版和 Alpha 通道是 Photoshop 中 3 个紧密相关的概念，可以把它们视为同一个事物的不同方面。选区一旦选定，实际上就创建了一个蒙版；将选区或蒙版存储起来就是 Alpha 通道，它们之间可以互相转换。

2. 蒙版的类型

Photoshop 中涉及的蒙版主要有以下几类。

1）快速蒙版：又称临时蒙版。在该状态下，用户可以在画面中随意绘制蒙版的形状。

2）图层蒙版：通过使用图层蒙版可以创建许多梦幻般的图像效果，是合成图像中必不可少的技术手段。

3）剪贴蒙版：是一组图层的总称。简单来说，它由基层及内容层两部分组成，该蒙版通过使用处于下方图层的形状限制上方图层的显示状态，创造一种剪贴画的效果。

4）矢量蒙板：用矢量图形建立蒙板，可约束其下面一层图像的显示和隐藏。当用钢笔工具构建矢量蒙版的轮廓时要记住以下几点：①尽可能地少用锚点；②按住"Alt"键然后单击锚点可以将锚点转换为角点或光滑的点；③按住"Ctrl"键可激活直接选择工具，并移动锚点。

3. 快速蒙版

双击工具箱中的【以快速蒙版方式编辑】按钮 ▣ ，弹出【快速蒙版选项】对话框，或按"Q"键进入快速蒙版状态。在快速蒙版状态下，可用画笔或渐变工具来创建选区。默认情况下，选区显示为初始颜色，而未选择区域会显示为50%的红色。当确定好选区后，再次按"Q"键，可将选区转化为像素蒙版，用在被选图层上。

任务分析

利用快速蒙版合成多张图片，其合成图像效果如图 9.1.2 所示。一般来说，使用快速蒙版抠图时，要结合【主体】命令或【磁性套索】【快速选择】等工具，先将图像的边缘大致抠选出来，再使用画笔工具调整细节部分。

图 9.1.2　合成图像效果

任务实施

01 按"Ctrl+O"组合键，打开"熊猫.jpg"图像文件。

02 选择【选择】→【主体】命令建立一个大致的选区，如图 9.1.3 所示，选择【选择】→【反向】命令。

03 单击工具箱中【以快速蒙版方式编辑】 ▣ 按钮，或者按"Q"键，进入快速蒙版状态。

04 选择工具箱中的【画笔工具】 ✎ ，设置合适的画笔大小，并将画笔【硬度】设置为100%。

05 把鼠标指针放置在图像中拖动，为熊猫添加蒙版效果。为了提高选取的准确度，可以把图像放大一定比例，效果如图 9.1.4 所示。

图 9.1.3 磁性套索建立选区　　　　　　图 9.1.4 画笔涂抹的蒙版

小 贴 士

1）在涂抹过程中要根据需要随时调整画笔的大小。

2）要想使选取的图像边缘出现羽化效果，在绘制前可以将画笔硬度设置为 50%等。

3）在 Photoshop 中凡具有绘图功能的工具都可以编辑快速蒙版的状态。

4）在选取过程中，出现了多选的情况，可以按"X"键，将前、背景色切换，使用白色以减少蒙版区域。

06 在当前的快速蒙版状态下，【通道】面板中也会出现一个快速蒙版，如图 9.1.5 所示。

07 单击工具箱中的【以标准模式编辑】 按钮，或按"Q"键，可以将快速蒙版转换成选区，效果如图 9.1.6 所示。

08 选择【选择】→【反向】命令，将选区反选，按"Ctrl+J"组合键，新建图层"熊猫"，将熊猫单独抠取出来，如图 9.1.7 所示。

图 9.1.5 【通道】面板　　图 9.1.6 快速蒙版转换成选区　　图 9.1.7 图层面板

09 按"Ctrl+O"组合键，打开"背景竹子.jpg"，并将图片拖拽到文件中，调整到合适的位置，并将此图层命名为"竹林"。复制背景图层，命名为"草地"，将"草地"图层拖动到"竹林"图层之上。图层效果如图 9.1.8 所示。

10 选择"草地"图层，单击工具箱中的【以快速蒙版方式编辑】 按钮，或者按"Q"键进入快速蒙版状态。设置由黑到白渐变填充，参数设置如图 9.1.9 所示。

176

图 9.1.8　图层效果

图 9.1.9　渐变填充参数设置

11 在【快速蒙版】状态下，在"草地"图层从下往上做渐变，如图 9.1.10 所示。

12 单击工具箱中的【以标准模式编辑】 按钮，或按"Q"键将快速蒙版转换成选区，效果如图 9.1.11 所示。

图 9.1.10　渐变效果

图 9.1.11　将快速蒙版转换成选区

13 按"Delete"键删除选区中的图像，在未取消选取状态下可以多次删除，直到得到满意的效果，如图 9.1.12 所示。

14 为"熊猫"图层制作投影，【正片叠底】颜色为墨绿色（#133406），其他参数如图 9.1.13 所示。

15 选中"竹林"图层，选择【滤镜】→【模糊】→【高斯模糊】命令，设置半径为 1，虚化背景，完成的最终效果如图 9.1.1 所示。

图 9.1.12　删除草地背景

图 9.1.13　投影参数

任务 9.2　剪贴蒙版的应用——制作环保公益海报

Photoshop 2021 的剪贴蒙版非常实用，利用它可以制作出很多好看、有趣的效果，常应

177

用于海报等的制作中。

任务目的

本任务通过制作海报（图 9.2.1）使学生了解剪贴蒙版的概念和作用，掌握剪贴蒙版的用法，学会使用剪贴蒙版对图像进行调色。

图 9.2.1　环保公益海报效果图

扫码学习

制作环保公益海报

相关知识

1. 剪贴蒙版

剪贴蒙版和被蒙版的对象一起被称为剪贴组合，并在"图层"调板中用虚线标出。你可以从包含两个或多个对象的选区，或从一个组或图层中的所有对象来建立剪切组合。

可以使用图层的内容来蒙盖它上面的图层。底部或基底图层的透明像素蒙盖它上面的图层（属于剪贴蒙版）的内容。例如，一个图层上可能有某个形状，上层图层上可能有纹理，而最上面的图层上可能有一些文本。如果将这 3 个图层都定义为剪贴蒙版，则纹理和文本只通过基底图层上的形状显示，并具有基底图层的不透明度。

请注意，剪贴蒙版中只能包括连续图层。蒙版中的基底图层名称带下划线，上层图层的缩览图是缩进的。另外，重叠图层显示剪贴蒙版图标。【图层样式】对话框中的【将剪贴图层混成组】选项可确定基底效果的混合模式是影响整个组还是只影响基底图层。

2. 创建剪贴蒙版

创建剪贴蒙版，可以执行以下操作之一。

1）选择【图层】→【创建剪贴蒙版】命令。

2）直接在内容层图层的名称上右击，在弹出的快捷菜单中选择【创建剪贴蒙版】命令。

3）在选择内容层图层的情况下，按"Alt+Ctrl+G"组合键即可创建剪贴蒙版。若是多个图层，可选择按住"Shift"键选中多个图层。

4）按住"Alt"键，将鼠标指针放置在基层与内容层之间的分隔线上，当鼠标指针变为两个交叉的圆圈时，单击即可创建。

从图 9.2.2 可以看出建立剪贴蒙版后，内容层前方出现了一个指示标志，并且图层的缩览图被缩进，同时基层的名字会出现下划线。

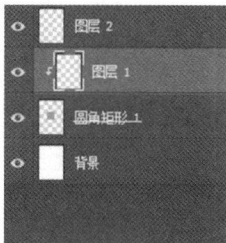

图 9.2.2　剪贴蒙版标志

小　贴　士

1）在创建剪贴蒙版后，仍可以为各图层设置混合模式、不透明度及图层样式等。

2）在任意一个剪贴蒙版中，基层都是唯一的，内容层则可以是无限多的。无论基层还是内容层，都没有图层类型的限制，可以根据需要，使用任意一个类型的图层作为剪贴蒙版中的基层或内容层。

3．取消剪贴蒙版

要取消剪贴蒙版，可以执行以下操作之一。

1）按住"Alt"键，将鼠标指针放置在【图层】面板中两个图层的分隔线上，当鼠标指针变化形状时单击分隔线。

2）在【图层】面板中选择内容图层中的任意一个图层，选择【图层】→【释放剪贴蒙版】命令。

3）选择内容图层中的任意一个图层，按"Alt+Ctrl+G"组合键。

任务分析

先将各种图像合成，在图像合成的过程中再使用剪贴蒙版对每个对象进行具体设置。

任务实施

01 按"Ctrl+N"新建文件，大小为 677 像素×1015 像素，并填充颜色（#fbf5e8）。

02 按"Ctrl+O"组合键打开"鹿.jpg"图像文件，将其拖入新建的文件中，调整好大小和位置，将图层命名为"鹿"。选择【选择】→【主体】命令，选择鹿，按"Ctrl+Shift+I"组合键反选选区，删除选区中的图像，按"Ctrl+D"组合键取消选区，如图 9.2.3 所示。

03 将"森林.png"拖入文件置于"鹿"上层中，调整好大小和位置，将图层命名为"森林"。选择【滤镜】→【模糊】→【高斯模糊】命令，设置半径为 1.4，如图 9.2.4 所示。

04 选中"森林"图层，选择【图层】→【创建剪贴蒙版】命令，效果如图 9.2.5 所示。

图 9.2.3　鹿　　　　　　　　　图 9.2.4　高斯模糊　　　　　　图 9.2.5　剪贴蒙版的效果

05 添加黑白调整图层，参数如图 9.2.6 所示，并为该图层创建剪贴蒙版。

06 新建一个图层 1，填充颜色（#18370c），混合模式改为【叠加】，透明度改为 40%，并为该图层创建剪贴蒙版，效果如图 9.2.7 所示。

07 将除了"背景"外的所有图层选中，按"Ctrl+G"组合键建组，命名为"小鹿剪影"。图层效果如图 9.2.8 所示。

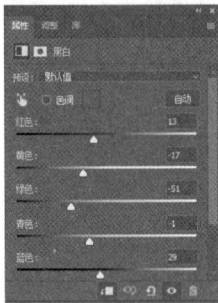

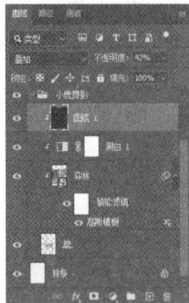

图 9.2.6　黑白调整图层　　　　图 9.2.7　调色后　　　　　　　图 9.2.8　【图层】面板

08 在背景图层上新建图层，用【钢笔工具】在鹿的上方绘制背景形状，填充颜色（#857970），在【图层】面板中设置羽化 31.2 像素，羽化设置如图 9.2.9 所示。用同样的方法，在鹿的下方绘制阴影效果，如图 9.2.10 所示。

09 按"Ctrl+O"组合键打开"保护自然.png"图像文件，将其拖入文件中，调整好位置后，将图层命名为"保护自然"，效果如图 9.2.11 所示。

图 9.2.9　羽化参数设置　　　　图 9.2.10　绘制形状　　　　　图 9.2.11　设计文字

⑩ 添加其他文字排版及图案，效果如图 9.2.12 所示。

⑪ 绘制矩形形状，为该图层添加蒙版，擦除矩形的右半部分图像，效果如图 9.2.13 所示。

⑫ 在背景图层上方新建图层，选择合适的画笔，颜色设置为蓝色，在图层上绘制云的效果，混合模式改为【正片叠底】，透明度改为 50%，得到最终效果如图所示 9.2.1 所示。

图 9.2.12　添加文字及形状图案　　　　图 9.2.13　矩形框

任务 9.3　图层蒙版的应用——超现实合成

图层蒙版是 Photoshop 作图最常用的工具，平常所说的蒙版一般就是指图层蒙版。它可以在不破坏素材的情况下完成对图层中图像的遮盖，还可以进行任意修改，本任务介绍图层蒙版的使用方法。

任务目的

本任务通过利用【剪贴蒙版】、【图层蒙版】、画笔工具、调整图层调色等来完成超现实合成图片的演示，使学生能熟练使用蒙版来制作综合合成实例，效果如图 9.3.1 所示。

图 9.3.1　效果图

扫码学习

超现实合成海报

181

■ **相关知识**

1. 图层蒙版的概念

1）使用蒙版可以保护部分图层，使该图层不被编辑。通过在蒙版上的应用可以控制图层上图像内容的隐藏或者显示，同时在蒙版上的应用不会影响到该图层上的图像。

2）图层蒙版属于灰度图像，主要通过黑、白、灰三色作用效果，使用黑色绘制的内容会被隐藏，相反，使用白色绘制内容将会显现，而使用灰色绘制图像，图像则会呈现半透明状，灰度越深，透明程度越大。

3）添加图层蒙版后，所有的操作都将在蒙版上进行，不作用在图层上。

2. 图层蒙版的创建

创建图层蒙版，可以执行以下操作之一。

1）单击【图层】面板下方的【添加蒙版】按钮，对该图层进行编辑时，前方为图层，后方为蒙版。

2）将前景色改为黑色，选择画笔工具，在蒙版中涂抹，当前图层被涂抹过的地方就被隐藏了，下面的图层内容显示出来，蒙版效果如图 9.3.2 所示。

3）当填充白色时，效果则是相反的，所以当用黑色涂抹过多时，我们可以将前景色改为白色，将多涂抹的区域修改回来，如图 9.3.3 所示。

图 9.3.2　蒙版效果

图 9.3.3　抠图效果

3. 图层蒙版的快捷菜单命令

将鼠标指针放置在蒙版区域，右键，弹出的快捷菜单如图 9.3.4 所示。

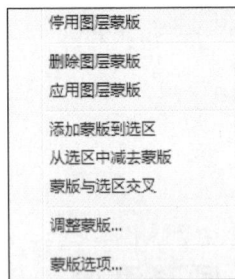

图 9.3.4　蒙版快捷菜单

1）停用图层蒙版：暂时取消图层蒙版的应用效果。

2）删除图层蒙版：删除当前图层的图层蒙版。

3）应用图层蒙版：将蒙版效果应用于图层，同时删除蒙版。

4）添加蒙版到选区：如果原图像中存在选区，由图层蒙版转换的选区将与原选区相加。

5）从选区中减去蒙版：如果原图像中存在选区，由图层蒙版转换的选区将从原选区中减去。

6）蒙版与选区交叉：如果原图像中存在选区，由图层蒙版转换的选区将与原选区相交。

7）调整蒙版：用来调整蒙版的边缘。

8）蒙版选项：设置蒙版的颜色和不透明度。

　　我们需要将对应的素材放到画面中的对应位置，利用【钢笔工具】 ❷ 将书及台面抠出来、绘制书的翻页、将海水及草地剪贴进绘制的书页，利用混合模式抠取飞鸟，用画笔工具绘制光影，调整图层，对整体或局部素材进行调色以得到最终色调和谐的超现实合成图像效果。

　　01 按 "Ctrl+N" 组合键新建文件，大小为 1045 像素×588 像素，将其拖入台面素材，调整好大小和位置。

　　02 拖入天空素材并隐藏，用【多边形套索工具】 ❷ 将台面图片中台面以外的区域选中，如图 9.3.5 所示，回到"天空"图层，单击【图层】面板下方的【添加蒙版】按钮 ◉，为"天空"图层添加图层蒙版，效果如图 9.3.6 所示。

图 9.3.5　建立选区

图 9.3.6　为"天空"图层添加图层蒙版

　　03 拖入书本素材，并选择【编辑】→【变换】→【扭曲】命令，按住 "Ctrl" 键，用鼠标拖动 4 个角的控制点，如图 9.3.7 所示，变形成图 9.3.8 所示的效果。

图 9.3.7　变形

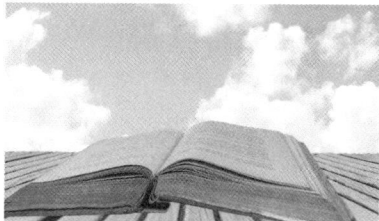

图 9.3.8　添加书本效果

　　04 用【钢笔工具】 ❷ 绘制书页，并拖入海面素材，创建剪贴蒙版，效果如图 9.3.9 和图 9.3.10 所示。

图 9.3.9　绘制书页

图 9.3.10　添加海面

183

05 拖入草坪素材图片，单击【图层】面板下方的【添加蒙版】按钮 ，为"草坪"图层添加图层蒙版，效果如图 9.3.11 和图 9.3.12 所示。

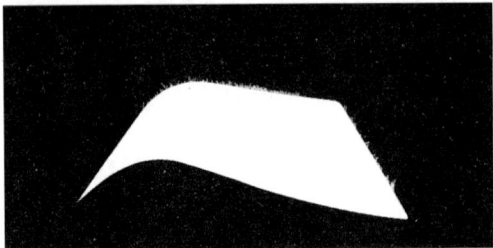

图 9.3.11　蒙版效果

图 9.3.12　添加草坪

06 拖入鲸鱼素材，调整位置及角度，使其像是从书页中跃出一样，如图 9.3.13 所示，拖入浪花素材，将其放在鲸鱼的尾部，如图 9.3.14 所示。为鲸鱼添加【图层蒙版】 ，用黑色【画笔】 在蒙版上涂抹使其边缘过渡更加自然，如图 9.3.15 所示。

图 9.3.13　鲸鱼素材

图 9.3.14　浪花素材

图 9.3.15　添加【图层蒙版】

07 拖入女孩图片素材，并抠除背景，调整好大小和位置，为其添加【图层蒙版】 ，用黑色【画笔工具】 在蒙版上涂抹，使女孩的脚与草地边缘过渡更加自然，如图 9.3.16 所示。添加飞鸟素材，混合模式改为【正片叠底】，不透明度为 62%，效果如图 9.3.17 所示。

图 9.3.16　女孩图片素材

图 9.3.17　添加飞鸟素材

08 确定光影方向，对整体素材进行调色，使用【画笔工具】 绘制书籍的光影，如图 9.3.18 所示。

09 新建图层"女孩光影"，将女孩图层载入选区，在"女孩光影"图层上渐变填充，如图 9.3.19 所示。设置图层混合模式为柔光。按"Ctrl+J"组合键复制"女孩光影"图层。效果如图 9.3.20 所示。

图 9.3.18　绘制书籍的光影　　　图 9.3.19　绘制女孩光影　　　图 9.3.20　女孩光影效果

10 最后利用"色相/饱和度"图层对整体图像进行调色。为"海面"图层添加"色相/饱和度"图层，参数设置如图 9.3.21 所示。在最上层新建"色相/饱和度"图层，参数设置如图 9.3.22 所示。将"飞鸟"图层移到最上层。

11 在"鲸鱼"图层上新建"蓝色"图层，并填充蓝色#1e183f，创建剪贴蒙版，设置混合模式为叠加。在"蓝色"图层上新建图层"高光"，在鲸鱼图像的上半部分涂抹白色，创建剪贴蒙版，并设置混合模式为叠加，效果如图 9.3.23 所示。

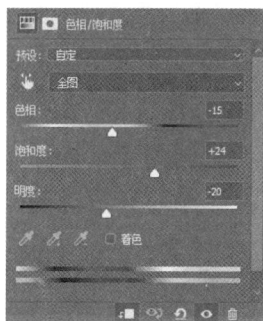

图 9.3.21　"海面"图层　　　图 9.3.22　"色相/饱和度"图层　　　图 9.3.23　鲸鱼及海面色调调整

12 新建图层"黄色"，填充颜色（#f1b050），混合模式改为【正片叠底】，透明度改为 40%，如图 9.3.24 所示。

13 新建图层"光辉"，填充颜色（#f7d37d），如图 9.3.25 所示，为其添加【图层蒙版】，在蒙版上用黑色画笔将左侧及下侧的颜色擦掉，只保留右上角，混合模式改为【柔光】，如图 9.3.26 所示。

图 9.3.24　添加"黄色"图层　　　图 9.3.25　添加"光辉"图层　　　图 9.3.26　混合模式为【柔光】

14 最后用【钢笔工具】 在书上再次强调其光影，得到的最终效果如图 9.3.1 所示。

项 目 小 结

本项目通过 3 个任务的实际操作，详细介绍了 3 种蒙版（快速蒙版、图层蒙版、剪贴蒙版）的作用，即快速蒙版主要用于编辑修改选区，图层蒙版多用于图像合成，剪贴蒙版是两个或两个以上图层的组合效果，并说明了使用蒙版时应结合【画笔工具】、【渐变工具】等对图像的边缘形状进行灵活处理，最终使图像更为生动、有趣。

实 践 探 索

一、选择题

1. 快速蒙版创建后，按"（　　　）"键可以快速地将快速蒙版转换为选择区域。

    A．Alt   B．Ctrl   C．X   D．Q

2. 如果在图层上增加一个蒙版，当要单独移动蒙版时，下面的操作正确的是（　　　）。

    A．首先单击图层上面的蒙版，然后选择【移动工具】就可以移动了

    B．首先单击图层上的蒙版，然后选择【选择】→【全选】命令，再用【移动工具】拖动

    C．首先取消图层与蒙版之间的连接，然后选择【移动工具】

    D．首先取消图层与蒙版之间的连接，然后选择蒙版，最后选择【移动工具】

3. （多选）可对蒙版虚化的程度进行数字化控制的方式有（　　　）。

    A．使蒙版成为当前选中的通道，然后用【高斯模糊】滤镜对通道进行虚化

    B．将快速蒙版转化为选区，通过【选择】→【羽化】命令对选区进行羽化后再转化为蒙版，从而实现对蒙版的虚化处理

    C．使用模糊或涂抹工具对蒙版进行手工涂抹

    D．蒙版不能进行虚化处理

4. （多选）下面对图层蒙版的显示、关闭和删除的描述中正确的是（　　　）。

    A．按住"Shift"键的同时单击图层选项栏中的蒙版图标就可关闭蒙版，使之不在图像中显示

    B．【图层】面板的蒙版图标上出现一个黑色的×记号，表示图像蒙版暂时关闭

    C．图层蒙版可以通过【图层】面板中的垃圾桶图标进行删除

    D．图层蒙版创建后就不能删除

二、操作题

1. 运用本项目讲解的剪贴蒙版的知识，制作双重曝光效果的个性海报，效果如图 9.s.1 所示。

2. 使用图层蒙版制作一张超现实合成图片，效果如图 9.s.2 所示。

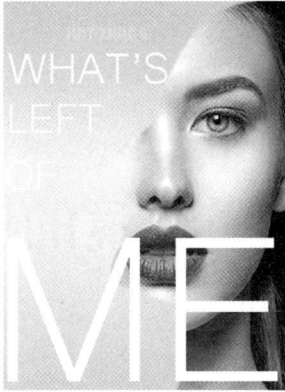

图 9.s.1　效果图（一）

图 9.s.2　效果图（二）

项目 10

滤镜的应用

项目导读

滤镜是 Photoshop 中非常强大的工具，它能在较短的时间内产生很多特殊的效果，制作出绚丽的艺术作品。对于滤镜，可通过设置不同的参数做出很多不同的效果，也可以结合图层、蒙版、通道及图层样式等应用对图像进行特效处理。总之，利用滤镜可以制作出许多神奇的效果。

知识目标

1）了解常用滤镜的功能和效果。

2）了解滤镜库的使用方法。

3）掌握各滤镜组中常用滤镜命令的作用与使用规则。

能力目标

1）能够掌握常用滤镜的参数设置与应用技巧。

2）能够在实践中选择合适的滤镜处理图像，制作出需要的效果。

素养目标

1）培养学生乐于尝试、勇于实践创新的学习态度。

2）提升文化自信，培养学生良好的艺术审美能力。

3）培养学生注重理论联系实际与精益求精的工作作风。

任务 10.1　风格化滤镜的应用——制作多彩羽毛

风格化滤镜主要作用于图像的像素，可以强化图像的色彩边界，图像的对比度对此类滤镜的影响较大，风格化滤镜最终营造出的是一种印象派的图像效果。

任务目的

本任务通过制作多彩羽毛使学生熟悉【风格化】滤镜中的常用滤镜的应用。多彩羽毛的最终效果如图 10.1.1 所示。

图 10.1.1　多彩羽毛的最终效果

扫码学习

制作多彩羽毛

相关知识

1.【查找边缘】滤镜

1）作用：用相对于白色背景的深色线条来勾画图像的边缘，得到图像的大致轮廓。如果先加大图像的对比度，再应用此滤镜，可以得到更多更细致的边缘。

2）操作：选择【滤镜】→【风格化】→【查找边缘】命令，如图 10.1.2 所示。将如图 10.1.3 所示的图像进行【查找边缘】滤镜操作后，得到如图 10.1.4 所示的图像效果。

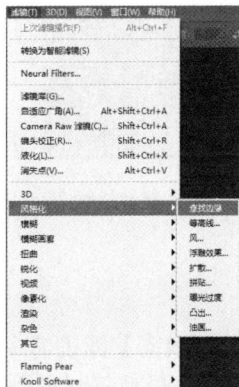

图 10.1.2　【滤镜】菜单　　　图 10.1.3　待处理图片　　　图 10.1.4　【查找边缘】滤镜效果

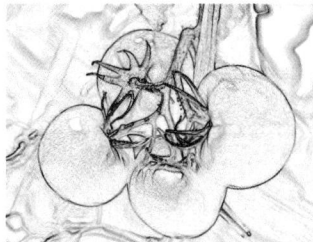

2.【等高线】滤镜

1）作用：类似于【查找边缘】滤镜的效果，但允许指定过渡区域的色调水平，主要作用是勾画图像的色阶范围。

2）操作：选择【滤镜】→【风格化】→【等高线】命令，弹出【等高线】对话框，如图 10.1.5 所示。对图 10.1.3 进行【等高线】滤镜操作，得到如图 10.1.6 所示的效果。

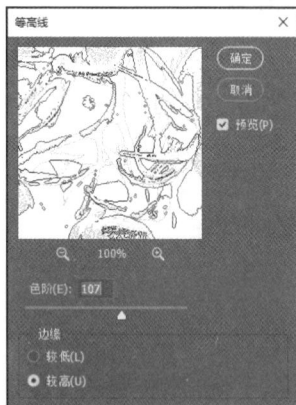

图 10.1.5　【等高线】对话框　　　　　　图 10.1.6　【等高线】滤镜效果图

3.【风】滤镜

1）作用：通过在图像中色彩相差较大的边界上增加细小的水平短线来模拟风的效果。

2）操作：打开如图 10.1.7 所示的图像，选择【滤镜】→【风格化】→【风】命令，弹出【风】对话框，可选择"方法"与"方向"参数选项，效果如图 10.1.8 所示。

图 10.1.7　待处理图片　　　　　　　　图 10.1.8　【风】滤镜效果

────【任务分析】────

首先在白色背景中绘制黑色矩形，对其运用【风】滤镜命令与【动感模糊】滤镜命令，制作出羽毛特效，然后使用【自由变换】和【变形】命令，得到羽毛形状，最后复制多个羽毛，变换颜色与形状进行画面布局。

01 按"Ctrl+N"组合键新建文件，宽度为 1200 像素，高度为 800 像素，参数设置如图 10.1.9 所示。

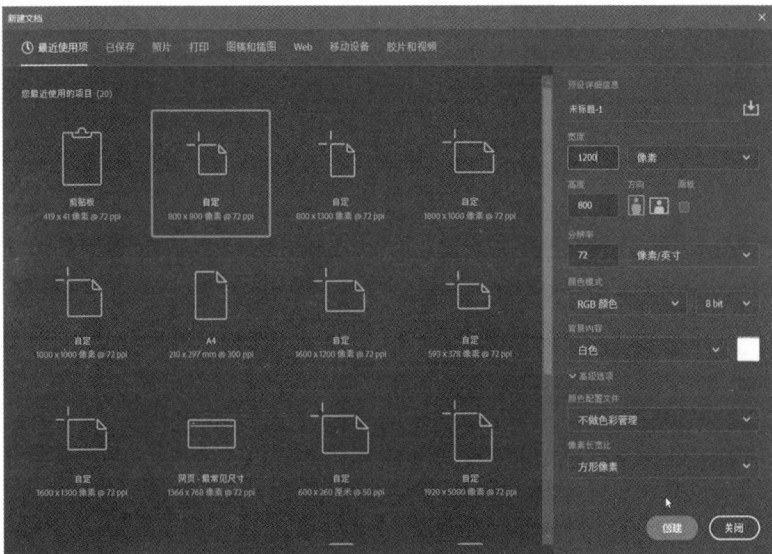

图 10.1.9　【新建文档】对话框

02 新建图层，绘制矩形选区并填充为黑色，效果如图 10.1.10 所示，然后取消选区。

03 选择黑色矩形所在的图层，选择【滤镜】→【风格化】→【风】命令，在弹出的【风】对话框中，设置方法为"大风"，其他参数设置如图 10.1.11 所示，单击【确定】按钮。

图 10.1.10　绘制黑色矩形

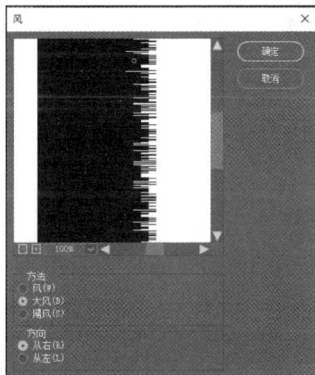

图 10.1.11　设置【风】滤镜参数

04 选择黑色矩形所在的图层，选择【滤镜】→【模糊】→【动感模糊】命令，在弹出的【动感模糊】对话框中设置角度为 0，再适当设置距离，其他参数设置如图 10.1.12 所示。根据实际情况可加按"Ctrl+F"组合键几次，以加强模糊效果。

05 使用【矩形选框工具】选择如图 10.1.13 所示的左侧无锯齿处，并将其删除，按"Ctrl+D"组合键取消选区。

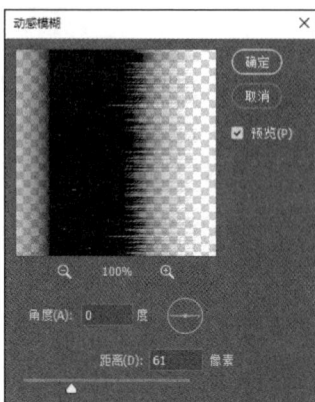

图 10.1.12 设置【动感模糊】参数

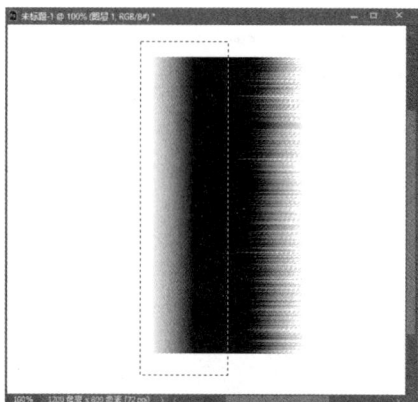

图 10.1.13 选择左侧无锯齿处

小 贴 士

1）按 "Ctrl+F" 组合键，可以以相同的参数再次应用【动感模糊】滤镜。

2）按 "Alt+Ctrl+F" 组合键，可重新打开上一次执行的滤镜对话框。

3）按 "Shift+Ctrl+F" 组合键或者选择【编辑】→【渐隐】命令，弹出【渐隐】对话框，从中可以调整不透明度和选择颜色的混合模式。

06 按 "Ctrl+T" 组合键，右击图形，在弹出的快捷菜单中选择【变形】命令，对图形进行变形处理，如图 10.1.14 所示。按 "Enter" 键，将黑色矩形变形成羽毛状效果，如图 10.1.15 所示。

07 选择【移动工具】，按住 "Alt" 键向左复制移动右半边羽毛，按 "Ctrl+T" 组合键，右击图形，在弹出的快捷菜单中选择【水平翻转】命令，按 "Enter" 键，调整羽毛的位置，效果如图 10.1.16 所示。

08 按 "Ctrl+E" 组合键合并除背景之外的所有图层，按 "Ctrl+T" 组合键使用变形工具，按住 "Alt+Shift" 组合键调整羽毛的形态，按 "Enter" 键确定。

09 新建图层，使用【多边形套索工具】绘制羽毛柄，并填充灰颜色，用硬度较低的橡皮擦擦除羽毛柄过长的部分，制作的羽毛柄效果如图 10.1.17 所示，合并除背景之外的所有图层，并为图层命名为 "羽毛"。

图 10.1.14 变形处理　　图 10.1.15 羽毛状效果　　图 10.1.16 复制羽毛　　图 10.1.17 制作羽毛柄

10　选择"羽毛"图层，选择【滤镜】→【扭曲】→【切变】命令，在弹出的【切变】对话框中的曲线上添加节点，并调整羽毛的弧度，如图 10.1.18 所示。

11　按"Ctrl+U"组合键打开【色相/饱和度】对话框，勾选"着色"复选框，向右拖动明度滑块，其余参数设置如图 10.1.19 所示，调整为自己喜欢的颜色即可。

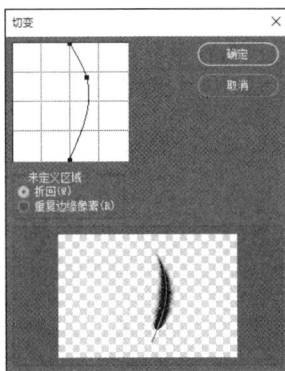

图 10.1.18　设置【切变】对话框参数

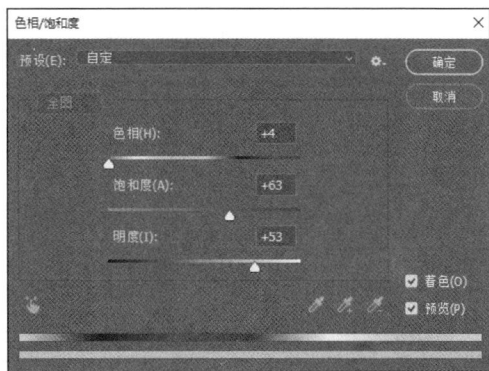

图 10.1.19　调整羽毛颜色

12　为方便观察调整羽毛的颜色与形状，在背景层填充黑色。

13　选择"羽毛"图层，按"Ctrl+T"组合键把羽毛调整到适当的大小，复制多个"羽毛"图层，运用【色相/饱和度】对话框调整各层羽毛的颜色，运用【切变】滤镜与【自由变换】命令调整羽毛的位置与方向，效果如图 10.1.20 所示。

14　打开"背景.jpg"素材文件，移动该图片到所有羽毛图层之下，黑色背景图层之上，效果如图 10.1.21 所示，适当调整背景图片的大小与羽毛的位置、角度，得到最终效果。

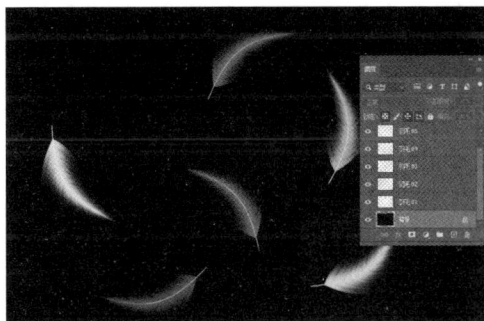

图 10.1.20　复制变换多个羽毛效果

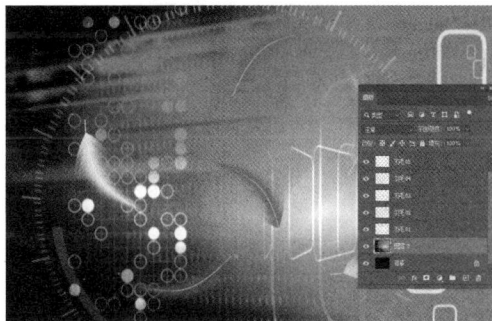

图 10.1.21　置入背景素材

任务 10.2　杂色滤镜的应用——创建怀旧色调照片

▉任务目的

本任务通过创建怀旧色调照片，使学生学习并体会【杂色】滤镜的功能与效果，本任务的最终效果如图 10.2.1 所示。

图 10.2.1　怀旧色调照片效果图

扫码学习

创建怀旧色调照片

相关知识

【杂色】滤镜组的主要功能是添加或减少杂色，以增加图像的纹理或减少图像的杂色效果。【杂色】滤镜包括减少杂色、蒙尘与划痕、去斑、添加杂色和中间值 5 种滤镜。下面将素材中的"向日葵.jpg"图像文件（图 10.2.2）作为演示素材，讲解【杂色】滤镜组中最常用的【添加杂色】滤镜的应用。

图 10.2.2　打开的"向日葵.jpg"图像

1）作用：在图像上随机添加一些杂点，产生杂色的图像效果。

2）操作：选择【滤镜】→【杂色】→【添加杂色】命令，弹出【添加杂色】对话框，如图 10.2.3 所示，使用该滤镜的效果如图 10.2.4 所示。

图 10.2.3　【添加杂色】对话框

图 10.2.4　使用【添加杂色】命令后的效果

小　贴　士

在图像处理过程中，【添加杂色】滤镜命令往往会与其他滤镜结合起来使用。

先使用【去色】命令将照片处理为灰度图像效果，给照片添加老照片的泛黄色调；然后使用【添加杂色】滤镜；最后使用【云彩】与【纤维】滤镜，结合图层的混合模式为照片添加老照片的纹理。

任务实施

01 启动 Photoshop，打开素材文件"江南水乡.jpg"，按"Ctrl+J"组合键复制图层备份原图，如图 10.2.5 所示。

02 选择【图像】→【调整】→【去色】命令（或者按"Ctrl+Shift+U"组合键），去掉照片中的彩色信息，效果如图 10.2.6 所示，将该图层命名为"灰色"。

图 10.2.5 备份原图

10.2.6 图像去色处理

03 选择【图像】→【调整】→【阴影/高光】命令，参数设置如图 10.2.7 所示。

04 新建一个图层，命名为"土黄色"，将前景色设置为土黄色（R：224，G：200，B：40），按"Alt+Delete"组合键将该图层填充为前景色，然后设置该图层的混合模式为【颜色】，不透明度为 50%，如图 10.2.8 所示。

图 10.2.7 设置【阴影/高光】参数

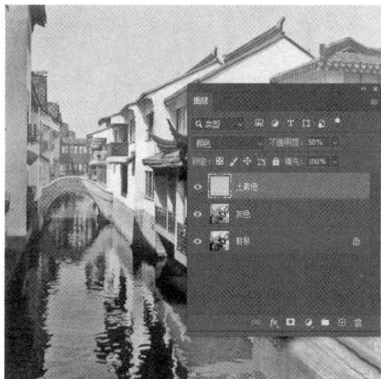

图 10.2.8 添加颜色图层

05 选中"灰色"图层，选择【滤镜】→【杂色】→【添加杂色】命令，弹出【添加杂色】对话框，数量为 10，勾选【单色】复选框，参数设置如图 10.2.9 所示。单击【确定】按钮，给"背景"图层添加杂色。

06 在"土黄色"图层之上新建一个图层，命名为"纹理"，按"D"键恢复默认的前景色和背景色，按"Alt+Delete"组合键将该图层填充为黑色，选择【滤镜】→【渲染】→【分层云彩】命令，为"纹理"图层添加云彩效果，如图 10.2.10 所示。

图 10.2.9 【添加杂色】参数设置　　　　图 10.2.10 为图层添加【分层云彩】效果

07 选择【滤镜】→【渲染】→【纤维】命令，弹出【纤维】对话框，参数设置如图 10.2.11 所示。

08 设置"纹理"图层混合模式为【柔光】，不透明度为 40%，效果如图 10.2.12 所示。

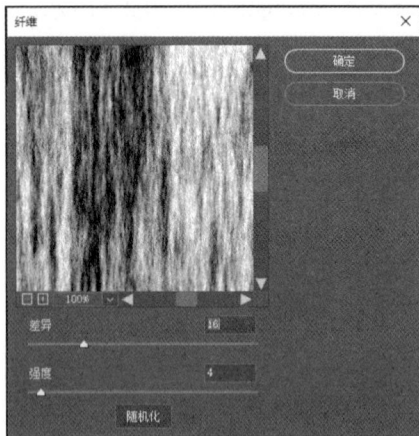

图 10.2.11 【纤维】参数设置　　　　图 10.2.12 【柔光】模式下的【纤维】效果

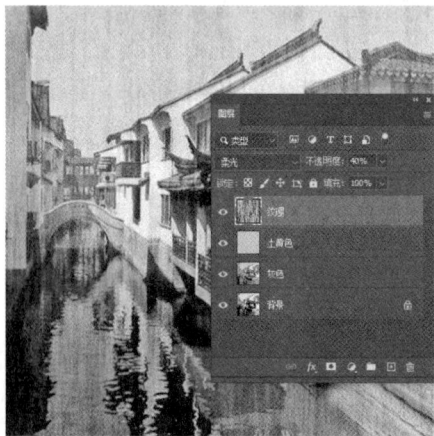

09 打开 "折痕.jpg"图像素材，移动折痕图像到"怀旧色调照片"的最上层，命名为"折痕"，按"Ctrl+T"组合键适当放大折痕图片，使其铺满画面，设置该图层混合模式为【正片叠底】，如图 10.2.13 所示。

10 按"Ctrl+L"组合键打开【色阶】对话框，移动黑场与白场滑块以调整画面的明度，参数设置如图 10.2.14 所示，最终得到如图 10.2.1 所示的怀旧色调效果。

图 10.2.13　添加折痕效果

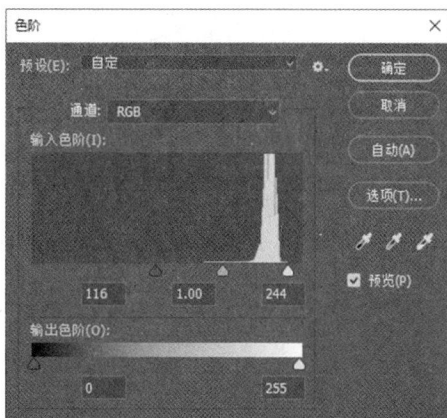

图 10.2.14　调整画面明度

任务 10.3　模糊滤镜的应用——制作漫天飞雪效果

模糊滤镜主要是使选区或图像柔和，淡化图像中不同色彩的边界，以达到掩盖图像的缺陷或创造出特殊效果的目的。

任务目的

本任务通过制作漫天飞雪的效果，使学生学习并掌握【添加杂色】滤镜、【点状化】滤镜和【模糊】滤镜的使用方法，漫天飞雪的效果图如图 10.3.1 所示。

图 10.3.1　漫天飞雪效果图

扫码学习

制作漫天飞雪效果

197

■ 相关知识

【模糊】滤镜组中的命令主要用于图像模糊处理，平滑边缘过于清晰和对比度过于强烈的区域，通过削弱相邻像素之间的对比度，达到柔化图像的效果。【模糊】滤镜组通常用于模糊图像背景，突出前景对象，包括表面模糊、动感模糊、方框模糊、高斯模糊、进一步模糊、径向模糊、镜头模糊、模糊、平均、特殊模糊和形状模糊 11 种模糊命令。下面对待处理图片（图 10.3.2）增加滤镜效果，介绍其中常用的 3 种滤镜命令的功能。

1. 【动感模糊】滤镜

1）作用：【动感模糊】滤镜对图像沿着指定的方向（-360～+360 度），以指定的强度（1～999）进行模糊。

2）操作：选择【滤镜】→【模糊】→【动感模糊】命令，可在弹出的【动感模糊】对话框进行相关参数设置。对图 10.3.2 进行【动感模糊】滤镜操作，效果如图 10.3.3 所示。

图 10.3.2　待处理图片　　　　　　　　图 10.3.3　【动感模糊】滤镜效果

2. 【高斯模糊】滤镜

1）作用：按指定值快速模糊选中的图像部分，产生一种朦胧的效果。

2）操作：选择【滤镜】→【模糊】→【高斯模糊】命令，可在弹出的【高斯模糊】对话框进行相关参数设置。对图 10.3.2 进行【高斯模糊】滤镜操作，具体效果如图 10.3.4 所示。

图 10.3.4　【高斯模糊】滤镜效果

3. 【径向模糊】滤镜

1）作用：模拟移动或旋转的照相机产生的模糊。

2）操作：选择【滤镜】→【模糊】→【径向模糊】命令，可在弹出的【径向模糊】对话框进行相关参数设置。对图 10.3.2 进行【径向模糊】滤镜操作，选择旋转与缩放模糊方法对应的效果分别如图 10.3.5 和图 10.3.6 所示。

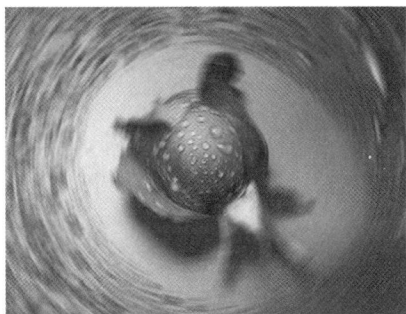

图 10.3.5　旋转效果图

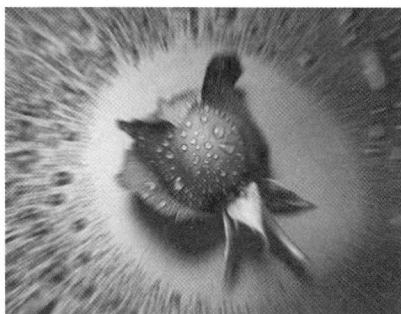

图 10.3.6　缩放效果图

任务分析

　　首先在打开的"雪景"图像文件中，新建一个图层，并填充为黑色，运用【添加杂色】滤镜，再使用【点状化】滤镜，把杂点编辑成彩色块效果，然后只保留一种颜色色块，删除其他色块，把色块再填充为白色，使用【高斯模糊】滤镜模糊图像，最后使用【动感模糊】滤镜，制作出飘雪的效果。

任务实施

01　按"Ctrl+O"组合键，打开"雪景.jpg"图像文件，如图 10.3.7 所示。

02　按"Ctrl+J"组合键，复制一个新图层为"图层 1"。新建一个图层为"图层 2"，并填充为黑色。选择【滤镜】→【杂色】→【添加杂色】命令，在弹出的【添加杂色】对话框中设置各项参数，如图 10.3.8 所示。单击【确定】按钮，整个图像填满了杂点。

图 10.3.7　打开素材文件

图 10.3.8　【添加杂色】对话框参数设置

199

03 选择【滤镜】→【像素化】→【点状化】命令，在弹出的【点状化】对话框中设置参数，如图10.3.9所示。单击【确定】按钮，添加的杂色被处理成彩色块效果，如图10.3.10所示。

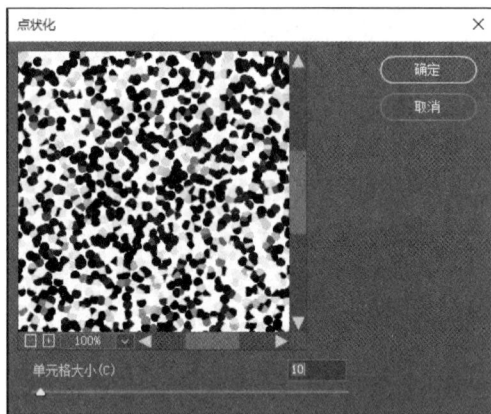

图10.3.9　【点状化】对话框参数设置　　　　图10.3.10　【添加杂色】滤镜效果

小　贴　士

使用【点状化】滤镜可以将图像杂点归结为大的颜色块，并且颜色块之间还会产生缝隙，这些缝隙将运用工具箱中的背景色填充，其中的【单元格大小】用于控制颜色块的大小。

04 使用【魔棒工具】单击图片中的深色部分，右击图片，在弹出的快捷菜单中选择【选取相似】命令，并按"Ctrl+Delete"组合键填充白色。然后右击图片，在弹出的快捷菜单中选择【选择反向】命令或者按"Ctrl+Shift+I"组合键，反选选区并删除选区内的图像，按"Ctrl+D"组合键取消选区，效果如图10.3.11所示。

05 选择【滤镜】→【模糊】→【高斯模糊】命令，在弹出的【高斯模糊】对话框中设置参数，如图10.3.12所示。单击【确定】按钮，图像边缘出现虚化效果。

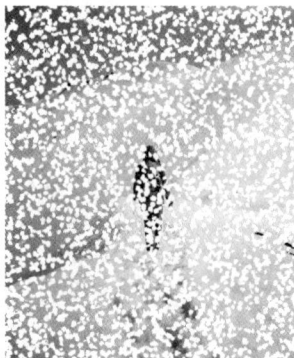

图10.3.11　删除选区内的图像效果　　　　图10.3.12　【高斯模糊】对话框参数设置

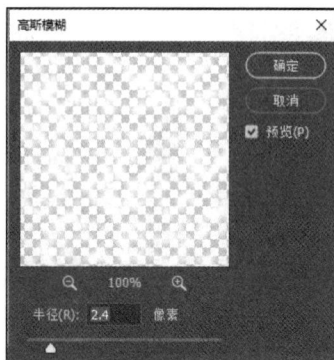

06 选择【滤镜】→【模糊】→【动感模糊】命令，在弹出的【动感模糊】对话框中设置各项参数，如图 10.3.13 所示。单击【确定】按钮，编辑图像动态模糊效果，如同漫天飞雪。

07 使用【橡皮擦工具】 ，调整属性为不透明度 24%，画笔硬度 0，将画面中间人物部分的雪花擦淡一些。使用【移动工具】 ，将"图层 2"的不透明度调整为 84%，如图 10.3.14 所示，至此完成最终效果。

图 10.3.13　【动感模糊】对话框参数设置　　　　　　图 10.3.14　调整飞雪图层的不透明度

任务 10.4　扭曲类滤镜的应用——制作球形图片

▌任务目的

本任务通过制作球形图片，使学生学习并体会运用扭曲类滤镜制作不同的扭曲效果。本任务的最终效果如图 10.4.1 所示。

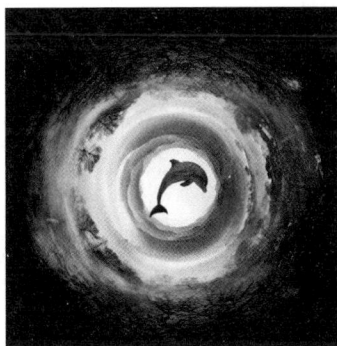

扫码学习

图 10.4.1　球形图片最终效果　　　　　　　　　　制作球形图片

▌相关知识

【扭曲】滤镜组可以将图像进行几何扭曲，以创建波浪、波纹、挤压及切变等各种图像的变形效果。其中，既有平面的扭曲效果，又有三维的扭曲效果。【扭曲】滤镜组包括波浪、波纹、玻璃、极坐标、切变、球面化、水波、旋转扭曲、置换、海洋波纹、挤压、扩散亮光和镜头校正 13 种扭曲滤镜，其中，大部分都是常用的滤镜命令。

1.【波浪】滤镜

1）作用：使图像产生波浪扭曲的效果。

2）操作：打开待处理图片（图 10.4.2），选择【滤镜】→【扭曲】→【波浪】命令，弹出【波浪】对话框，根据需要调整参数选项，如图 10.4.3 所示。

图 10.4.2　待处理图片

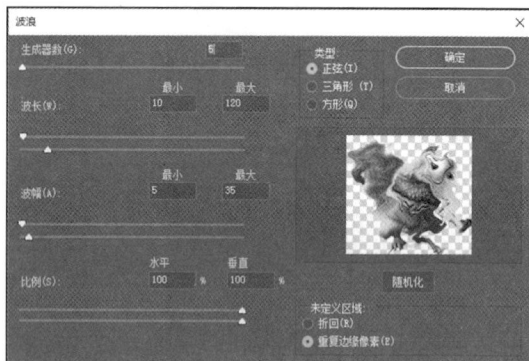

图 10.4.3　【波浪】对话框

2.【波纹】滤镜

1）作用：使图像产生类似水波纹的效果。

2）操作：打开如图 10.4.4 所示的双鸟原图，选择【滤镜】→【扭曲】→【波纹】命令，弹出【波纹】对话框，如图 10.4.5 所示。在【波纹】对话框中，调整效果如图 10.4.6 所示。

图 10.4.4　双鸟原图

图 10.4.5　【波纹】对话框

图 10.4.6　【波纹】调整效果

3.【极坐标】滤镜

1）作用：将图像的坐标从平面坐标转换为极坐标或从极坐标转换为平面坐标。

2）操作：打开如图 10.4.7 所示的素材原图，选择【滤镜】→【扭曲】→【极坐标】命令，在弹出的【极坐标】对话框中，分别选中【平面坐标到极坐标】【极坐标到平面坐标】单选按钮，其效果如图 10.4.8 和图 10.4.9 所示。

图 10.4.7　素材原图

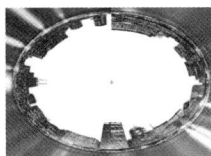
图 10.4.8　平面坐标到极坐标

图 10.4.9　极坐标到平面坐标

4. 【球面化】滤镜

1）作用：使图像产生凹陷或凸出的球面或柱面效果，就像图像被包裹在球面上或柱面上一样，产生立体效果。

2）操作：选择【滤镜】→【扭曲】→【球面化】命令，在弹出的【球面化】对话框中设置参数。数量选项可设置产生球面化或柱面化的变形程度，当值为正时，图像向外凸出，当值为负时，图像向内凹陷。在如图 10.4.10 所示的图像上，用【椭圆选框工具】选取图像中的一部分，再使用【球面化】命令，效果如图 10.4.11 所示。

图 10.4.10　光斑原图

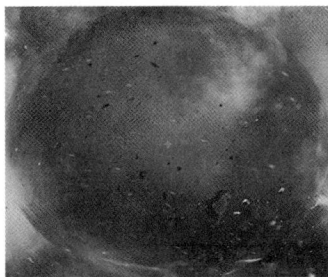
图 10.4.11　【球面化】滤镜效果

5. 【水波】滤镜

1）作用：使图像产生同心圆状的波纹效果。

2）操作：在如图 10.4.10 所示的图像上，选择【滤镜】→【扭曲】→【水波】命令，在弹出的【水波】对话框中可选择【水池波纹】、【从中心向外】与【围绕中心】3 种不同的样式，效果如图 10.4.12～图 10.4.14 所示。

图 10.4.12　【水池波纹】
样式效果

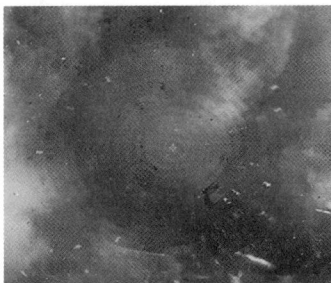
图 10.4.13　【从中心向外】
样式效果

图 10.4.14　【围绕中心】
样式效果

任务分析

首先打开一幅待处理的图像，调整图像的大小，为制作球形提供基础；然后使用【色阶】【色彩平衡】对话框调整图像颜色，使用【极坐标】【旋转扭曲】滤镜来制作球形图片效果。

任务实施

01 启动 Photoshop，打开素材中的"山色.jpg"图像文件作为待处理的图片，如图 10.4.15 所示。

02 设置前景色和背景色为黑色和白色。选择【图像】→【图像大小】命令，在弹出的【图像大小】对话框中，按图 10.4.16 所示设置各项参数，单击【确定】按钮，效果如图 10.4.17 所示，这样做是为了使图像变为方形，使最后的球形更圆。

03 按"Ctrl+L"组合键打开【色阶】对话框，调整阴影，输入色阶值为"20"，参数设置如图 10.4.18 所示，单击【确定】按钮，使暗部再暗一些。

04 按"Ctrl+J"组合键复制一个新图层为"图层 1 拷贝"图层，选择【滤镜】→【扭曲】→【极坐标】命令，在弹出的【极坐标】对话框中，勾选【平面坐标到极坐标】复选框，如图 10.4.19 所示，单击【确定】按钮。

图 10.4.15　待处理的图片　　　　　　　图 10.4.16　【图像大小】对话框

图 10.4.17　调整图像的大小　　　图 10.4.18　【色阶】对话框　　　图 10.4.19　【极坐标】对话框

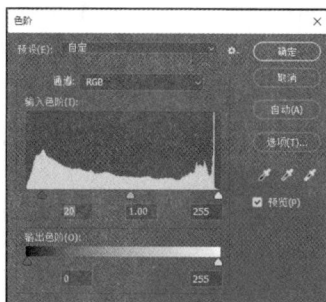

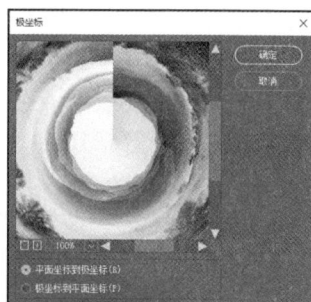

05 按"Ctrl+J"组合键复制一个新图层为"图层 1 拷贝 2"图层，按"Ctrl+T"组合键，右击图像，在弹出的快捷菜单中选择【垂直翻转】命令，按"Enter"键。选择【橡皮擦工具】，画笔大小设置为 120，硬度为 0，不透明度为 80%，擦除两个图层上明显的图像接缝处，多次擦除使其与周围过渡自然，效果如图 10.4.20 所示。

06 按"Ctrl+E"组合键将这 2 个图层合并，使用【修补工具】 ▦ 框选中心棱角部分，向外拖拽并松开，使中心区域颜色无痕过渡，效果如图 10.4.21 所示。

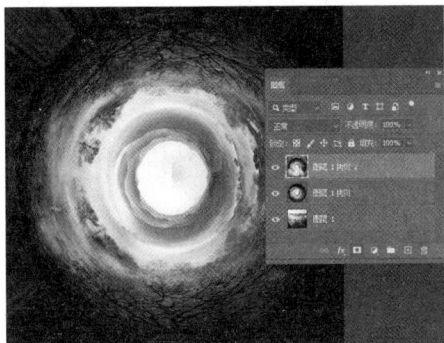

图 10.4.20　擦除图像接缝处

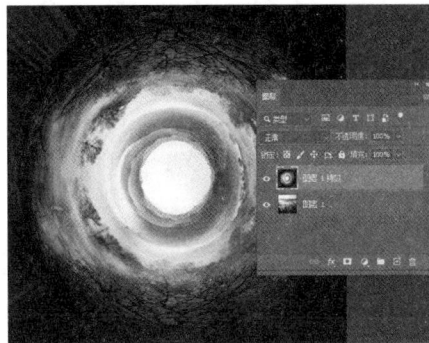

图 10.4.21　修补中心区域

07 按"Ctrl+B"组合键打开【色彩平衡】对话框，分别调整中间调和阴影色彩属性，使其偏青色和蓝色，如图 10.4.22 和图 10.4.23 所示。

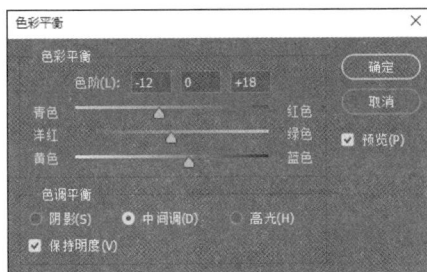

图 10.4.22　【色彩平衡】中间调色彩调整

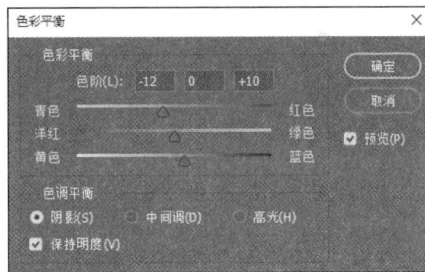

图 10.4.23　【色彩平衡】阴影色彩调整

08 打开"海豚.jpg"图片，将其拖拽至该工作区中，按"Ctrl+T"组合键打开变形工具，按住"Alt"键缩小至适当大小，旋转至合适角度，如图 10.4.24 所示。

09 按"Ctrl+L"组合键打开【色阶】对话框，调整输出色阶的白场，使海豚色调变暗一些，调整参数如图 10.4.25 所示，单击【确定】按钮，最终效果如图 10.4.1 所示。

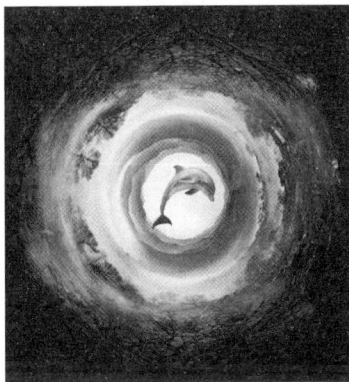

图 10.4.24　嵌入并调整海豚素材

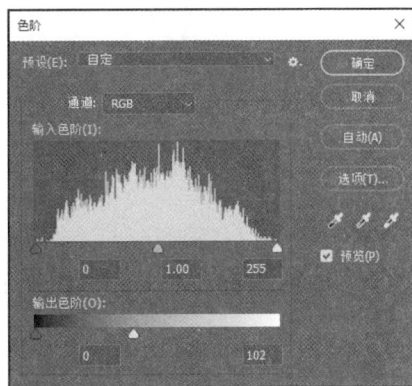

图 10.4.25　调整【色阶】白场参数

任务 10.5　渲染类滤镜的应用——打造光效氛围

■ 任务目的

本任务通过添加光效氛围，使学生学习并体会渲染类滤镜的功能和效果，本任务的效果如图 10.5.1 所示。

图 10.5.1　添加光效氛围的效果

扫码学习

打造光效氛围

■ 相关知识

【渲染】滤镜组能够在图像中模拟光线照明、云雾状及各种表面材质的效果。

1. 【光照效果】滤镜

1）作用：可以在平面图像中添加灯光，并且通过参数的设置制作出不同效果的光照，除此之外，还可以使用灰度文件作为凹凸纹理图，制作出类似 3D 的效果。

2）操作：选择需要添加滤镜的图层，选择【滤镜】→【渲染】→【光照效果】命令，打开【光照效果】滤镜界面，如图 10.5.2 所示。

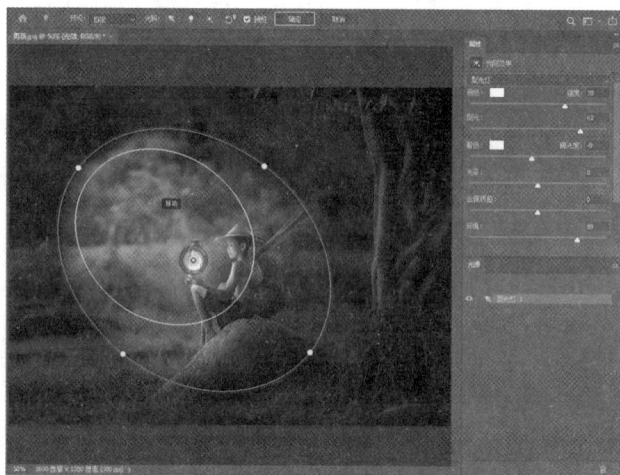

图 10.5.2　【光照效果】滤镜界面

① 从顶部菜单中可以添加新的光源，光源类型有 3 种，分别是聚光、点光、无限光，也可以对当前光效进行重置，Photoshop 还内嵌了多种预设灯光，如图 10.5.3 所示。

② 在中间视图区域，可以通过拖动白点和圆圈的位置及占比来控制灯光的强弱、位置和区域，如图 10.5.4 所示。

③ 在右侧的属性面板可以设置灯光颜色、强弱、着色、曝光度、光泽、金属质感、环境、纹理等参数，还可以切换灯光类型。

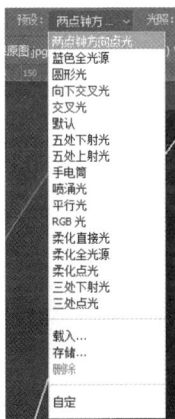

图 10.5.3　预设灯光

图 10.5.4　视图中的灯光控制

2.【镜头光晕】滤镜

1）作用：模拟亮光照射到照相机镜头所产生的光晕效果。通过单击图像缩览图来改变光晕中心的位置，此滤镜不能应用于灰度、CMYK 和 Lab 模式的图像。

2）操作：选择需要添加滤镜的图层，选择【滤镜】→【渲染】→【镜头光晕】命令，弹出【镜头光晕】对话框。在预览窗口中单击或拖动窗口中的十字形标记，可改变光晕中心的位置。镜头类型包括 50-300 毫米变焦、35 毫米聚焦、105 毫米聚焦和电影镜头 4 个选项。镜头光晕参数设置及效果如图 10.5.5 所示。

（a）参数设置

（b）效果图

图 10.5.5　镜头光晕参数设置及效果

任务分析

由于画面中男孩手拿的提灯光源较弱，其照亮的环境区域较小，故需要将画面主体抠出来单独打光，可利用【光照效果】滤镜添加 2 个光源，一个是在提灯处添加"点光灯"，增加提灯发光效果，另一个是在男孩前面添加"聚光灯"，调整灯光属性，使主体前侧被照亮，男孩身后则为背光面，打好灯光后则可通过曲线、Flaming Pear 滤镜插件来营造氛围，以达到最终效果。

任务实施

01 按"Ctrl+O"组合键打开素材文件，按"Ctrl+J"组合键将背景层复制一层，如图 10.5.6 所示。

02 执行【选择】→【主体】命令，即得到画面主体部分。再利用快速选择工具，按住"Shift"键或属性栏按钮 ，把漏选的部分添加到选区，如图 10.5.7 所示。

图 10.5.6　打开素材并复制图层

图 10.5.7　通过【主体】命令进行抠图

03 利用【选择并遮住】精确选取抠图区域，如图 10.5.8 所示，【输出设置】中的【输出到】选择【新建图层】，该图层命名为"主体"。

04 选择"主体"图层，选择【滤镜】→【渲染】→【光照效果】命令，打开【光照效果】滤镜，在属性面板中把光源类型修改为"点光"，并移动到提灯处，适当调整光源范围，颜色为淡黄色，属性参数设置如图 10.5.9 所示。

图 10.5.8　利用【选择并遮住】精确抠图

图 10.5.9　设置调整点光源参数

05 单击 按钮，为画面添加一盏聚光灯，把光源中心移到男孩的前侧，适当调整光源环境范围、强度，颜色为黄色，如图 10.5.10 所示，调整参数后单击【确定】按钮。

06 为进一步增加环境光效，新建一个图层，命名为"光影"，将该图层混合模式修改为"颜色减淡"，如图 10.5.11 所示。

图 10.5.10　调整聚光灯范围与参数　　　图 10.5.11　设置"光影"图层混合模式

07 在【图层】面板中，双击"光影"图层，弹出【图层样式】对话框，在【高级混合】选项中，取消勾选【透明形状图层】复选框，如图 10.5.12 所示。

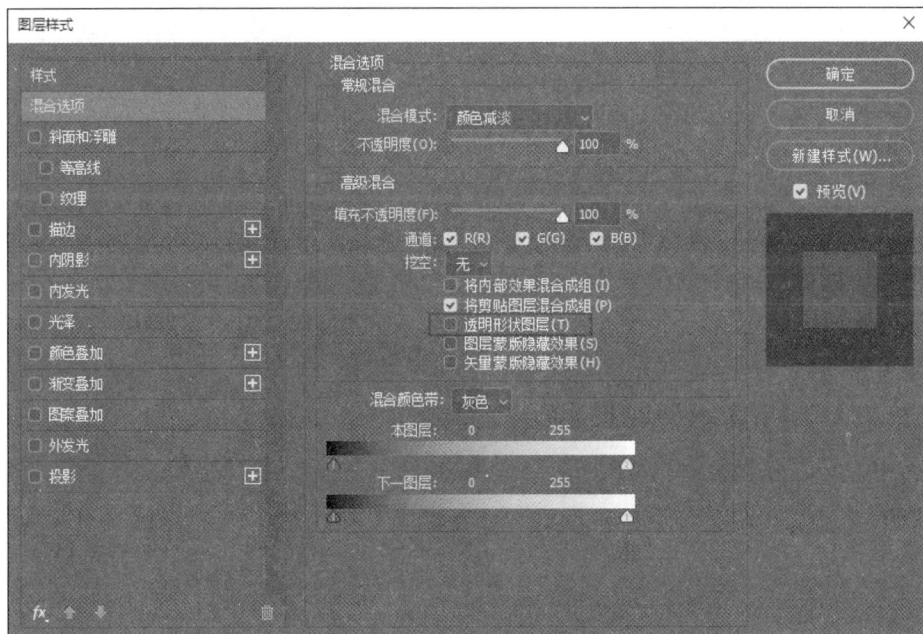

图 10.5.12　设置图层样式高级混合选项

08 将前景色修改为淡黄色，单击【画笔工具】 ，设置画笔的不透明度为 30%，流量为 30%，硬度为 0，适当调整画笔笔尖的大小，在男孩周边的草地、石头等需要变亮的区域进行涂抹，效果如图 10.5.13 所示。

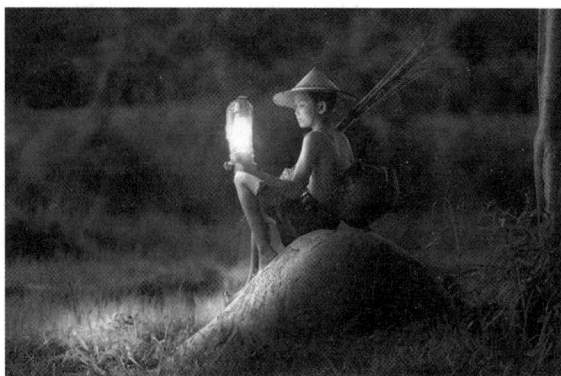

图 10.5.13　用画笔工具涂抹变亮的区域

09 添加曲线调整图层，将画面边缘压暗而提亮中心区域，如图 10.5.14 和图 10.5.15 所示。

图 10.5.14　"曲线 1" 图层

图 10.5.15　"曲线" 参数及效果

10 按 "Ctrl+Shift+Alt+E" 组合键盖印图层，得到 "图层 2"，如图 10.5.16 所示。选择【滤镜】→【Flaming Pear】→【Flood】插件命令，如图 10.5.17 所示。

图 10.5.16　盖印图层

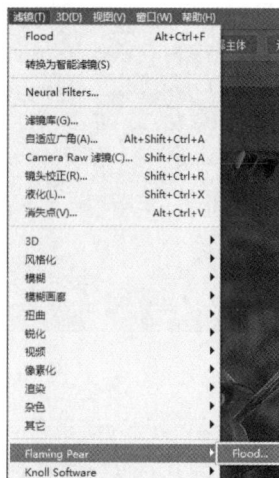

图 10.5.17　【Flaming Pear】滤镜插件

> **小 贴 士**
>
> Flaming Pear Flood 是一款专业的 Photoshop 滤镜插件，它的功能就是制作逼真的水波纹倒影效果。Photoshop 外部滤镜插件的安装也非常简单，只要将滤镜文件复制到 Photoshop 安装目录 Plug-ins 下即可。

11 调整滤镜【Flood】视线、水域及波纹相关参数，如图 10.5.18 所示。单击【确定】按钮，即给图片添加了水波倒影效果，得到的最终效果如图 10.5.1 所示。

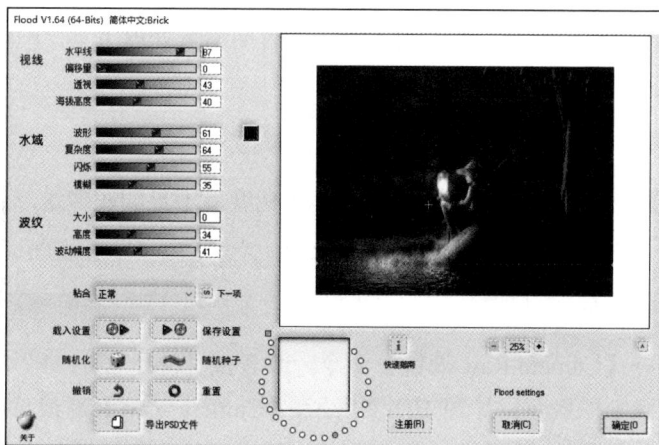

图 10.5.18　设置 Flaming Pear Flood 滤镜参数

任务 10.6　Camera Raw 滤镜的应用——打造城市赛博朋克风

■ 任务目的

本任务通过 Camera Raw 滤镜的应用，为城市夜景打造赛博朋克风，使学生学习并体会 Camera Raw 滤镜的功能与应用，本任务最终效果如图 10.6.1 所示。

图 10.6.1　城市赛博朋克风效果图

扫码学习

打造城市赛博朋克风

▌相关知识

Adobe Camera Raw 是 Adobe 公司旗下的照片 Raw 文件处理器，简称为 ACR，Raw 文件又称数字底片，是数码相机所生成的原始格式文件，比 JPEG 格式储存更多的信息。常见的 Raw 文件后缀包括 NEF、DNG、CR2 等。正因为各数码相机厂商的 Raw 格式各不相同，而 Photoshop 本身是无法直接识别 Raw 格式文件的，需要通过 ACR 处理器先解析转换。同时 ACR 还提供了很多调整选项，这些在 Raw 文件之上的调整都是完全无损的，也就是底片信息并没有被覆盖，随时可以一键复原。Photoshop 中附带【Camera Raw】滤镜，【Camera Raw】滤镜不仅可以对 Raw 文件进行修饰、调色处理，也可以对 JPEG、TIFF 等其他类型的图像进行编辑处理，是一款功能好用而且非常强大的图像后期编辑处理工具。下面介绍 Camera Raw 滤镜的作用、操作及相关应用说明。

1. ACR 的主要作用

【Camera Raw】滤镜能够对有偏色或饱和度及亮度等不足的图像进行调色、氛围渲染、增强质感、磨皮、后期调节来得到满意的图像。

2. ACR 的基本界面

选择【滤镜】→【Camera Raw 滤镜】命令，或者按"Shift+Ctrl+A"组合键均可以打开【Camera Raw】滤镜工作界面，如图 10.6.2 所示，【Camera Raw】滤镜工作界面主要由工具栏、直方图、调片命令面板、图像显示区等组成，其中调片命令面板包含基本、曲线、细节、混色器、颜色分级、光学、几何、效果及校准选项面板。

图 10.6.2 【Camera Raw】滤镜工作界面

3. ACR 的主要功能

1）图像调色：通过【色温】【色调】【混色器】【颜色分类】【曲线】等选项与命令面板对有偏色的图片进行校对颜色和气氛渲染操作，可以通过拖动三角滑块或输入数值来控制选项的参数值。

2）增加质感：可以用【基本】面板中的【对比度】【清晰度】及【细节】面板中的【锐化】等参数增加图片的质感。

3）磨皮修复：运用【细节】面板中的【减少杂色】选项，可以快速修复人脸部的瑕疵，让颜色色调更平均。

4）后期校正：一般用【标准】【效果】【光学】【几何】等面板中的选项功能对照片进行后期有效的镜头校正、效果增强、相机校准等操作。

任务分析

赛博朋克色是一种摄影后期流行色调，其主色调由洋红和青蓝色组成，一般适用于城市夜景，表现大都市的科技灯光和迷幻色彩。先使用【Camera Raw】滤镜进行基本色的调整，在【混色器】面板中，将饱和度选项全部降到最低。之后提升蓝色和洋红色的饱和度，通过色相选项调整蓝色与洋红色，统一照片色调。在【基本】面板中，调整色温、色调选项，控制蓝色和洋红色的比重，最后在 Photoshop 中添加曲线调整图层，再利用【曲线】面板上的吸色工具根据情况进行明暗与颜色的调整。

任务实施

01 按"Ctrl+O"组合键打开"城市夜景"素材文件，按"Ctrl+J"组合键复制"背景"图层，对原图进行备份，得到"图层 1"，如图 10.6.3 所示。

图 10.6.3   对原图进行备份

02 选择【滤镜】→【Camera Raw 滤镜】命令，在【Camera Raw】滤镜界面中，首先进入几何面板，单击 A 按钮对画面进行透视校正，效果如图 10.6.4 所示。

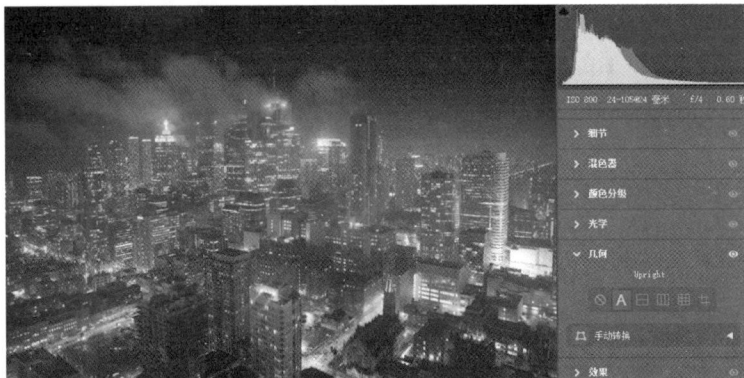

图 10.6.4　对画面进行透视校正

03 选择【混合器】面板下的【饱和度】子面板，将所有选项的滑块拖动到最左侧，使饱和度降到最低，对图像进行抽色处理，效果如图 10.6.5 所示。

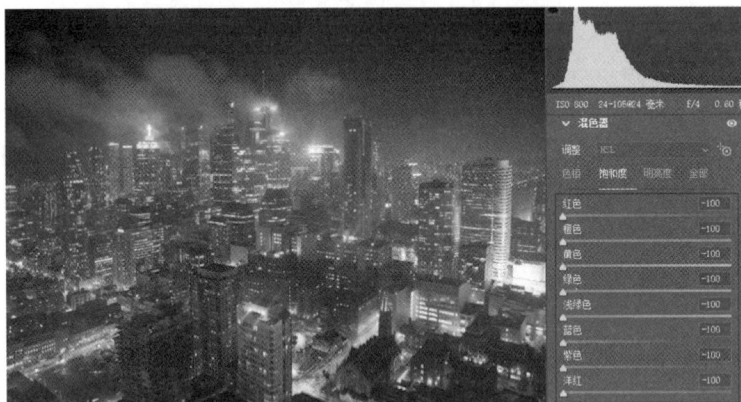

图 10.6.5　对图像进行抽色处理

04 再将蓝色、紫色、洋红 3 个选项的饱和度滑块向右拖动，为图像重新植入这 3 种颜色，去掉其他杂色，效果如图 10.6.6 所示。

图 10.6.6　为图像重新植入蓝色、紫色、洋红 3 种颜色

05 选择【混合器】面板下的【色相】子面板，向左调整蓝色滑块，使蓝色偏青色，再向右调整紫色与洋红色滑块，使紫色和洋红色更浓一些，效果如图 10.6.7 所示。

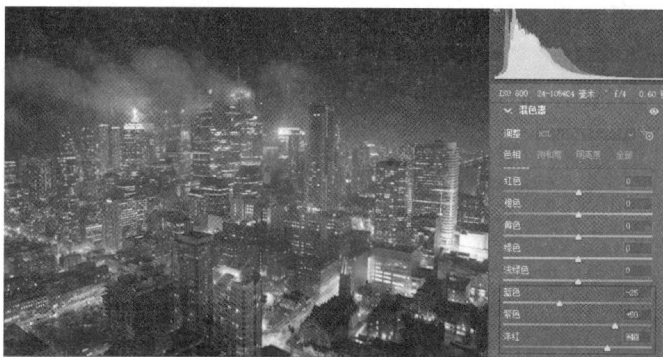

图 10.6.7   调整蓝色、紫色与洋红【色相】选项参数

06 打开【基本】面板，调整色温与色调选项参数，再次加重画面中青色与洋红色的浓度，效果如图 10.6.8 所示。

图 10.6.8   调整色温与色调选项参数

07 单击【径向滤镜工具】按钮⊙，选择天空云雾区域，适当调整曝光与色温选项参数，对天空中云雾区域的清晰度与色彩进行局部处理，效果如图 10.6.9 所示，单击【确定】按钮进入 Photoshop 界面。

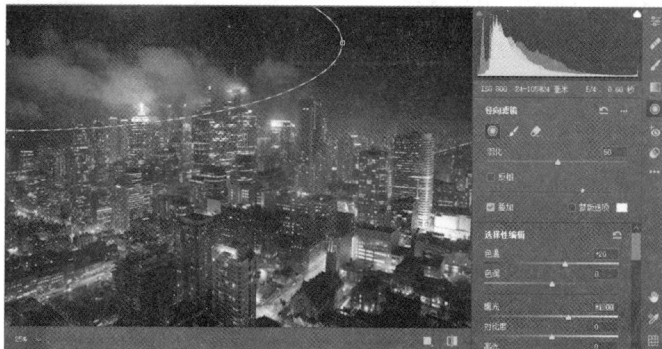

图 10.6.9   运用径向滤镜工具对云雾进行局部处理

08 单击【图层】面板下方的【创建新的填充或调整图层】按钮，在弹出的下拉列表中选择【曲线】命令，创建曲线调整层，打开【曲线】属性面板，调整 RGB 曲线，适当调整明暗对比度，具体设置如图 10.6.10 所示。

图 10.6.10　【曲线】属性 RGB 设置

09 选择红色通道，单击小手按钮，在画面中吸取红色，按住鼠标左键向上拖动鼠标，可适当增加红色区域，曲线如图 10.6.11 所示。选择蓝色通道，用同样方法也可做适当的调整，如图 10.6.12 所示，最后给城市夜景打造出赛博朋克风格的效果。

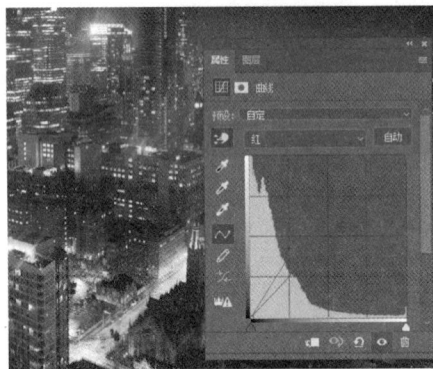

图 10.6.11　【曲线】属性红色通道设置

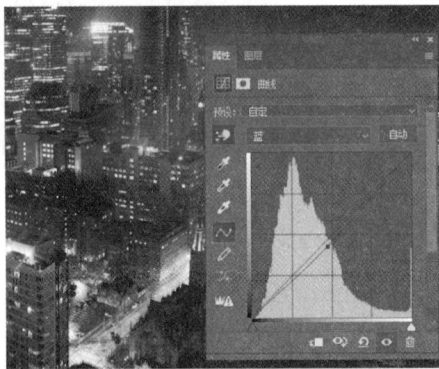

图 10.6.12　【曲线】属性蓝色通道设置

项 目 小 结

　　本项目通过 6 个任务的实际操作，详细介绍了常用滤镜命令的功能、各参数的作用与使用规则。通过各任务的操作过程演练，使学生了解各种滤镜的实际效果，进一步加深对常用滤镜的掌握。由于篇幅有限，本书不能详尽地介绍每一种滤镜的使用方法。在实际工作中，还需学生自己多多实践，慢慢领会各个滤镜的内在功能与应用技巧。

实 践 探 索

一、选择题

1. 在使用【滤镜】命令处理图像时，如果需要重复上一次使用的滤镜命令，可以按"（　　）"组合键。

　　A．Alt+F　　　　　　B．Shift+F　　　　　　C．Ctrl+F　　　　D．Ctrl+D

2. 如果在【滤镜】对话框中对调节的效果不满意，希望恢复调节前的参数，可以按"（　　）"键，这时【取消】按钮会变为【复位】按钮，单击此按钮就可以将参数重置为调节前的状态。

　　A．Alt　　　　　　　B．Alt+F　　　　　　　C．Ctrl+F　　　　D．Shift+F

3. （　　）滤镜组可以将图像进行几何扭曲，以创建波浪、波纹、挤压及切变等各种图像的变形效果。

　　A．风格化　　　　　B．扭曲　　　　　　　C．艺术效果　　　D．纹理

二、操作题

1. 绘制绚丽的花朵，参考效果如图 10.s.1 所示（提示：先绘制一个白色矩形条，选择【滤镜】→【风格化】→【风】命令做出花瓣雏形；然后选择【编辑】→【变换】→【变形】命令将风格化后的矩形条变形成一个花瓣，并为花瓣添加图层样式；最后复制花朵的其他花瓣。花蕊的制作方法与花瓣相同）。

2. 打开"田园风光.jpg"图像文件，运用【艺术效果】滤镜组的【绘画涂抹】滤镜，制作的油画效果如图 10.s.2 所示（提示：先通过选择【杂色】→【中间值】命令与【锐化】→【USM 锐化】命令把图像处理成油画笔触色块，再应用【艺术效果】滤镜组的【绘画涂抹】滤镜命令，得到油画效果，最后通过【色阶】命令调节明暗，选择【风格化】→【浮雕效果】命令，配合【线性光】图层混合样式，营造出油墨绘画的厚重感，打开"画框.jpg"素材，将制作出的油画嵌入画框）。

图 10.s.1　绚丽花朵

图 10.s.2　油画效果

项目 11

快捷高效的动作功能

项目导读

动作是 Photoshop 的一个非常强大而又难以掌握的功能,而图像自动化处理又是动作的高级应用,也是一个非常实用的功能。运用图像自动化处理可以快速完成大批量图像的处理操作,既提高了工作效率,又不会因多次操作而发生参数设置错误的情况。

知识目标

1)了解动作的工作原理。

2)认识【动作】面板及作用。

3)掌握自动批处理的意义及作用。

能力目标

1)掌握动作最基本的录制与播放操作及其他编辑方法。

2)掌握自动批处理的使用方法。

素养目标

1)培养学生追求卓越的创造精神。

2)推动高效工作,提升智能化思维。

任务 11.1　应用及录制动作——制作一寸工作照

Photoshop 预置的动作是有限的，无法满足个性化的需求。Photoshop 提供的录制、应用动作功能，则可以使我们快速、灵活地完成工作任务。

■ 任务目的

本任务通过使用 Photoshop 制作一寸工作照，使学生掌握使用 Photoshop 录制并应用动作的方法。本任务的最终效果如图 11.1.1 所示。

图 11.1.1　一寸工作照的效果图

扫码学习

制作一寸工作照

■ 相关知识

Photoshop 动作是将一系列命令组合为单个动作，相当于以前 DOS 操作系统中的批处理命令，也就是一种对图像进行多重步骤的批处理操作，这样可以大幅提高工作效率。

在 Photoshop 中，对动作的编辑是通过一个单独的面板来完成的。使用该面板不仅可以实现动作的记录、播放、编辑和删除等操作，还可以创建新序列和新动作。选择【窗口】→【动作】命令或按 "Alt+F9" 组合键，可以显示【动作】面板，如图 11.1.2 所示。

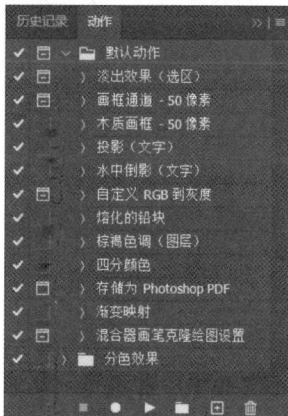

图 11.1.2　【动作】面板

1）■（停止播放/录制）：当【动作】面板中正在执行录制或播放动作时，单击该按钮，可以停止录制或播放。

2）●（开始记录）：单击该按钮时将显示红色，说明已经开始录制动作。

3）▶（播放）：单击该按钮，系统将自动播放录制的动作。

4）■（创建新组）：单击该按钮可以新建一个动作组。动作组如同图层中的组，是用来管理具体动作的。

5）⊞（创建新动作）：单击该按钮可以创建一个新的动作。

6）🗑（删除动作）：单击该按钮可以删除记录的动作或动作指令。

7）▣（切换对话开/关）：该按钮以黑白效果显示，在播放动作时会弹出该动作相对应的对话框，以方便对该动作参数进行重新设置。如果某项动作指令前面没有该按钮，说明该项操作没有可以设置的对话框。如果该按钮显示为红色，说明此动作中有部分动作指令在当前条件下不可执行，单击该按钮系统会自动将不可执行的动作指令转换成可执行的动作指令。

8）✔（切换项目开/关）：用来控制动作指令是否被播放。

9）默认动作：这是系统默认的动作选项。选择【动作】面板下拉菜单中的【复位动作】命令，即可将【动作】面板设置为系统默认的显示状态。

10）动作指令：录制的操作指令，一个动作中可以包含许多动作指令。

11）按钮模式：【动作】面板会变成快捷按钮模式，更加直观方便。

12）插入菜单项目：等同于●再次记录，例如，打开【插入菜单项目】对话框，此时【插入菜单项目】对话框会显示无选择，如图 11.1.3 所示。此时可以设置一个命令，选择【图像】→【色彩平衡】命令，并单击【确定】按钮，此时【插入菜单项目】对话框就会显示所插入的项目。

13）插入停止：会在当【动作】面板中正在执行录制或播放动作时，插入一个停止。

14）插入条件：插入条件动作有助于创建动作，该动作基于几种不同的条件选择操作动作。首先，选择条件，然后选择性地指定满足条件时播放的动作。其次，选择性地指定文档不满足条件时播放的动作。

15）插入路径：首先用【钢笔工具】勾选一个路径，选择【动作】→【插入路径】命令，此时插入路径就会在【动作】面板中正在执行的录制或播放动作中显示。

16）动作选项：如图 11.1.4 所示，当打开【动作选项】对话框时，可以从中设置当前项目的功能键和颜色。

图 11.1.3　【插入菜单项目】对话框　　　　图 11.1.4　【动作选项】对话框

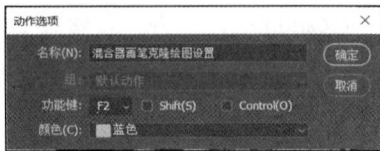

17）回放选项。

① 加速：当单击【播放】按钮时，会直接跳转到最后的效果。

② 逐步：会显示每一个步骤的过程，动作较缓慢。

③ 暂停：可以设置每一个步骤需要停止多长时间。

18）允许工具记录：当勾选【允许工具记录】复选框时，会在【动作】面板中正在执行录制或播放的动作上显示所用到的工具名称。

19）清除全部/复位动作：清除全部动作会将所有【动作】面板上的记录删除，复位动作会恢复所有【动作】面板上的基础动作。

20）载入动作：可将动作载入【动作】面板。

21）替换动作：可用新动作替换旧动作。

22）存储动作：可保存新制作的动作。

23）动作的命令：【命令】【画框】【图像效果】【LAB-黑白技术】【制作】【流星】【文字效果】【纹理】【视频动作】这些命令都可以在【动作】面板中（除"默认动作"外）根据不同属性进行添加，如图 11.1.5 所示。

命令
画框
图像效果
LAB - 黑白技术
制作
流星
文字效果
纹理
视频动作

图 11.1.5 动作命令

24）淡出效果：在画面中创建一个选区，选择【动作】面板中的【淡出效果】选项，会弹出【羽化选区】对话框，从中将【羽化半径】调整为较大像素，此时画面中被选中的区域边缘出现明显的淡出效果。

25）画框通道：复制图层，选择【画框通道】→【播放】选项 ▶，此时画面会生成一个画框选区，可填充颜色做画框效果。

26）木纹画框：与画框通道相同，最后可直接呈现出木纹效果的画框。

27）投影：创建文字，将文字输入至画布，单击【投影】按钮，所选图层会呈现出投影的效果。

28）水中倒影：与投影相同，最后呈现出水中倒影的效果。

29）自定义 RGB 到灰度：使画面呈现出黑白灰的效果。

30）格式化铅块：使画面呈现出铅块的效果。

31）棕褐色调：使画面呈现出带棕色的效果。

32）四分颜色：使画面分为均等的 4 种颜色效果。

33）存储为 Photoshop PDF：可将图片存储为 PDF 格式。

34）渐变映射：使图片呈现出渐变映射的效果。

35）混合器画笔克隆绘图设置：使画面呈现出较灰的状态。

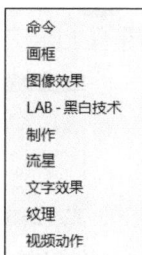

任务分析

根据 Photoshop 动作制作的规律，首先记录下第一张一寸照片的制作全过程，然后将所记录的动作运用到其他图像上，最终制作多张尺寸统一的一寸照片。

任务实施

01 按"Ctrl+O"组合键，打开"人像.jpg"图像文件。

02 选择【窗口】→【动作】命令，单击【动作】面板▶底部的【创建新组】按钮◻，在弹出的【新建组】对话框中输入名称"寸照"，如图 11.1.6 所示。

03 单击【动作】面板▶底部的【创建新动作】按钮◻，在弹出的【新建动作】对话框中输入名称"寸照"，如图 11.1.7 所示。

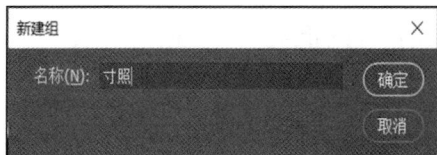

图 11.1.6 【新建组】对话框　　　　图 11.1.7 【新建动作】对话框

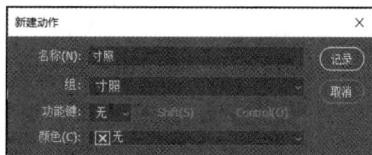

04 单击【动作】面板▶底部的【开始记录】按钮●，当【开始记录】按钮变为红色时，开始录制操作。

05　选择【图像】→【图像大小】命令，如图11.1.8所示，弹出【图像大小】对话框，如图11.1.9所示。

图 11.1.8　【图像】菜单　　　　　　　　　　　图 11.1.9　【图像大小】对话框

06　调整图像大小，将图像大小设置成宽2.5厘米、高3.5厘米、将分辨率设置为300像素/英寸，如图11.1.10所示。

07　打开【动作】面板▶，单击【动作】面板▶下方的【停止播放/录制】按钮■，完成制作。单击【动作】面板▶右上角的■按钮，从弹出的下拉菜单中选择【存储动作】命令，如图11.1.11所示，在弹出的【存储为】对话框中输入动作名称"一寸照片"，并单击【保存】按钮保存动作。

图 11.1.10　【图像大小】操作效果　　　　　　图 11.1.11　【动作】面板▶下拉菜单

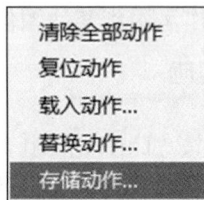

任务 11.2　自动批处理——制作并排版一寸照片

从事图形图像工作的人员经常会处理大批量的图像文件，如将几百张彩色图片转换成灰度图像，将上千张图片的分辨率改成100像素/英寸，将上万张图片的大小统一成"500像素×500像素"等，这些工作很难一张一张地去完成。在Photoshop中，利用动作和批处理功能就可以很好地解决这些问题。其实，批处理也就是使多个图像文件执行同一个动作，从而实现自动化操作。

任务目的

本任务通过实现如图 11.2.1 所示的批处理图像效果, 使学生学习并掌握 Photoshop 自动批处理的使用方法。

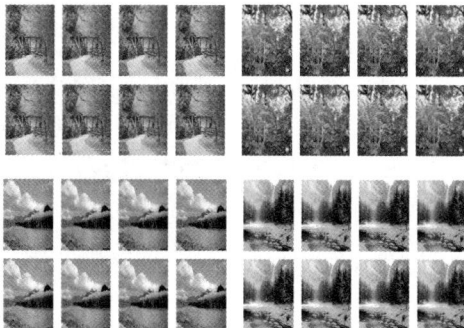

图 11.2.1　运用批处理完成的图像效果

扫码学习

制作并排版一寸照片

相关知识

1. 图像自动批处理的意义

在 Photoshop 的【文件】→【自动】菜单下有几个非常实用的自动处理功能, 如图 11.2.2 所示。

1）批处理：一次性地对大批量图像文件执行同一个"动作"操作, 从而实现操作的自动化。

2）PDF 演示文稿：使用各种图像来创建多页文档或幻灯片演示文稿。

3）创建快捷批处理：将一个"动作"创建一个可执行的小程序。

4）裁剪并拉直照片：裁剪并修齐照片。

5）联系表 II：快速又简洁地生成多张图片的预览形式。

6）Photomerge：合并多幅图像。

7）合并到 HDR Pro：合并高动态区域的图像。

8）镜头校正：利用数码图片拍摄数据信息, 自动修正图像的几何失真, 修饰图像周边曝光不足的暗角晕影, 以及修复边缘出现彩色光晕的色相差。

9）条件模式更改：快速转换文件的色彩模式。

10）限制图像：自动调整图像文件的大小。

图 11.2.2　【自动】子菜单

2. 批处理

选择【文件】→【自动】→【批处理】命令, 如图 11.2.3 所示, 弹出【批处理】对话框, 如图 11.2.4 所示。

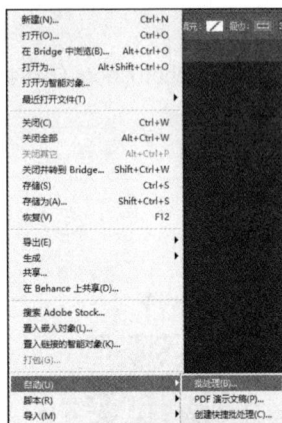

图 11.2.3　【文件】菜单　　　　　　　　　图 11.2.4　【批处理】对话框

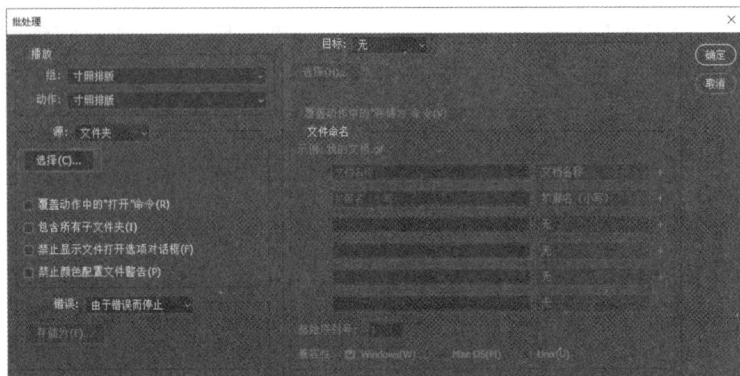

在对话框中可设置选项，各选项的作用如下。

1）组：此下拉列表框中包含载入【动作】面板▶的所有组，从中选择要执行的动作所在的组即可。

2）动作：从该下拉列表框中选择要执行的动作。

3）源：在该下拉列表框中可以选择图片的来源，共有 4 个选项。

① 文件夹：处理指定文件夹中的文件。单击 选择(C)... 按钮可以查找并选择文件夹。

② 导入：处理来自数码相机、扫描仪或 PDF 文档的图像。此选项只有安装了扫描仪才会被启用。

③ 打开的文件：处理所有打开的文件。此选项只有在打开图像后才可用。

④ Bridge：处理 Adobe Bridge 中选定的文件。如果未选择任何文件，则处理当前 Bridge 文件夹中的文件。

4）覆盖动作中的"打开"命令：勾选此复选框可以忽略动作中的【打开】命令。

5）包含所有子文件夹：勾选此复选框可以对文件夹中的所有子文件执行相同的动作。

6）禁止显示文件打开选项对话框：勾选此复选框可以禁止打开【文件选项】对话框。

7）禁止颜色配置文件警告：勾选此复选框可以禁止颜色警告。

8）错误：此下拉列表框中提供了遇到错误时的两种方案。

① 由于错误而停止：遇到错误时停止。

② 将错误记录到文件：遇到错误时保存。

9）目标：设置文件处理后的存储方式，其下拉列表框中共有 3 个选项。

① 无：对处理后的文件不进行任何保存，只将文件打开并放置在 Photoshop 界面。

② 存储并关闭：将文件保存在原路径并关闭。

③ 文件夹：将处理后的文件保存在新的文件夹中，单击 选择(C)... 按钮指定文件存储的路径。

10）覆盖动作中的"存储为"命令：勾选此复选框可以忽略动作中的【存储为】命令。

本任务使用 Photoshop【动作】与【批处理】命令，对多张图片进行快速"制作并排版"处理，最后得到所需的图像效果。

任务实施

01 按"Ctrl+O"组合键，打开"人像.jpg"图像文件。

02 选择【窗口】→【动作】命令，单击【动作】面板▶底部的【创建新组】按钮，在弹出的【新建组】对话框中输入名称"寸照排版"，如图 11.2.5 所示。

03 单击【动作】面板▶底部的【创建新动作】按钮，在弹出的【新建动作】对话框中输入名称"寸照排版"，如图 11.2.6 所示。

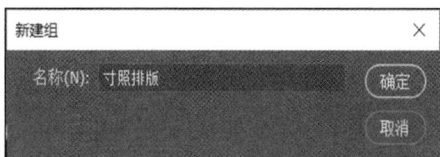

图 11.2.5 【新建组】对话框   图 11.2.6 【新建动作】对话框

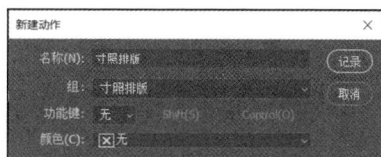

04 单击【动作】面板▶底部的【开始记录】按钮，当【开始记录】按钮变为红色时，开始录制操作。

05 选择【图像】→【图像大小】命令，如图 11.2.7 所示，弹出【图像大小】对话框，如图 11.2.8 所示。

图 11.2.7 【图像】菜单   图 11.2.8 【图像大小】对话框

06 调整图像大小，将图像大小设置成宽 2.5 厘米、高 3.5 厘米，分辨率设置为 300 像素/英寸。

07 双击"背景"图层，将"背景"图层解锁，解锁后的"背景"图层变为"图层 0"，单击【图层】面板下方的【新建图层】按钮两次，新建的两个图层分别命名为"图层 1"和"图层 2"，并将解锁后的"图层 0"放置顶端，如图 11.2.9 所示。

08 选择【图像】→【画布大小】命令，如图 11.2.10 所示，弹出【画布大小】对话框，调整画布大小，将画布大小设置成宽 11.6 厘米、高 7.8 厘米，如图 11.2.11 所示。

图 11.2.9　【图层】面板　　　图 11.2.10　【图像】菜单　　　图 11.2.11　【画布大小】对话框

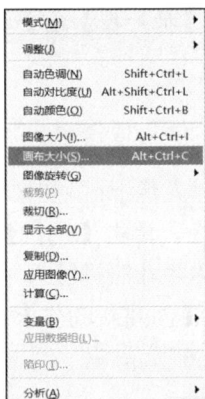

09 在"图层 2"上用【矩形工具】■创建一个宽 11.2 厘米、高 7.4 厘米的红色矩形，如图 11.2.12 所示。

10 将矩形放置于画面中心，并对"图层 1"使用【填充工具】◇填充为白色，如图 11.2.13 所示。

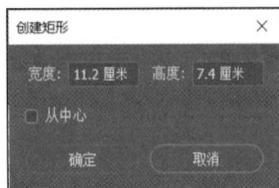

图 11.2.12　【创建矩形】对话框　　　　　　图 11.2.13　画布效果

11 复制"图层 0"，将 8 张一寸照片均匀地分布在矩形范围内，隐藏红色矩形图层，如图 11.2.14 所示。

图 11.2.14　复制图像效果

12 打开【动作】面板▶，单击【动作】面板▶下方的【停止播放/录制】按钮■，完成制作。

13 选择【文件】→【导出】→【储存为 Web 所用格式（旧版）…】命令导出所做好的图片，如图 11.2.15 所示，优化的文件格式为"JPEG"，如图 11.2.16 所示，单击【存储】按钮，将图片放入新建文件夹，文件夹命名为"批处理（1）"。

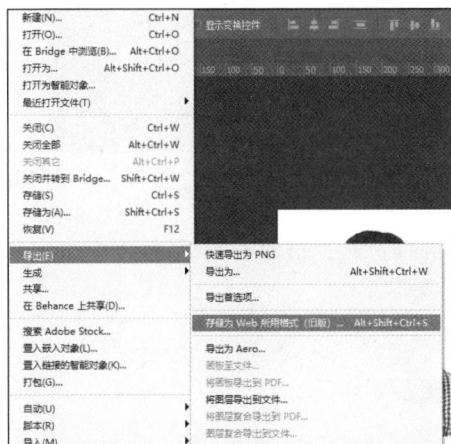

图 11.2.15 【文件】菜单

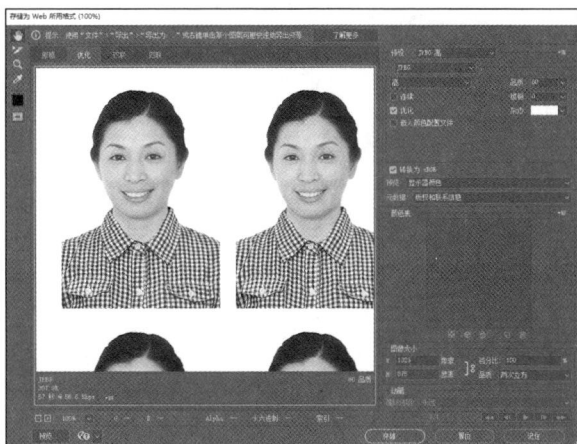

图 11.2.16 【储存为 Web 所用格式（旧版）…】窗口

14 选择【文件】→【自动】→【批处理】命令，在弹出的【批处理】对话框中进行设置，如图 11.2.17 所示，在【源】下拉列表中选择【文件夹】选项，单击【选择】按钮，选择【批处理】文件夹，如图 11.2.18 所示。

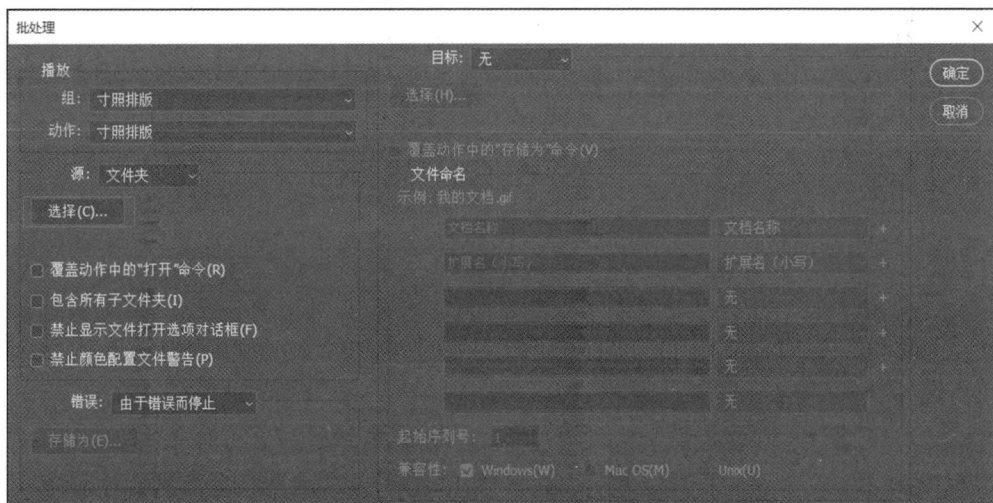

图 11.2.17 【批处理】对话框

15 在【目标】下拉列表中选择【文件夹】选项，单击【选择】按钮选择【批处理（1）】文件夹，如图 11.2.19 所示。

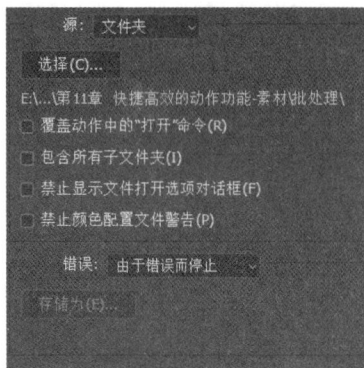

图 11.2.18　选择图片来源　　　　　　图 11.2.19　设置存储方式

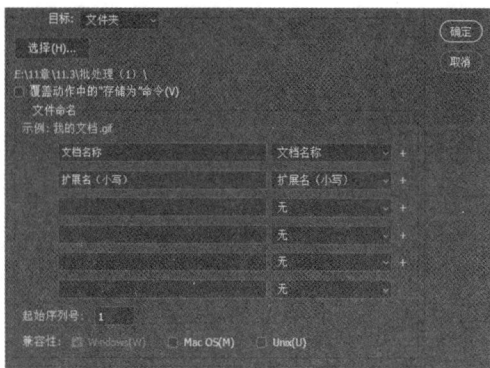

16 单击【确定】按钮，Photoshop 界面自动演示处理过程，最终效果如图 11.2.1 所示。

项 目 小 结

　　本项目通过 2 个任务的实际操作，详细介绍了动作面板及其作用、图片的批处理等内容，同时详细介绍了使用预置动作快速完成图片处理的方法，以及根据个人需求自行录制动作、应用动作的方法。

实 践 探 索

一、选择题

　　1．要想建立一个动作序列，可以单击【动作】面板中的（　　）按钮。

　　　　A．■（停止播放/录制）　　　　　　B．●（开始记录）

　　　　C．▣（新建组）　　　　　　　　　D．▶（播放）

　　2．要想使用已经录制好的动作，需要先打开图片，然后单击【动作】面板下方的（　　）按钮，图像闪烁数秒后即可完成。

　　　　A．■（停止播放/录制）　　　　　　B．●（开始记录）

　　　　C．▣（创建新组）　　　　　　　　D．▶（播放）

二、操作题

　　运用所学的动作知识，使用所提供的【怀旧照片】动作为照片制作怀旧效果，如图 11.s.1 所示（提示：在【动作】面板下拉菜单中选择【载入动作】命令，执行导入的【怀旧效果】动作）。

图 11.s.1　怀旧效果

项目 12

项 目 实 训

项目导读

　　Photoshop 是众多平面设计师进行平面设计、图形和图像处理时的首选软件。本项目主要介绍 Photoshop 在平面海报、公益广告、UI（user interface，用户界面）设计、网页制作中的应用，使学生通过综合实例的制作，提高软件的综合应用能力。

知识目标

1）了解合成海报的常用技巧。

2）熟悉 App 界面、宝贝详情页的构成要素。

3）了解网站导航栏与主页内容的设计原则。

4）掌握宝贝详情页的设计与制作流程。

能力目标

1）能够灵活运用 Photoshop 的抠图、蒙版、修图、调色等功能合成海报。

2）能够灵活运用 Photoshop 完成 App 界面、网站首页、宝贝详情页的设计与制作。

素养目标

1）通过公益广告创意设计，增强学生爱护自然、保护环境的意识。

2）具备创新意识，培养学生发现美、欣赏美、创造美的能力。

任务 12.1　海报设计——合成海报制作

■ 任务目的

本任务通过制作如图 12.1.1 所示的鳄鱼、山峰和海底一体的合成海报的实例，提高学生使用 Photoshop 进行综合制作的能力。

图 12.1.1　海洋谜雾合成海报效果

扫码学习

海洋谜雾

任务分析

本任务将综合运用 Photoshop 抠图、蒙版、修图、调色功能，先从素材中抠取需要的元素，重新排布、重新构图后再进行协调性处理，最后进行调色来完成合成海报的制作。

任务实施

01 打开素材"海上.jpg"图像文件。

02 使用【套索工具】将背景图中的人物框起来，如图 12.1.2 所示，选择【编辑】→【填充】命令，在【内容】选项框中选择【内容识别】，单击【确定】按钮，效果如图 12.1.3 所示。

图 12.1.2　创建选区

图 12.1.3　去除中间人物

03 使用【仿制图章工具】，按住"Alt"键进行图像取样，打开【仿制源】面板，拖动角度滑块（或直接设置数值）使海平面尽量水平，按住"Alt"键重新取样，涂抹海面，如图 12.1.4 所示；接着重新调整角度数值为负值，再按住"Alt"键重新取样，涂抹海面，修补好左侧的海平面；然后再将角度调为 0 度，取样右侧的海平面，从右侧往左侧修平，效果如图 12.1.5 所示。

图 12.1.4 使用【仿制图章工具】修复左侧海平面

图 12.1.5 修复海平面的效果

图 12.1.6 海底修补效果

04 使用【修补工具】修补海平面下纹理不正确的部分及多余的那根线，若一次修补不完全，可以多次重复此操作，修补效果如图 12.1.6 所示。

05 使用【套索工具】框选背景图层中的"鸟"，按"Shift+F6"组合键调出【羽化选区】面板，调整羽化半径为 10，单击【确定】按钮，接着按"Ctrl+J"组合键复制图层，将图层命名为"海鸟"。

06 使用【裁剪工具】，在按住"Alt"键的同时向外拖动画布一侧将画布调宽，接着解锁背景图层，按"Ctrl+T"组合键，接着按住"Alt+Shift"组合键拖动边界将背景图层调宽，如图 12.1.7 和图 12.1.8 所示。

图 12.1.7 调宽画布

图 12.1.8 拉宽背景

07 打开"鳄鱼"素材，使用【快速选择工具】选取鳄鱼，用【移动工具】将鳄鱼拖动到背景图片上，按"Ctrl+T"组合键调整鳄鱼的大小，并将鳄鱼移动到合适的位置，如图 12.1.9 所示。

08 选中鳄鱼图层，选择【滤镜】→【液化工具】命令，用膨胀工具放大鳄鱼的眼睛，如图 12.1.10 所示。

图 12.1.9　添加鳄鱼

图 12.1.10　放大眼睛

09 复制鳄鱼图层，命名为"鳄鱼水上"，修改原图层名为"鳄鱼水下"，分别为"鳄鱼水上"和"鳄鱼水下"图层添加蒙版，隐藏"鳄鱼水上"图层，选中"鳄鱼水下"图层蒙版，使用【画笔工具】，设置前景色为黑色，不透明度为 100%，涂抹鳄鱼的水上部分，如图 12.1.11 所示。

10 显示"鳄鱼水上"图层，使用【画笔工具】在图层蒙版涂抹鳄鱼的水下部分，将鳄鱼水下的部分擦掉，注意保留水面，如图 12.1.12 所示。

图 12.1.11　"鳄鱼水下"效果

图 12.1.12　"鳄鱼水上"效果

11 选中"鳄鱼水下"图层，单击图层面板下方的【调整图层】按钮，选择【色彩平衡】按钮，调整水下部分鳄鱼的颜色，如图 12.1.13 所示，接着单击【此调整剪切到此图层】按钮 。

图 12.1.13　色彩平衡参数调整

12 再单击【图层】面板下方的【调整图层】按钮，选择【色相与饱和度】命令，进行参数调整，如图 12.1.14 所示。

13 单击"鳄鱼水下"图层面板下方的【添加图层样式】按钮，选择【混合选项】中【混合颜色带】下方下一图层的暗部滑块和本图层的亮部滑块，按住"Alt"键进行调整，参数如图 12.1.15 所示。

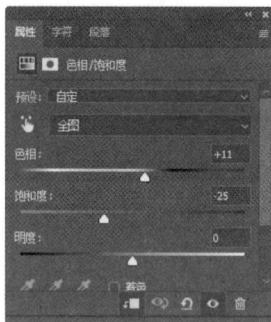

图 12.1.14　【色相与饱和度】参
　　　　　　数设置

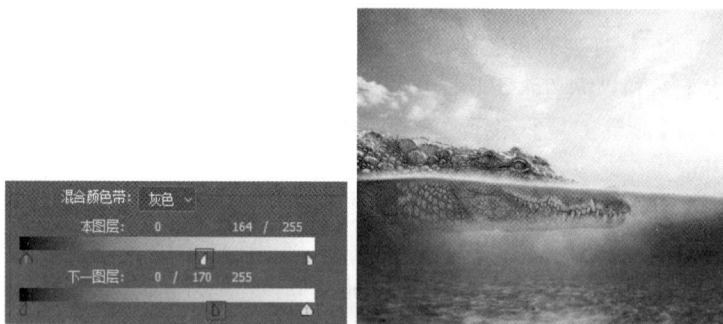

图 12.1.15　【混合颜色带】参数设置

14 调整"鳄鱼水下"图层的不透明度为 78%，接着选中该图层的蒙版，设置前景色为黑色，调整【画笔工具】不透明度为 50%左右，涂抹鳄鱼水下的边缘部分，使其过渡自然，如图 12.1.16 所示。

图 12.1.16　鳄鱼水下的边缘效果

15 打开"山峰.jpg"图片，使用【快速选择工具】选中山峰，用【移动工具】将"山峰"移动到合成文档中，并调整大小，放到鳄鱼背上。

16 选中"山峰"图层，添加图层蒙版，用【画笔工具】在蒙版上涂抹山峰和鳄鱼的交界，使两者更好地衔接，如图 12.1.17 所示。

17 选中"山峰"图层，单击【图层】面板中的【调整图层】按钮，为图层添加【色彩平衡】调整层，选择【剪切蒙版】命令，调整中间调和高光的参数，如图 12.1.18 所示。

图 12.1.17　调整山峰和鳄鱼的衔接

图 12.1.18　【色彩平衡】参数设置

18 打开"大海.jpg"，将素材拖拽到合成文档中，调整大小，调整图层的位置，为该图层添加【图层蒙版】，用线性渐变工具在蒙版上从上至下拖拽，设置图层混合模式为变亮，如图 12.1.19 所示。

19 打开"鱼群.jpg"，将其直接拖拽到合成文档中，调整位置，如图 12.1.20 所示。

图 12.1.19　线性渐变处理

图 12.1.20　添加鱼群

20 打开"帆船.jpg"，用【矩形选框】工具选中左侧的小帆船，直接将其拖拽到合成文档中，调整大小和位置，添加图层蒙版，用【画笔工具】涂抹去掉下方的倒影。

21 打开"飞鸟.jpg"，直接将其拖拽到合成文档中，调整位置，如图 12.1.21 所示。

22 选中最上方的图层，按住"Ctrl+Alt+Shift+E"组合键盖印图层，如图 12.1.22 所示。

图 12.1.21　"飞鸟"图层处理

图 12.1.22　图层效果

23 选择【滤镜】→【Camera Raw 滤镜】命令，打开【Camera Raw 滤镜】窗口，调整【对比度】【纹理】【自然饱和度】【细节】【光学】选项，如图 12.1.23 所示。

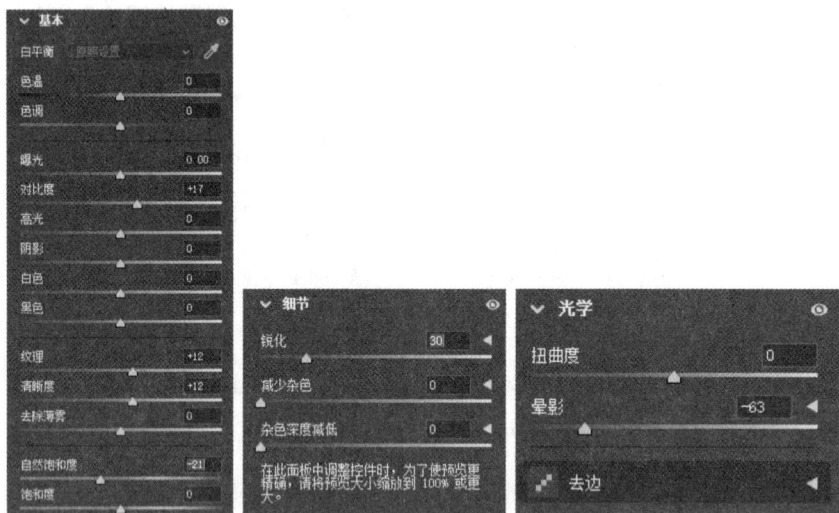

图 12.1.23　滤镜参数调整

24 使用【减淡工具】，单击鳄鱼的眼睛，调亮鳄鱼的眼睛。

25 置入文字素材，调整至合适的大小和位置，最终效果如图 12.1.1 所示。

任务 12.2　公益广告——环保公益广告制作

■任务目的

本任务通过制作如图 12.2.1 所示的环保公益广告效果图，使学生学习并掌握使用 Photoshop 设计公益广告的思路和技巧。

图 12.2.1　环保公益广告效果图

扫码学习

制作环保公益广告

任务分析

本任务的目的是制作一张关于乱丢烟头对自然危害的公益合成海报。通过使用常见的合成手法，将烟头、植物和动物巧妙地融合在同一空间中，同时调整画面的整体色调和光影效果统一，以增强海报的视觉冲击力。

任务实施

01 新建一个文件，设置尺寸为 1080 像素×760 像素，填充背景颜色（#597a78）。在画面右侧用【椭圆工具】绘制一个白色的圆形，在形状蒙版的属性面板中将羽化值调大，如图 12.2.2 所示。

02 打开"烟头.jpg"素材，用【钢笔工具】将烟头图案抠出来，如图 12.2.3 所示，将其拖入合成文档，并调整位置和大小，如图 12.2.4 所示。

03 使用【矩形选区工具】框选烟灰部分，按"Ctrl+T"组合键，调出【自由变换】对话框，右击，在快捷菜单中选择【变形】命令，对烟灰进行变形，如图 12.2.5 所示。

图 12.2.2　绘制背景

图 12.2.3　抠出烟头

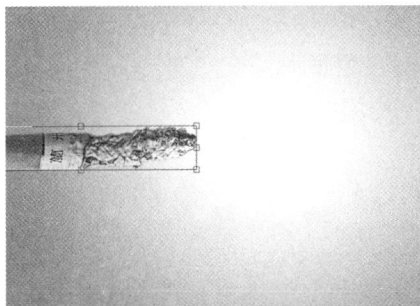

图 12.2.4　调整烟头的位置和大小

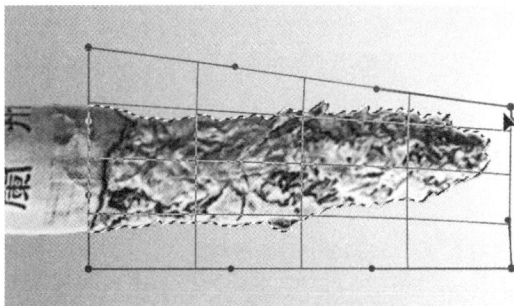

图 12.2.5　调整烟灰的形状

04 使用【矩形选区工具】框选烟灰，按"Ctrl+J"组合键复制几个烟灰，将复制的烟灰依次叠加拼接，烟灰拼接完成后将复制出来的烟灰与烟头图层进行合并，如图 12.2.6 所示。

05 选择【仿制图章工具】，降低【不透明度】和【流量】的数值，处理烟灰接头处，如图 12.2.7 所示。

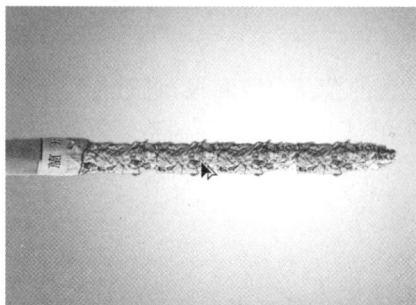

图 12.2.6　拼接烟灰

图 12.2.7　修复拼接口

06 再次使用【仿制图章工具】，修掉烟头上的文字，如图 12.2.8 所示。

07 新建图层，选择【画笔工具】，设置前景色为红色（#cb3a29），使用柔边画笔在烟灰尾部涂抹，将图层设置为剪切蒙版，再将混合模式改为【正片叠底】，如图 12.2.9 所示。

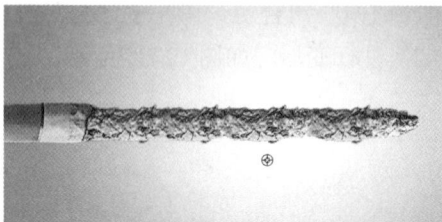

图 12.2.8　修掉文字

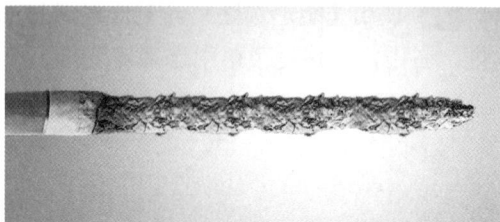

图 12.2.9　添加燃烧效果

08 打开"烟.jpg"素材，将烟雾图案拖拽到合成文档中，调整其位置和大小，添加图层蒙版，设置前景色为黑色，使用【画笔工具】在蒙版上进行涂抹使烟雾更自然（如果觉得烟雾较淡可以将烟雾图层复制一层），如图 12.2.10 所示。

09 打开植物及动物剪影素材，将需要的素材抠出来放在烟灰上方拼接出如图 12.2.11 所示效果。

图 12.2.10　添加烟雾

图 12.2.11　添加动植物

10 用【矩形选区工具】框选烟灰，按"Ctrl+J"组合键复制烟灰图层，接着拼接烟灰使其覆盖住动植物，然后再将拼接的烟灰转换为选区，切换到烟灰图层，按"Ctrl+J"组合键复制出动植物外形的烟灰，如图 12.2.12 所示。

11　选中动植物外形的烟灰和烟头的图层，按"Ctrl+E"组合键合并图层，选择【仿制图层工具】，降低【不透明度】和【流量】，对接口不自然处进行涂抹处理，如图 12.2.13 所示。

图 12.2.12　合并植物烟灰和烟头烟灰

图 12.2.13　修复接口

12　选择【椭圆选区工具】，设置"羽化值"为 10，在烟头下方绘制椭圆，填充颜色（#270f0c），接着将图层不透明度设置为 50%，如图 12.2.14 所示。

13　在"烟灰"图层上新建【亮度/对比度】面板，参数设置如图 12.2.15 所示，并将其剪切进入烟灰图层，效果如图 12.2.16 所示。

14　选择【画笔工具】，设置前景色为深棕色（#200d0a），涂抹烟头及烟灰的下半部分，将该图层混合模式设置为【正片叠底】，将其剪切进入烟灰图层；接着新建一个图层，再用白色画笔在烟头及烟灰的上半部分涂抹，将该图层混合模式设置为【变亮】，也将其剪切进入烟灰图层，如图 12.2.17 所示。

图 12.2.14　绘制投影

图 12.2.15　【亮度/对比度】面板

图 12.2.16　设置亮度/对比度的效果

图 12.2.17　调整光影

15 选择【文字工具】输入文字，进行适当的排版，如图 12.2.18 所示。

16 在烟灰图层上方新建图层，填充颜色#31201e，添加图层蒙版，用黑色画笔在蒙版上涂抹烟头部分，再将其剪切进烟灰图层，将混合模式设置为【叠加】，透明度降低为 37%，如图 12.2.19 所示。

图 12.2.18　输入文字　　　　　　　　　　　图 12.2.19　烟灰调色

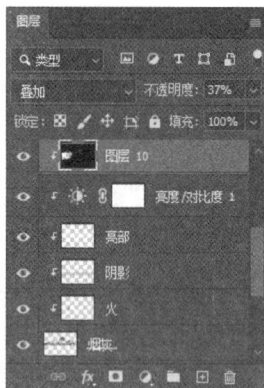

17 在所有图层上方新建【亮度/对比度】调整层，参数设置如图 12.2.20 所示，最终效果如图 12.2.1 所示。

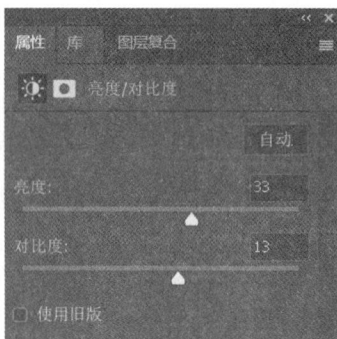

图 12.2.20　【亮度/对比度】参数设置

任务 12.3　App 界面设计——宠物 App 界面设计

▌任务目的

本任务通过制作如图 12.3.1 所示的宠物 App 界面设计实例，提高学生使用 Photoshop 进行综合制作的能力，同时让学生了解 App 界面设计的方法。

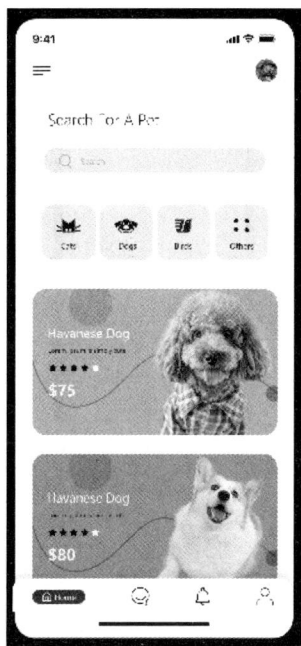

图 12.3.1　宠物 App 界面设计效果图

扫码学习

宠物 App 界面设计

▌ 相关知识

App 界面一般具有状态栏、导航栏、内容区、标签栏、home 栏。

App 是基于移动端的应用，由于手机屏幕有很多种尺寸，系统不同其设计规范也不同，在设计 App 界面时需要注意匹配的移动端系统及机型。

任务分析

本案例先将 App 界面划分为状态栏（1125 像素×132 像素）、导航栏（1125 像素×132 像素）、内容区、标签栏（1125 像素×132 像素）、home 栏（1125 像素×102 像素）5 个区块，再向其中补充图片和文字。

任务实施

01 新建文件，尺寸为 1125 像素×2436 像素，填充黑色背景，使用【圆角矩形工具】绘制一个白色圆角矩形，尺寸为 1125 像素×2436 像素，圆角大小设置为 50 像素。

02 打开标尺，在状态栏、导航栏、标签栏、home 栏的分界处分别新建水平参考线，如图 12.3.2 所示。

03 置入状态栏素材和导航栏左侧图标素材，摆放好位置。使用【椭圆工具】在导航栏右侧绘制一个黑色圆形，使用【圆角矩形工具】在 home 栏绘制一个长圆角矩形，如图 12.3.3 所示。

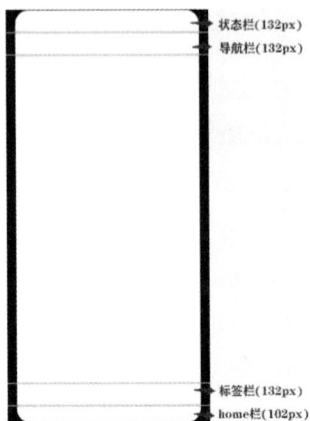

图 12.3.2　参考线位置

图 12.3.3　置入素材

04 选择【圆角矩形工具】在内容区域分别绘制图 12.3.4 所示的区块。

05 在标签栏上绘制一个白色的圆角矩形（只要上面的圆角），为其添加向上的【投影】图层样式，接着绘制标签栏的红色图标块，如图 12.3.5 所示。

图 12.3.4　绘制图标块

图 12.3.5　标签栏的效果

06 置入头像素材，调整素材的大小，将其放置在右上角，将头像图层剪切进导航栏右侧的圆里，使用【文字工具】输入"Search For A Pet"，置入"search.png"图标，输入文字"Search"，修改文字字体和颜色。

07 在 4 个圆角矩形上置入图标并输入对应的文字，调整时注意图标风格与视觉大小保持一致，如图 12.3.6 所示。

08 将下方大圆角矩形的颜色改成橙色（#f7aa2e），接着置入"小狗 1.png"素材，剪切到橙色圆角矩形里，调整好位置和大小，如图 12.3.7 所示。

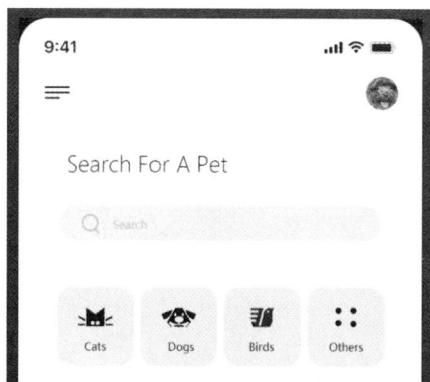

图 12.3.6 导航栏、搜索框、分类的制作效果

图 12.3.7 置入宠物

09 使用【椭圆工具】和【钢笔工具】在橙色矩形区域内绘制圆形和线条装饰背景，接着使用【文字工具】和【多边形工具】输入文本，并绘制 5 个五角星，参考图 12.3.8 进行排版。

10 将整个宠物图层进行编组并复制，移动到下方，接着修改背景框颜色为粉色（#ff70a6），更换宠物图片，并修改对应的文字，如图 12.3.9 所示。

图 12.3.8 宠物模块（一）

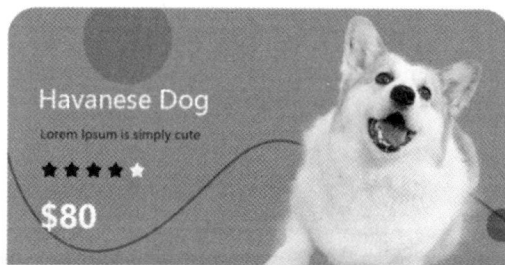

图 12.3.9 宠物模块（二）

11 在标签栏的区块上分别置入 Home、聊天、通知、个人中心 4 个图标，注意图标的描边粗细、风格、视觉大小要保持一致，最终效果如图 12.3.1 所示。

任务 12.4　网页设计——公司网站首页制作

Photoshop 是一款功能强大的图像处理软件，在网页制作中有着广泛的应用。Photoshop 可以设计网页布局和元素，对图片进行优化以提高图片在网络上的传输效率，增强视觉冲击力。

■ 任务目的

本任务通过制作如图 12.4.1 所示的网页效果，使学生学习并掌握使用 Photoshop 设计网页的技巧。

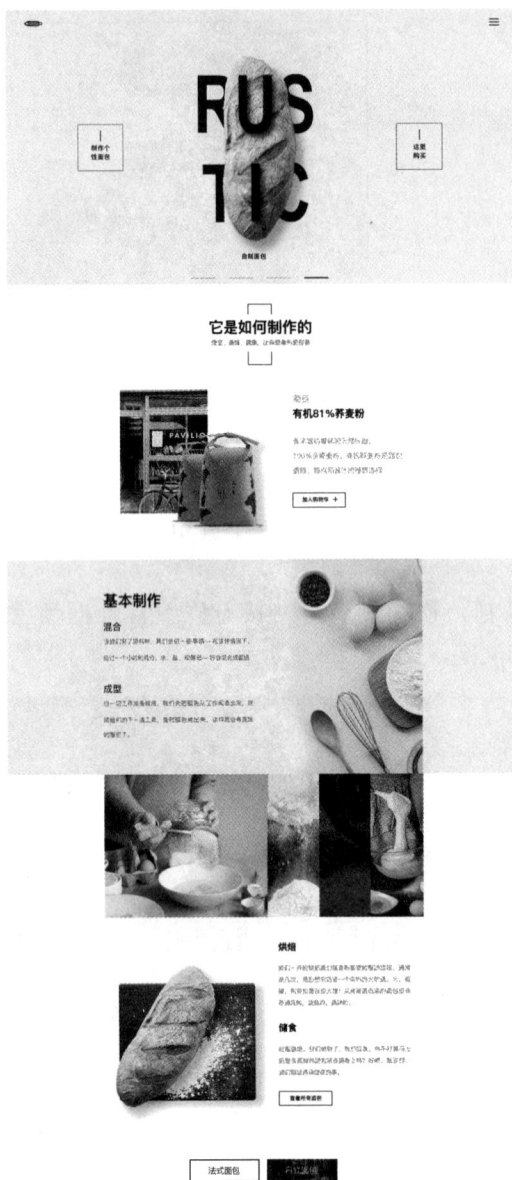

图 12.4.1　网页效果图

扫码学习

公司网站首页制作

■相关知识

1. 导航栏

一般来说，导航栏位于主页的上端或左侧，如图 12.4.2 所示，利用菜单按钮或移动图像区别于一般内容和其他文本，使浏览者知道这里是导航栏。大多数网页都有导航栏，对于同一个网站内的所有网页来说，导航栏必须在风格上力求一致，在统一的风格下，在每一组或每一个网页中寻求细节上的变化，如图 12.4.3 所示。

图 12.4.2　网页导航栏

图 12.4.3　网页细节变化

2. 主页内容

第一印象是非常重要的，因此，网站的主页（首页）必须包含公司或站点提供的所有服务内容。主页的设计必须是干净的，且有组织、有条理，要根据主题内容决定网站的整体风格，只有形式与内容的完美统一，才能达到理想的宣传效果。页面版面编排应做到主次分明、中心突出、大小搭配、相互呼应、图文并茂、线条和形状使用合理。

任务分析

本任务运用 Photoshop 设计一个面包主题网站的主页，包含顶部导航栏、横幅广告（banner）图和详情部分，采用低饱和度配色营造怀旧和复古风格，传递出面包本身的风味，面包动态十足的姿态，加上简约的排版设计，让视觉焦点牢牢地集中在面包之上。

任务实施

1. 绘制面包官网首页的导航栏与 banner 部分

01 选择新建文档窗口下【Web】选项里面的"网页大尺寸 1920 像素×1080 像素@72ppi"，将高度改为 4000 像素，命名为"面包官网首页"。

02 选择【视图】→【新建参考线】命令，分别在 30 像素、70 像素、100 像素、1000 像素的位置新建 4 条水平参考线，在 60 像素、150 像素、1820 像素、1860 像素的位置新建 4 条垂直参考线，将网页的 Logo 和导航图标定位在图 12.4.4 所示的虚线格子里，第一屏内容将设计在高度为 1000 像素的范围内。

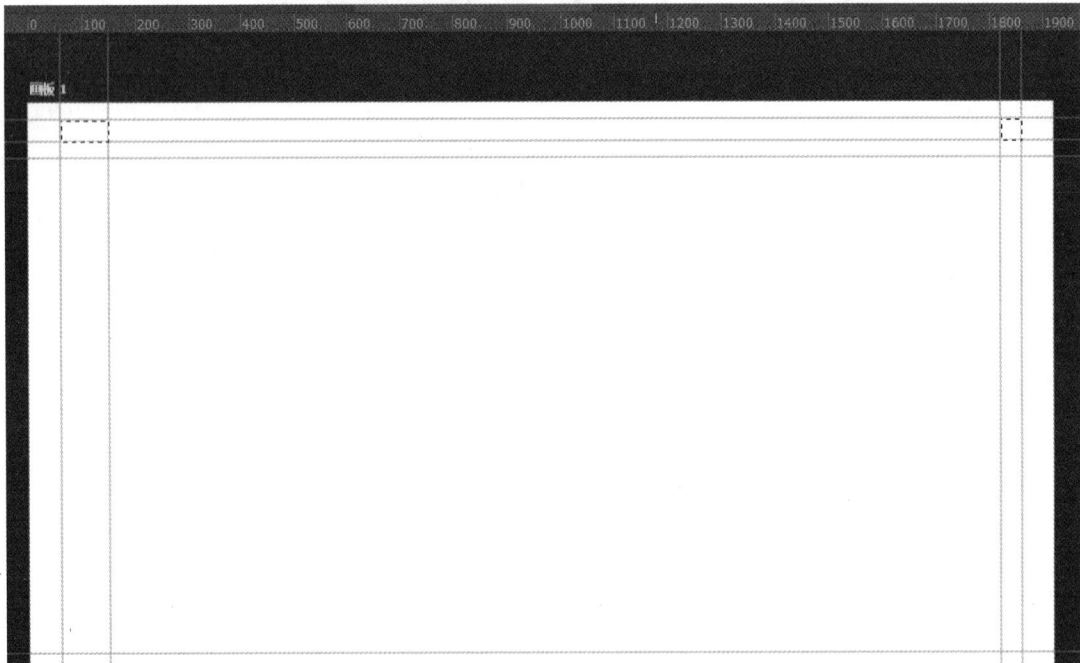

图 12.4.4　第一屏区域和 Logo、导航图标的定位

03 打开素材"logo.jfif"和"菜单图标.jfif"，将 Logo 移动到左侧定位的 Logo 位置，将菜单图标移动到"面包官网首页"，转换为智能对象，修改菜单图标大小为 40 像素×40 像素，放置到右侧导航图标定位的位置，如图 12.4.5 所示。

图 12.4.5　置入 Logo 和导航图标

04 将 Logo 所在图层命名为"Logo"，按"Ctrl+L"组合键，打开【色阶】面板，调整色阶，将背景修改为白色，将该图层的混合模式修改为【正片叠底】。

05 移除暂时用不到的参考线，在"Logo"图层下方新建背景色图层，命名为"高级灰背景色"，用【矩形工具】新建一个 1920 像素×1000 像素的矩形放置在第一屏的位置，修改填充高级灰颜色（颜色代码为#999999，亮度 B 为 95%，饱和度 S 为 0%），如图 12.4.6 所示。

06 打开"纹理"素材，等比例放大素材，使素材宽度大于等于 1920 像素，将纹理所在图层命名为"纹理"，移动到"高级灰背景色"图层上方，在【图层】面板将鼠标指针移动到"纹理"图层与"高级灰背景色"图层中间，按住"Alt"键，单击创建剪切蒙版，使素材只显示在第一屏区域，将"纹理"图层的不透明度调整为 45%左右。

07 为"纹理"图层添加图层蒙版，选中图层蒙版，使用【渐变工具】填充白色到黑色的径向渐变，制作出纹理从中间到四周渐渐隐去的效果，如图 12.4.7 所示，将"高级灰背景色"和"纹理"图层编组为"纹理背景"图层组。

图 12.4.6　高级灰背景

图 12.4.7　添加中间到四周渐隐的纹理背景

08 打开素材"面包主图.jpeg"，应用【快速选择工具】等将面包主体抠图并移动到"面包官网首页"中，等比例缩小至 280 像素×677 像素，移动到横向居中的位置，将图层命名为"面包"。

09 为"面包"图层创建"色相/饱和度"图层，降低饱和度，开启剪贴蒙版不影响其他图层的色彩，参数设置如图 12.4.8 所示，调整前后的对比如图 12.4.9 所示。

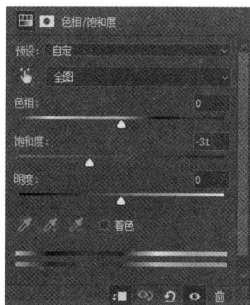

图 12.4.8　"色相/饱和度"参数

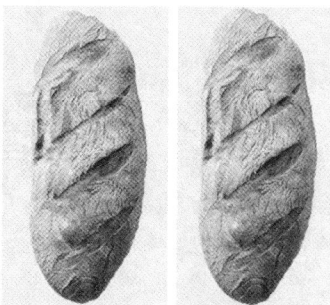

图 12.4.9　调整"色相/饱和度"前后的对比

10 选中"面包"图层，单击【图层】面板下方的【添加图层样式】按钮，为"面包"图层添加"投影"图层样式，效果如图 12.4.10 所示。

11 选择文字工具，在画面中单击，输入字母"R"，修改字体为"Arial"、文字粗细为"Bold"，按"Ctrl+T"组合键将文字的宽度调小，置于"面包"图层下方，复制"R"层，添加字母，效果如图 12.4.11 所示。

12 将"U"和"I"字母编组为"UI"图层组，为该图层组添加投影，效果如图 12.4.12 所示。

图 12.4.10　为面包添加投影　　　　图 12.4.11　添加文字　　　　图 12.4.12　为 UI 添加投影

13 新建位置为 360 像素、1560 像素的两条垂直参考线，将页面的主要内容定位在居中的 1200 像素内。

14 用【矩形工具】新建宽度和高度均为 170 像素的矩形，填充色修改为灰色（#f2f2f2），黑色 2 像素实线描边，中心点位于横向 360 像素处。

15 添加文字和竖向黑色填充矩形，矩形宽度为 4 像素，高度为 42 像素，将文字、竖向矩形和矩形编组为"左侧按钮"。

16 复制"左侧按钮"图层组，命名为"右侧按钮"，修改文字，效果如图 12.4.13 所示。

图 12.4.13　添加左右两侧按钮

17 新建"页码指示器"图层组，选择【矩形工具】，绘制宽度为 90 像素、高度为 4 像素的无描边黑色填充矩形，复制 3 个，调整间距为 52 像素，降低前 3 个矩形的不透明度为 20%，选中"页码指示器"图层组，按"Ctrl+A"组合键，选择水平居中对齐，使该图层组居中对齐，添加"自制面包"文字标题，效果如图 12.4.14 所示。

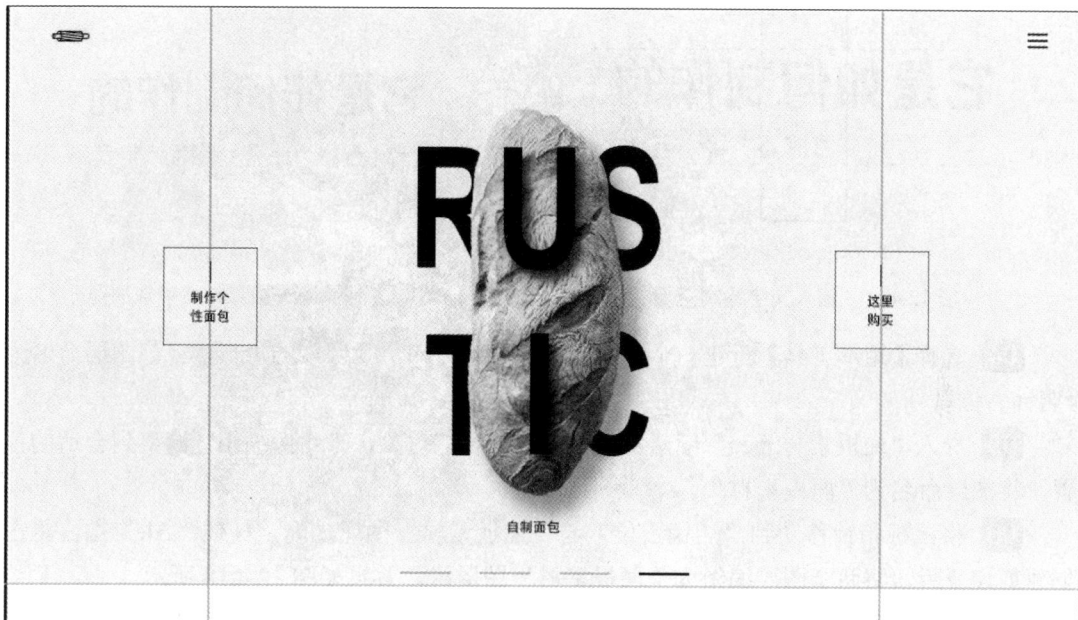

图 12.4.14　添加页码指示器和标题文字

18 至此，导航与 banner 部分完成，将除背景层以外的图层编组为"导航与 banner"。

2. 绘制面包官网首页的面包如何制作部分

01 选择【视图】→【新建参考线】命令，在位置 2000 像素处新建一条水平参考线，"面包如何制作"模块将定位在图 12.4.15 所示的虚线部分。

图 12.4.15　定位"面包如何制作"模块的位置

02 输入一级标题和二级标题文字，调整文字的大小和颜色，一级标题的大小为 56 像素，二级标题的大小为 22 像素，按"Ctrl+A"组合键全选图层，选择水平居中对齐，使文字居中对齐。

03 选择【矩形工具】新建一个宽为 366 像素、高为 740 像素的黑色 2 像素描边无填充矩形，用【矩形选区工具】框选图 12.4.16 虚线所示部分，按 "Alt" 键的同时单击【图层】面板底部的【新建图层蒙版】按钮，制作剪切蒙版，隐去与文字叠加部分的框线，效果如图 12.4.17 所示。

图 12.4.16　输入文字绘制矩形

图 12.4.17　隐去矩形与文字叠加部分

04 选择【矩形工具】新建一个宽为 854 像素、高为 758 像素的矩形，将该图层命名为 "店铺占位"。

05 导入 "面板素材.jpeg" 图片素材，转换为智能对象，等比例缩小，调整到合适的位置，将图层命名为 "面板素材"。

06 将鼠标指针移动到 "店铺占位" 与 "面板素材" 图层之间，按住 "Alt" 键，单击创建剪切蒙版，将两个图层编组为 "面板素材" 图层组，效果如图 12.4.18 所示。

07 打开 "米袋.jfif" 素材，用【快速选择工具】抠出图像，用【移动工具】将图像拖拽至 "面包官网首页" 文件中，转换为智能对象并缩小。按住 "Alt" 键复制一个米袋图案。将两个 "米袋" 图层编组为 "米袋" 并添加投影，效果如图 12.4.19 所示。

图 12.4.18　创建剪切蒙版

图 12.4.19　为素材添加投影

08 用【文字工具】添加其他文字并调整大小、位置、行距、颜色。

09 用【矩形工具】新建一个矩形，宽度设置为 200 像素，高度设置为 54 像素，插入文字 "加入购物车"，字号为 20 像素，调整位置，效果如图 12.4.20 所示，至此，该模块制作完成。

它是如何制作的

便宜、美味、健康，比你想象的更容易

制自
有机81%荞麦粉

有丰富的香味和天然纤维，
100%全麦面粉。有机荞麦粉是面包、
蛋糕、糕点和酱汁的理想选择

加入购物车 ＋

图 12.4.20 "面包如何制作"模块完成

3. 绘制面包官网首页的"基本制作"模块

01 选择【视图】→【新建参考线】命令，在 3300 像素处新建一条水平参考线，"基本制作"模块的内容高度为 1300 像素。

02 依据黄金分割比，将该模块划分为上下两个区域，下面的图片区域高度为 1300 像素的 40%，也就是高 520 像素，新建一条水平参考线，位置在 3300-520=2780（像素）处，如图 12.4.21 所示。

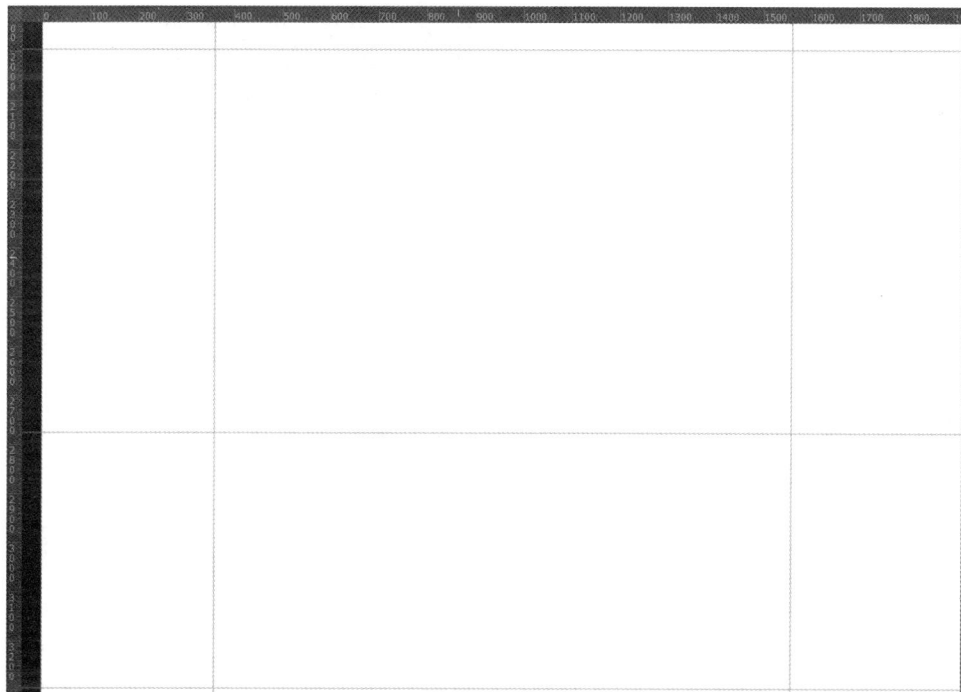

图 12.4.21 "基本制作"模块按照 6∶4 比例分成上下两个区域

03 在"导航与 banner"图层组中复制一个"纹理背景"图层组，并将其移动到"基本制作"模块的上 60%区域内。

04 用【文字工具】新建文本框，插入文字，将文字设置为左侧对齐。一级标题字号设置为 56 像素，将笔画粗细改为特粗，二级标题字号设置为 34 像素，将笔画粗细改为中等，内容字号设置为 22 像素。

05 选中二级标题和下方的第一行字，按"Alt+↓"组合键调整行距，调整正文的字体颜色（#666666）。

06 如果文字没有两端对齐，选择【窗口】→【段落】命令，将对齐方式改为两端对齐，使文本两端对齐。

07 使用【矩形工具】新建一个宽为 592 像素、高为 780 像素无描边的矩形作为右侧图片的占位符，图层命名为"图片占位"，效果如图 12.4.22 所示。

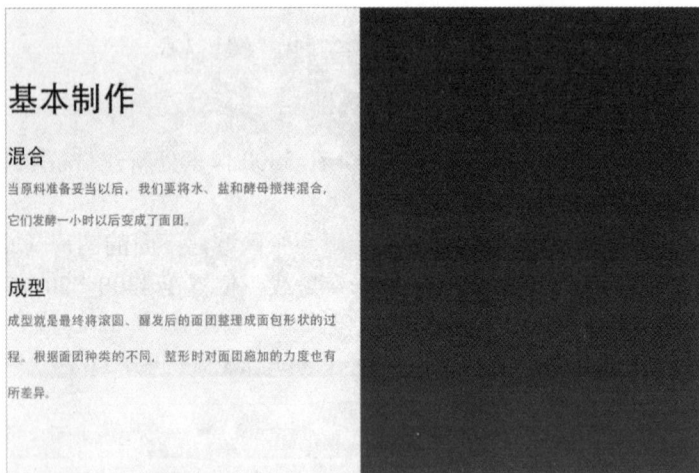

图 12.4.22　添加文字和图片占位符

08 打开"材料.jpg"素材，将其拖拽至矩形占位符的上方，调整大小和位置，将图层命名为"材料"，在【图层】面板将鼠标指针移动到"材料"与"图片占位"图层之间，按住"Alt"键并单击创建剪切蒙版，将两个图层编组为"材料"图层组，效果如图 12.4.23 所示。

09 为"材料"图层组添加蒙版，选择画笔工具，画笔颜色为黑色，硬度为 20%，在边界处涂抹使中间衔接过渡自然，效果如图 12.4.24 所示。

10 用【矩形工具】新建高度均为 520 像素的 4 个矩形占位符，第一个大矩形宽度为618 像素，第 2~4 个矩形的宽度均为 194 像素。

11 依次打开"配料.jpeg""拌匀.jpeg""搓揉.jpeg""搅拌.jpeg"素材，将其移动到对应矩形占位符的上方，分别创建剪切蒙版，至此，"基本制作"模块完成，效果如图 12.4.25 所示。

4. 面包官网首页的"烘焙与储食"模块

01 新建组，命名为"烘焙与储食"，原预设高度 4000 像素不够用了，选择【裁剪工具】，将鼠标指针移动到底部中间控制点，当指针呈双向箭头状态时按住鼠标左键往下拖动，扩大页面高度至 4591 像素。

图 12.4.23　添加图片

图 12.4.24　添加蒙版使过渡自然

图 12.4.25　"基本制作"模块效果图

02　新建一条水平参考线，位置为 4100 像素，该模块区域的高度为 800 像素。

03　选择【文字工具】创建段落文本，输入文字，字号与"基本制作"模块一致。一级标题字号为 56 像素，二级标题字号为 34 像素，内容字号为 22 像素，字体颜色也与"基本制作"模块一致。

04　用【圆角矩形工具】创建一个半径为 20 像素、宽为 518 像素、高为 426 像素的占位符，填充红色，无描边，图层命名为"木板占位"，效果如图 12.4.26 所示。

烘焙

烘焙是保证面包质量的关键工序，俗语说："三分做，七分烤"。面包坯在烘焙过程中，受炉内高温作用由生变熟，并使组织膨松，富有弹性，表面呈金黄色，有可口的香甜气味。

储食

将面包放在保鲜袋或保鲜盒里，然后将口封紧，避免空气进入。如果使用保鲜盒进行储存，建议选择透明的盒子，这样可以直观地看到面包的状态。

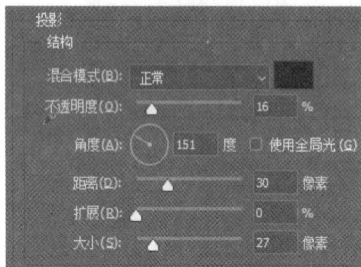

图 12.4.26　加入文字和木板占位符的圆角矩形

05 打开"木板.jpg"素材，将其拖拽到"面包官网首页"文件中，并移动至"木板占位"图层的上方，调整大小和位置，将图层命名为"木板"。在【图层】面板将鼠标指针移动到"木板占位"与"木板"图层之间，按住"Alt"键并单击创建剪切蒙版，将两个图层编组为"木板"图层组。

06 将"木板"图层组对齐到左侧参考线，向右移动 11 步（110 像素），单击图层面板下方的【新增图层样式】按钮，为"木板"图层组添加"投影""斜面和浮雕"图层样式，投影参数设置如图 12.4.27 所示，斜面和浮雕参数设置如图 12.4.28 和图 12.4.29 所示，效果图如图 12.4.30 所示。

图 12.4.27　投影图层样式参数设置　　　　图 12.4.28　斜面和浮雕图层样式的结构参数设置

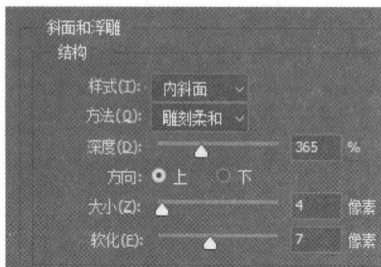

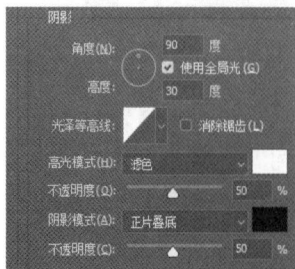

图 12.4.29　斜面和浮雕图层样式的阴影参数设置　　　　图 12.4.30　木板立体效果

07 选中"导航与 banner"图层组中"面包"图层和"色相/饱和度"调整图层并建组为"面包拷贝"组，拖拽到"烘焙与储食"图层组中。

08 按住"Ctrl+T"组合键，调整图层组的大小和倾斜角度，如图 12.4.31 所示。

09 双击"面包"的"投影"效果，降低投影的不透明度，单击▣按钮再添加一个投影，效果如图 12.4.32 所示，两个投影参数设置如图 12.4.33 和图 12.4.34 所示。

图 12.4.31　拷贝面包图层

图 12.4.32　双层投影叠加

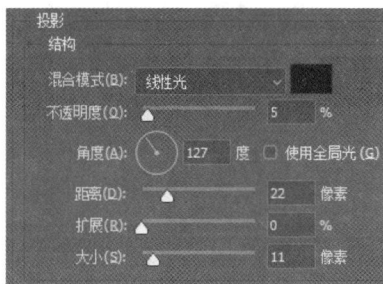

图 12.4.33　投影 1 参数

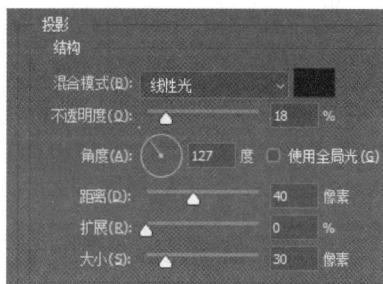

图 12.4.34　投影 2 参数

10 为了体现光源在面包的左上角，需要给面包左上部分调色。将前景色设置为冷一点的白色（参考颜色代码：#f0f8fb），选择【画笔工具】，设置画笔的不透明度为 20%左右，硬度为 0，选中"面包"图层，单击【新建图层】按钮，新建一个剪切蒙版层，【图层】面板如图 12.4.35 所示，用画笔在该图层面包左上部涂抹，修改该图层混合模式为"柔光"，效果如图 12.4.36 所示。

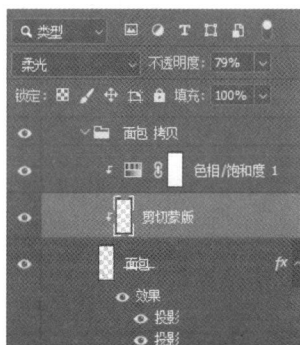

图 12.4.35　添加剪切蒙版

图 12.4.36　调色效果

⓫ 打开"面粉 1.jfif"素材，使用通道抠图。打开通道面板，通过观察发现，蓝通道的明暗对比最强烈，复制蓝通道，调出【色阶】面板，加大暗部，提高亮度，参数如图 12.4.37 所示，效果如图 12.4.38 所示。

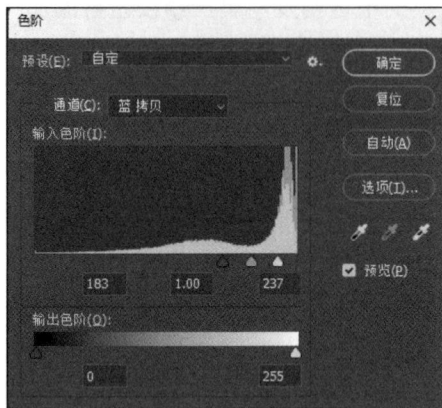

图 12.4.37　调整色阶　　　　　　　　　　　　　　图 12.4.38　加大明暗对比

⓬ 按"Ctrl+I"组合键反相，按住"Ctrl"键，单击"蓝 拷贝"图层缩率图载入选区，回到 RGB 通道，用【移动工具】将选中内容移动到"面包官网首页"文件中"木板"图层组里面的"木板"图层上方，将图层命名为"面粉 1"。如图 12.4.39 所示。

⓭ 选中"面粉 1"图层，按"Ctrl+L"组合键，打开【色阶】面板，将输出色阶的暗部滑块向右拖动，注意观察，直到面粉变成白色且保有明暗对比为止，图 12.4.40 为调整的参数设置，效果如图 12.4.41 所示。

图 12.4.39　木板的浮雕效果　　　　图 12.4.40　色阶调整参数　　　　图 12.4.41　调整色阶后的效果

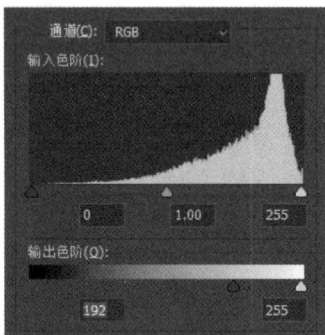

⓮ 以同样的抠图方式将"面粉 2.jfif"素材中的面粉抠出来，移动到"面粉 1"图层上方，命名为"面粉 2"图层，调整输出色阶使面粉变为白色。

⓯ 找到"面包如何制作"图层组中的"购物车"图层组，复制一个到"烘焙与储食"，重命名为"查看所有面包"，调整位置，替换按钮中的文本，效果如图 12.4.42 所示。

烘焙

烘焙是保证面包质量的关键工序，俗语说："三分做，七分烤"。面包还在烘焙过程中，受炉内高温作用由生变熟，并使组织膨松，富有弹性，表面呈金黄色，有可口的香甜气味。

储食

将面包放在保鲜袋或保鲜盒里，然后将口封紧，避免空气进入。如果使用保鲜盒进行储存，建议选择透明的盒子，这样可以直观地看到面包的状态。

查看所有面包

图 12.4.42　加入面粉 2 和查看所有面包按钮

16 用【矩形工具】创建矩形，宽度为 264 像素，高度为 80 像素。设置描边为黑色，粗细为 3 像素。将矩形与上屏底部参考线对齐，向下移动 8 步（80 像素）。输入 30 像素大小的文字，将矩形和文字编组，命名为"底部按钮 1"。

17 复制"底部按钮 1"图层组，命名为"底部按钮 2"，修改矩形填充色为任意色，描边设置为无描边。打开"底部按钮背景.jfif"素材，将其拖拽到"面包官网首页"文件，图层命名为"底部按钮背景"，与该矩形创建剪切蒙版，降低不透明度，修改字体颜色为白色。

18 将"底部按钮 2"图层贴近"底部按钮 1"右侧，向右移动三步（30 像素），同时选中编组，命名为"底部按钮"，居中对齐，效果如图 12.4.43 所示。至此面包官网首页制作完成。

图 12.4.43　加入底部按钮

任务 12.5　电商美工——宝贝详情页制作

电商平台上的消费者要了解产品，主要是通过宝贝（商品）详情页获取。宝贝详情页是提高转化率的入口，它起着激发消费者的消费欲望、树立消费者对店铺的信任感、打消消费者的消费疑虑、促使消费者下单的作用。一个好的宝贝详情页能激起消费者的消费欲望，促使消费者下单购买。

任务目的

本任务通过制作如图 12.5.1 所示的儿童袜宝贝详情页，学习使用 Photoshop 设计和制作宝贝详情页的一般思路和技巧。

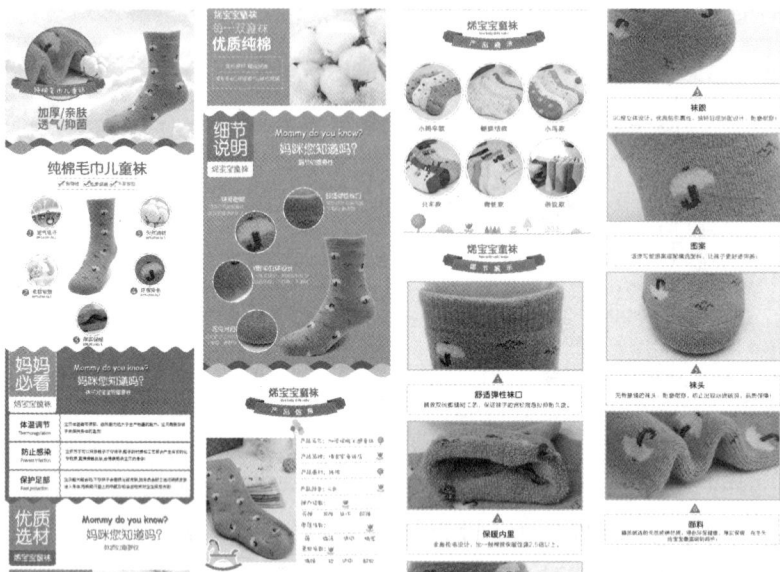

12.5.1 儿童袜宝贝详情页

扫码学习

宝贝详情页制作（一）

宝贝详情页制作（二）

相关知识

1. 宝贝详情页的基本构成

消费者一般想要从宝贝详情页了解的信息有产品的细节展示、产品的特点特性、产品的用途和功能、产品的规格和型号信息、产品附件清单、产品的质量认证文件、产品制造商信息等。

2. 宝贝详情页的设计流程

（1）确定风格

页面风格主要由产品本身来定，如女装类产品详情页根据产品特点可能有欧美、韩版、民族风、复古等不同风格，电子产品的详情页设计多带有科技感十足的元素，儿童类产品则多带有童趣的风格，如图 12.5.2 所示。

图 12.5.2 童趣风格的设计

（2）布局框架构建

详情页的描述基本遵循以下顺序：

引发兴趣＞激发潜在需求＞赢得消费信任＞替消费者做决定。图 12.5.3 是宝贝详情页的基本框架。

创意海报大图	根据前3屏3秒注意力原则，开头的大图是视觉焦点，背景应该采用能够展示品牌特色的意境图，要第一时间吸引消费者的注意力
宝贝卖点/作用/功能	特性：即产品品质，材料、设计的特点。产品与众不同的地方 作用：用途，将给消费者带来的作用或优势
宝贝给消费者带来的好处	好处：作用或优势会给消费者带来的利益
宝贝规格参数/信息	宝贝的可视化尺寸设计，可以采用实物与宝贝对比，让消费者切身体验到宝贝实际尺寸，以免收到货物的时候低于心理预期
同行宝贝优劣对比	通过对比强化宝贝的卖点
模特/宝贝全方位展示	通过模特或实景展示，拉近与消费者的距离，让消费者了解产品是否适合适合自己
宝贝细节图展示	细节图要清晰、富有质感，附上方案介绍
产品包装展示	产品包装兼具消费说明作用，让消费者了解产品的特殊性。物流包装的展示还能打消消费者对于运输损坏或变质的顾虑
店铺/产品资历证书	通过店铺的资历证书及生产车间的实景展示，烘托出品牌和实力
品牌店面/生产车间展示	
售后保障/物流	预先解答消费者想要了解的各种问题，减轻客服的工作压力，增加静默转化率

图 12.5.3 宝贝详情页的基本框架

（3）设计素材搜集

详情页设计需要根据消费者分析、产品卖点的提炼及宝贝风格的定位准备所用的设计素材，如图 12.5.4 所示的运动鞋，可选择一些运动线条和透气效果的素材，设计素材可从网络获取等。

（4）确认配色方案

如果产品所在店铺有其特定的视觉规范可直接沿用，如果没有，则可从产品本身的颜色、Logo、产品的联想属性来提取，如图 12.5.5 所示。

（5）选择合适的字体类型

字体的选择要符合产品本身的定位，一般一个宝贝详情页的字体不宜超过 3 种，重点部分文字加粗，如图 12.5.6 所示。

图 12.5.4　与运动鞋匹配的 线条和透气效果素材

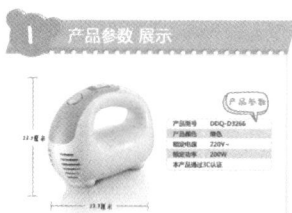

图 12.5.5　采用了产品本身的 颜色作为配色方案

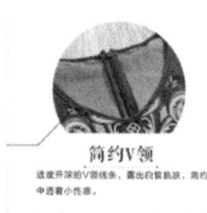

图 12.5.6　产品详情

（6）文字和图片设计排版制作

文字和图片的排版在 Photoshop 中完成，初学者可在同类产品的优秀店铺里参考他们的优秀设计，先模仿再创作。

（7）修改定稿

美工设计好的效果图要交付委托方审核，根据委托方提出的意见进行修改直到对方满意后再定稿。

（8）图片切割优化、上传到网店

宝贝详情页一般都很长且体积较大，为了保证用户的访问速度，需要对整张图进行切割优化后再上传。

── 任务分析 ──

本例设计的是一款纯棉毛巾儿童袜的详情页，根据产品的材质和使用对象，定位为童趣风格，搜集的设计素材有天然棉花、云彩、气球和木马等图片，使用的字体为华康娃娃体、思源黑体等，详情页包括广告图、卖点、细节说明等模块。

── 任务实施 ──

1. 制作"广告图"模块

01 新建一个宽度为 750 像素、高度为 9450 像素、分辨率为 72 像素/英寸、RGB 模式、白色背景的文件。

02 在【图层】面板创建新组"广告"，打开"云彩背景.jpg"素材文件，用【移动工具】将其移到新建文件中并调整其位置。

03 选择【椭圆工具】，创建一个正圆，设置描边颜色（#ff0084），白色填充，其他参数设置如图 12.5.7 所示，效果如图 12.5.8 所示。

图 12.5.7　"椭圆工具"参数设置

04 在"广告"组中置入"341A1403.JPG"素材，在按住"Alt"键的同时将鼠标指针移到"341A1403.JPG"素材和刚才创建的椭圆图层之间，当指针形状发生变化时单击创建剪贴蒙版，效果如图 12.5.9 所示。

05 选中"341A1403.JPG"素材所在图层，按"Ctrl+T"组合键，修改图片的大小并将其移动到合适的位置，效果如图 12.5.10 所示。

图 12.5.8　创建正圆　　　　图 12.5.9　置入素材　　　　图 12.5.10　移动素材位置

06 打开"彩带.png"和"棉花抠图.psd"素材文件，将彩带和棉花移动到宝贝详情文件中，调整位置和大小，效果如图 12.5.11 所示。

07 选择【钢笔】工具，沿着彩带的走向绘制一条曲线路径，选择【横排文字工具】，设置字体为华康娃娃体，字的颜色为白色，大小为 30 点，在曲线路径上添加"纯棉毛巾儿童袜"的文字，效果如图 12.5.12 所示。

08 新建一个图层，选择【横排文字工具】，设置字体为思源黑体，字的颜色为粉色（#fe349a），大小为 45 像素，行距为 50 像素。加入文字"加厚/亲肤 透气/抑菌"，效果如图 12.5.13 所示。

图 12.5.11　加入彩带和棉花素材　　　图 12.5.12　加入产品名称　　　图 12.5.13　加入产品特性

09 在"广告"组中置入"341A1570.psd"素材，调整位置，如图 12.5.14 所示。

10 选中"341A1570"图层，单击【图层】面板的【创建图层蒙版】按钮，为"341A1570"图层添加图层蒙版，如图 12.5.15 所示。选择【画笔】工具，设置画笔笔触为 82 像素，硬度为 0%，将前景色设置为黑色，在袜子的脚掌部分涂抹，做出云彩盖住脚掌一部分的朦胧效果，效果如图 12.5.16 所示。

图 12.5.14　置入素材　　　　图 12.5.15　创建图层蒙版　　　　图 12.5.16　画笔涂抹后的效果

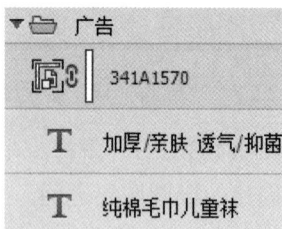

11 新建一个图层命名为"橙色波浪"，选择【矩形工具】，在广告图下方绘制一个橙色（#ff530d）矩形，模式为像素，效果如图 12.5.17 所示。选择橙色矩形所在图层，选择【滤镜】→【扭曲】→【波浪】命令，效果如图 12.5.18 所示，参数设置如图 12.5.19 所示。

图 12.5.17　绘制橙色矩形　　　　　　　图 12.5.18　执行扭曲滤镜后

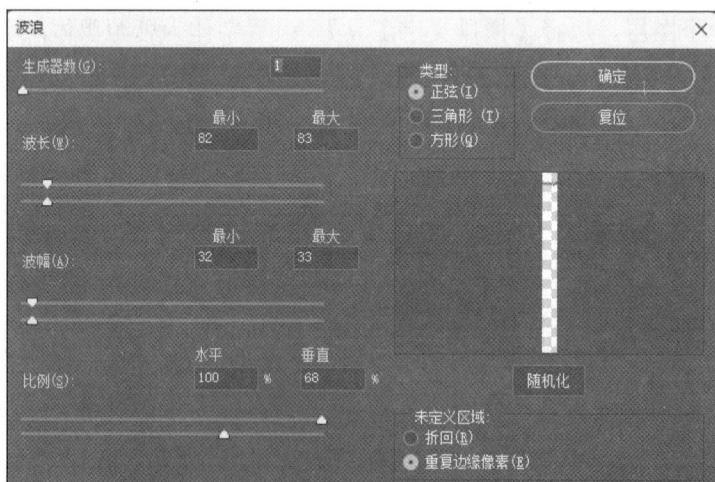

图 12.5.19　【波浪】对话框的参数设置

12 可以以复制"橙色波浪"图层再叠加其他颜色或重新绘制的方式，制作"蓝色波浪"和"白色波浪"，使其错开排列，合并所有波浪图层，并将合并后的图层命名为"彩色波浪"，将有色彩且多余的部分选中并填充为白色，"广告图"模块最终效果如图 12.5.20 所示。

图 12.5.20　"广告图"模块最终效果

2. 制作"卖点"模块

01 新建"卖点"组，在"卖点"组中新建一个文字图层输入"纯棉毛巾儿童袜"，字体为方正准圆简体，颜色为粉色（#fe349a），大小为 55 像素。

02 在"卖点"组中新建"线条"图层，在图层上绘制一条颜色为灰色（#898989）、粗细为 1 像素的直线。复制"线条"图层并垂直下移，效果如图 12.5.21 所示。

03 选择【自定义形状工具】，选择符号组中的形状，将前景色设置为橙色（#ff530d），绘制形状并输入"有弹性""加厚保暖""不易变形"等文字，字体为思源黑体，颜色为暗青色（#5c5c5c），大小为 18 像素，效果如图 12.5.22 所示。

图 12.5.21　加入文字和线条后的效果 　　　　　图 12.5.22　加入"卖点"文字后的效果

04 打开素材文件"341A1578.psd"，将文件中的袜子移动到详情页文件中，在【图层】面板中选择该图层后右击，选择【转换为智能对象】命令，将袜子图像缩放至合适大小，效果如图 12.5.23 所示。

图 12.5.23　加入素材"341A1578"后的效果

05 为了增加袜子的真实感，需要给袜子增加投影效果。在袜子图层下方新建"投影"层，用【钢笔工具】沿着脚掌位置绘制如图 12.5.24 所示形状的路径，将路径转换为选区后羽化 5 像素，用【渐变工具】做径向填充，颜色为深灰色（#454545）到透明，最后将"投影"层的不透明度修改为 80%，效果如图 12.5.25 所示。

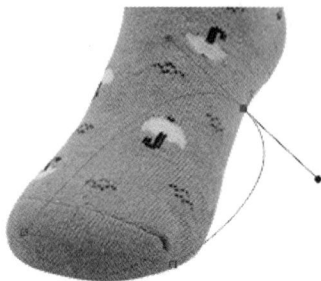

图 12.5.24　绘制投影路径　　　　　　　　图 12.5.25　加入投影后的效果

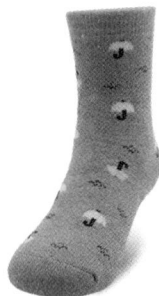

06 在"卖点"组中新建"透气吸汗"组，在"透气吸汗"组中新建图层"虚线圆圈"，选择【椭圆工具】，设置描边颜色（#fe349a），绘制虚线边框无填充、宽度和高度均为 130 像素的正圆。复制"虚线圆圈"图层，原地缩小图像至之前的 90%，填充颜色（#fe349a），无边框，效果如图 12.5.26 所示。

07 置入"透气材质.jpg"素材，在按住"Alt"键的同时将鼠标指针移到"透气材质"和"虚线圆圈副本"层之间，当指针形状发生变化时单击创建剪贴蒙版，效果如图 12.5.27 所示。

08 新建一个图层，绘制一个颜色为橙色（#ff530d）的正圆，输入数字"1"，字体为 Aller Light Italic，颜色为白色，大小为 30 像素。新建图层，输入文字"透气吸汗"，字体为思源黑体，颜色为灰色（#797874），大小为 20 像素。输入文字"BREATHABLE"，字体为思源黑体，颜色为灰色（#797874），大小为 12 像素，效果如图 12.5.28 所示。

图 12.5.26　虚线圆与实心圆　　　　图 12.5.27　创建剪贴蒙版　　　　图 12.5.28　加入文字

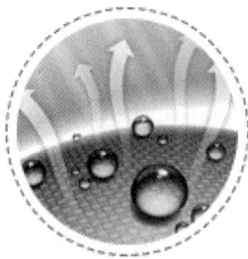

09 复制 4 次"透气吸汗"组，调整各组的位置如图 12.5.29 所示，替换各组图片和文字，最终效果如图 12.5.30 所示。

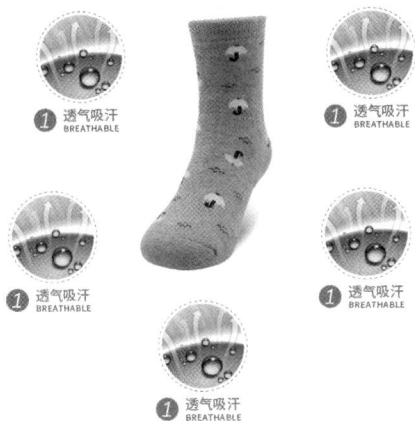

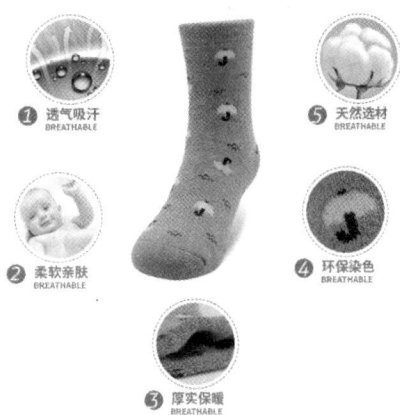

图 12.5.29 复制组后的效果 　　　　　　图 12.5.30 替换图片和文字后的效果

3. 制作"妈妈必看"模块和"优质选材"模块

01 新建"妈妈必看"组，在该组中新建一个"橙色背景"层，使用【矩形工具】搭配
【波浪】滤镜，【波浪】滤镜的参数设置如图 12.5.31 所示，绘制一个效果如图 12.5.32 所示的
形状。

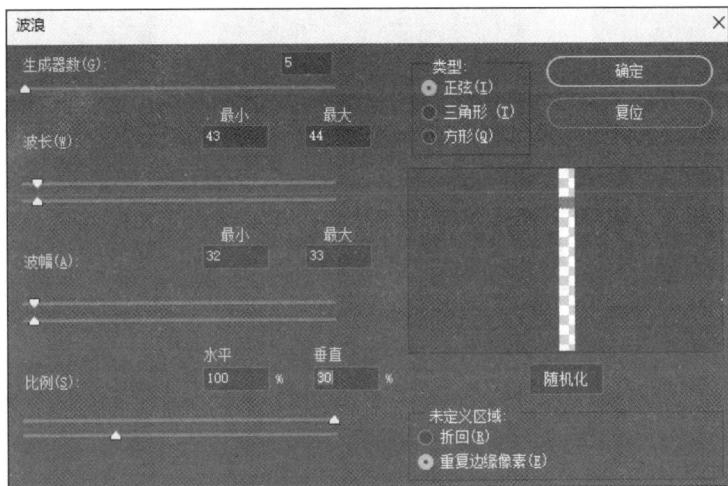

图 12.5.31 【波浪】滤镜的参数设置

02 新建"蓝色标签"层，绘制一个颜色为青色（#06b8c2）的圆角矩形，效果如图 12.5.33。
在按住"Alt"键的同时将鼠标指针移到"橙色背景"和"蓝色标签"层之间，当指针形状
发生变化时单击创建剪贴蒙版，效果如图 12.5.34 所示。

图 12.5.32 【波浪】滤镜后的
效果

图 12.5.33 绘制蓝色圆角
矩形

图 12.5.34 创建剪贴
蒙版

03 选择【矩形工具】，创建一个颜色为橙色（#fefce7）的矩形形状，效果如图 12.5.35 所示。在按住 "Ctrl" 键的同时单击 "蓝色标签" 层载入选区，选择矩形形状所在的图层，单击【图层】面板的【添加图层蒙版】按钮创建蒙版，效果如图 12.5.36 所示。输入 "妈妈必看" 文字，字体为方正准圆简体，颜色为白色，大小为 70 像素。输入 "烯宝宝童袜" 文字，字体为方正准圆简体，颜色代码为#ff530d，大小为 30 点，效果如图 12.5.37 所示。

图 12.5.35 创建矩形形状

图 12.5.36 添加图层蒙版

图 12.5.37 添加文字

04 选择【矩形工具】，创建一个颜色为橙色（#fefce7）的矩形形状并将其复制 2 次，调整位置如图 12.5.38 所示。新建一个 "波浪线" 图层，绘制一根颜色为橙色（#fefce7）的 3 像素粗细的竖线，如图 12.5.39 所示。选中 "波浪线" 图层，选择【滤镜】→【扭曲】→【波浪】命令，效果如图 12.5.40 所示，参数设置如图 12.5.41 所示。

图 12.5.38 创建 3 个矩形形状

图 12.5.39 绘制竖线

图 12.5.40 选择【波浪】滤镜

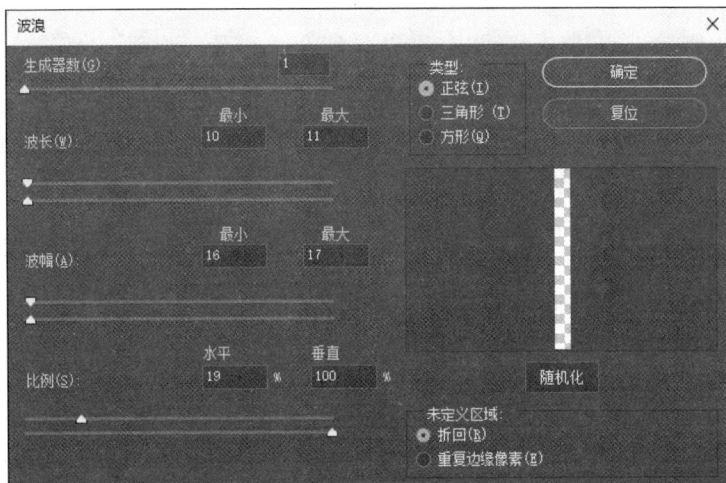

图 12.5.41 【波浪】滤镜参数设置

05 选择【横排文字工具】，输入文字，字体为 Comic Sans MS，加粗，颜色为白色，大小为 30 像素。为该文字图层添加"投影"效果，添加其他文字，完成后的效果如图 12.5.42 所示。

06 "优质选材"模块与"妈妈必看"模块有很多相似的元素，可以直接复制"妈妈必看"组并更名为"优质选材"组，在【图层】面板中调整组的排列顺序使"优质选材"组位于"妈妈必看"组的下方，在画布中垂直下移"优质选材"组。

07 将复制过来的组中不需要的元素删除，调整留下来的文字和矩形的颜色，添加图片素材，效果如图 12.5.43 所示。

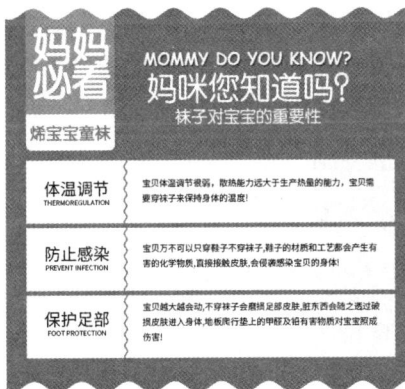

图 12.5.42 加入文字后的"妈妈必看"模块效果

图 12.5.43 加入文字后的"优质选材"模块

4. 制作"细节说明"模块

01 "细节说明"模块与"妈妈必看"模块也有很多相似的元素，可以直接复制"妈妈必看"组并更名为"细节说明"组，将复制过来的组中不需要的元素删除，修改颜色和文字，效果如图 12.5.44 所示。

图 12.5.44 "细节说明"组

02 新建"虚线正圆"图层，选择【椭圆工具】，在该层上绘制一个直径为 571 像素白色、1 像素虚线描边、无填充效果的正圆，效果如图 12.5.45 所示，置入"341A1570.psd"素材，置入后把高和宽同比例缩放至合适大小，调整位置后的效果如图 12.5.46 所示。

03 为"虚线正圆"图层添加图层蒙版，在蒙版上用黑色画笔在虚线圆圈的右下角涂抹，隐去脚掌以下的虚线，效果如图 12.5.47 所示。

图 12.5.45 白色虚线正圆

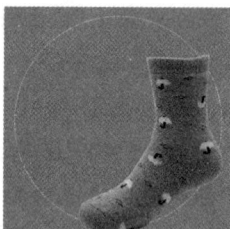

图 12.5.46 置入素材后缩放

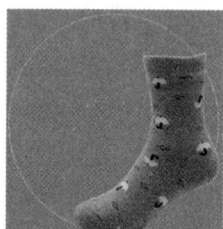

图 12.5.47 除去部分虚线

04 为了增加袜子的真实感，需要给袜子增加投影效果。使用与"卖点"模块增加投影同样的方法为产品增加投影，添加展示细节的图片和文字，将"广告"组中的"彩色波浪"图层复制到"细节说明"组，调整位置后的最终效果如 12.5.48 所示。

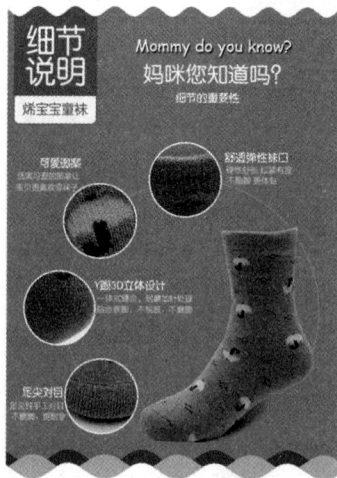

图 12.5.48 "细节说明"组最终效果

5. 制作"产品信息"模块和"产品展示"模块

01 新建"产品信息"组,在该组中加入大标题"烯宝宝童袜",置入"彩带素材.ai"素材,添加沿着路径行走的文字"产品信息",效果如图 12.5.49 所示。

图 12.5.49 "产品信息"组标题部分

02 置入"341A1391.JPG"素材,在"产品信息"组中新建"品名"组,在"品名"组中新建一个图层命名为"线条",选择【画笔工具】,画笔的笔尖形状和形状动态设置如图 12.5.50 和图 12.5.51 所示,绘制一条颜色代码为#99ca40 的曲线,效果如图 12.5.52 所示。

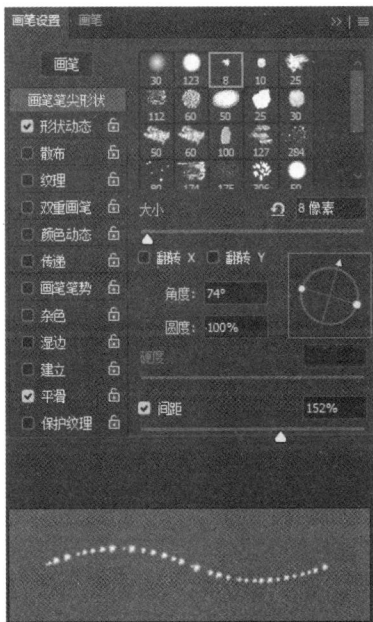

图 12.5.50 设置画笔笔尖

图 12.5.51 设置画笔形状动态

图 12.5.52 绘制一条曲线

03 置入"小树"、"木马"和"气球"素材,效果如图 12.5.53 所示。

04 新建"产品展示"组,复制"产品信息"组的标题部分,修改文字,在"产品展示"组中绘制形状,添加产品图和款式名称,置入"矢量小图.png"素材后的效果如图 12.5.54 所示。

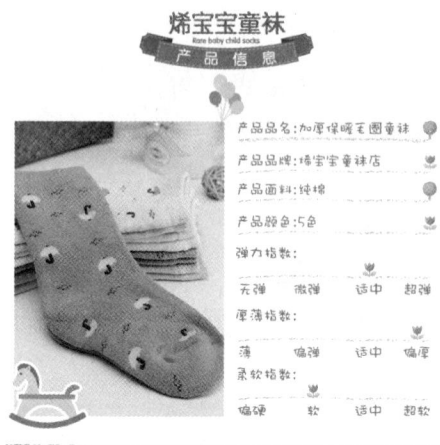

图 12.5.53　"产品信息"模块完成后的效果

图 12.5.54　"产品展示"模块完成后的效果

6. 制作"细节展示"模块

01 新建"细节展示"组，复制"产品信息"组的标题部分，修改文字并在"细节展示"组中新建"舒适弹性袜口"组，在"舒适弹性袜口"组中新建"矩形"图层，加入"341A1573.jpg"素材，效果如图 12.5.55 所示。

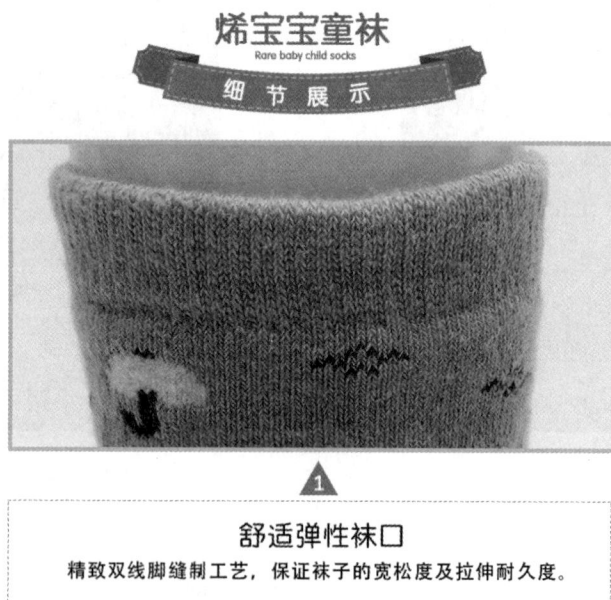

图 12.5.55　"细节展示"组标题和"舒适弹性袜口"组完成后的效果

02 复制"舒适弹性袜口"组，更名为"保暖内里"组，并将垂直下移。将其中的文字和图片进行替换，替换后的效果如图 12.5.56 所示。以同样的方式制作"袜根""图案""袜头"组，效果如图 12.5.57～图 12.5.59 所示。

保暖内里
全身拉毛设计，比一般棉袜保暖性强2.5倍以上。

图 12.5.56 "保暖内里"效果

袜根
90°立体设计，优良的包裹性，独特后跟加固设计，耐磨耐穿！

图 12.5.57 "袜根"效果

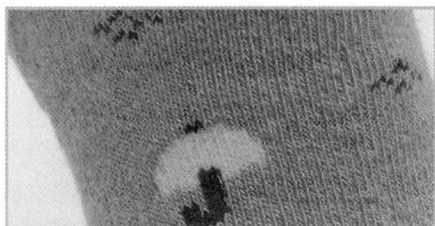

图案
活泼可爱图案搭配精选面料，让袜子更舒适完美！

图 12.5.58 "图案"效果

袜头
无骨接缝的袜头，耐磨耐穿，防止出现滑线破洞，品质保障！

图 12.5.59 "袜头"效果

项 目 小 结

本项目通过 5 个任务的实际操作，介绍了 Photoshop 的综合应用，包括制作合成海报、公益广告、App 界面、公司网站首页及电商网页的制作，有助于提高学生综合应用 Photoshop 的能力。

实 践 探 索

一、选择题

1. 下列工具中（　　）可以绘制形状规则的区域。
   A.【钢笔工具】　　　　　　　　　B.【魔棒工具】
   C.【椭圆选框工具】　　　　　　　D.【磁性套索工具】

2. 对图像的明暗度有调节作用的命令有（　　）。
   A. 色相/饱和度和色调均化　　　　B. 曲线和色阶
   C. 色阶和阈值　　　　　　　　　　D. 亮度/对比度和去色

3. 在 Photoshop 中使用矩形选框工具，配合"（　　）"键可以绘制正方形选区。

    A. Alt   B. Shift   C. Ctrl   D. Tab

二、操作题

根据给定的习题素材，制作一张超现实汽车合成海报，制作效果参考图 12.s.1。

图 12.s.1 　图片素材

参 考 文 献

福克纳，查韦斯，2022．Adobe Photoshop 2021 经典教程[M]．北京：人民邮电出版社．

李浩，2022．做合成 Photoshop 构图+透视+纹理+造型+调色技术修炼[M]．北京：电子工业出版社．

李金明，李金蓉，2020．Photoshop 2020 完全自学教程[M]．北京：人民邮电出版社．

刘斯，2017．Photoshop CS6 图像处理案例实训[M]．北京：科学出版社．

唯美世界，瞿颖健，2020．Photoshop 2020 完全案例教程[M]．北京：中国水利水电出版社．

许基海，周莉，2022．Photoshop 2021 淘宝美工全能一本通[M]．北京：人民邮电出版社．

曾宽，潘擎，2021．抠图+修图+调色+合成+特效 Photoshop 核心应用 5 项修炼[M]．北京：人民邮电出版社．

张松波，2022．神奇的中文版 Photoshop 2021 入门书[M]．北京：清华大学出版社．